新型职业农民培育工程规划教材

拖拉机、联合收割机驾驶员必读

◎ 毕文平 主编

中国农业科学技术出版社

图书在版编目（CIP）数据

拖拉机、联合收割机驾驶员必读 / 毕文平主编 .—北京：中国农业科学技术出版社，2015.6（2021.9重印）

（新型职业农民培育工程规划教材）

ISBN 978-7-5116-2125-2

Ⅰ.①拖… Ⅱ.①毕… Ⅲ.①拖拉机-驾驶术-安全技术-教材②联合收获机-驾驶术-安全技术-教材 Ⅳ.①S219②S225.3

中国版本图书馆 CIP 数据核字（2015）第 115708 号

责任编辑 徐 毅 张志花

责任校对 李向荣

出 版 者 中国农业科学技术出版社

北京市中关村南大街 12 号 邮编：100081

电 话 (010)82106636(编辑室) (010)82109702(发行部)

(010)82109709(读者服务部)

传 真 (010)82106631

网 址 http://www.castp.cn

经 销 者 各地新华书店

印 刷 者 北京建宏印刷有限公司

开 本 850mm×1168mm 1/32

印 张 13.125

字 数 340 千字

版 次 2015 年 6 月第 1 版 2021 年 9 月第 4 次印刷

定 价 39.00 元

新型职业农民培育工程规划教材

《拖拉机、联合收割机驾驶员必读》

编　委　会

编委会主任：严春晓　王素英　马克明　刘文娜
孙中芹　李敬平　宋建刚　房庆超

主　　编：毕文平

副 主 编：徐海航　刘军霞　郑丹彤　辛彦超
伊佳磊　李淑梅　李文明　闫大蒙

编　　者：苑　壮　万久兴　马旭良　肖京华
吴华梅　尹　力　郭　颂　戴晶晶
张晓静　郭怡然　化金津　王丽华
张晓敏　刘冬雨　王婷婷　李美艳
李　佩　许丽娅　李少华　贾艳彬
张宏伟　魏振达　马成茂　张宝兴
安芝奎　金媛媛　黄丽娟

序

河北是农业大省，耕地面积 9 470万亩（15 亩 = 1 公顷。全书同），农作物总播种面积 1. 3 亿亩，是全国 13 个粮食主产省之一。河北也是农机大省，特别是近年来随着农机购置补贴政策的全面实施，农业机械数量迅速增加，总动力超过 1 亿千瓦，拖拉机、联合收割机保有量分别达到 166 万台和 12 万台，主要农作物耕种收综合机械化水平达到 72. 5%。在推进农业现代化的进程中，农业机械发挥了重要的支撑和保障作用。没有农业机械化，就不会有农业现代化。

农机安全生产是农机化健康发展的重要基础和根本保障，没有安全就没有一切。随着全省农机数量的快速增长，如果我们的农机驾驶员对农机法律法规不了解，安全生产意识跟不上，驾驶操作技能不熟练，维修保养知识不掌握，那么安全生产就会成为一句空话。近年来，每年都有不少数量的农机驾驶员因为安全生产意识淡薄，无牌行驶、无证驾驶、违规操作，不参加年度安全检验就投入作业，从而导致农机事故发生，造成人身和财产损失。这种状况必须得到根本扭转。

为切实提高农机驾驶员的安全生产意识和专业技术素质，培养一大批“懂技术、会保养、善操作”的农机安全驾驶员，廊坊市农机安全监理所组织多年从事农机技术、维修、监理、管理等方面的专家和技术骨干，以拖拉机和联合收割机两大主要机型为重点，编写了这本《拖拉机、联合收割机驾驶员必读》。该书针对拖拉机、联合收割机驾驶员需要掌握和熟悉的相关知识进行了总结提炼，内容全面、系统、翔实，深入浅出，通俗易懂。

农机安则农机兴，农机兴则农业强。希望该书能为各类农机培训学校、新型职业农民培育、农机监理等部门开展技能培训提供有益参考。希望广大的拖拉机和联合收割机驾驶员能够结合自身实际，认真学习安全操作知识，切实增强安全生产意识，不断提高安全操作技能，在增加自身作业收入的同时，促进农业机械化的健康发展，进而为推进农业现代化作出积极的贡献。

河北省农机安全监理总站站长

2015 年 5 月

前　言

拖拉机、联合收割机是农机生产的两大主要机型，是农作物丰产丰收的主力军，是农业机械化的“主角”，同时也是农机安全生产的“主角”。农机安全生产不仅是驾驶员一人的安全，也涉及千家万户的安全和幸福。农机安全作为国家安全生产 17 个重点行业和领域之一，也是社会管理的一部分，直接关系到人民群众的生命财产安全，关系到农业机械化的安全发展。随着农村改革的不断深入和国家农机购置补贴政策的实施，农机拥有量尤其是大中型拖拉机和联合收割机等适于农田作业需求的农业机械迅猛增加，农机作业范围不断扩大；由于农机量大面广，涉及农村千家万户，贯穿于农业生产、加工、运输等多个环节，流动分散，农机事故频发，农机安全生产形势依然严峻。

根据农业部和公安部近四年农机事故统计资料显示：2012 年，全国累计接报拖拉机肇事导致人员伤亡的道路交通事故和道路外农机事故共 5 461 起，死亡 1 989 人，受伤 4 284 人。2013 年，全国接报拖拉机肇事导致人员伤亡的道路交通事故和农机道路外事故 4 826 起，死亡 1 691 人，受伤 3 464 人。2014 年，全国接报拖拉机肇事导致人员伤亡的道路交通事故和道路外农机事故共 4 202 起，死亡 1318 人，受伤 2 816 人。2015 年，全国接报拖拉机肇事导致人员伤亡的道路交通事故和道路外农机事故共 3 451 起，死亡 1 143 人，受伤 2 441 人。事故统计数据显示农机事故呈现几大特点：一是无牌照拖拉机肇事突出。二是无证驾驶拖拉机事故突出。三是未参加年度安全检验“带病”作业车辆突出。四是缺乏经验和操作失误引发的事故突出。

不管是哪类农机事故一旦发生，特别是造成死亡和重伤残事故的，对一个家庭的打击是巨大的，对相关人造成的伤痛是无法挽回的！教训是惨痛的！但许多驾驶员不懂技术、安全意识淡薄，总以为上牌照、考驾驶证、参加年检没有必要，学不学安全操作规程无所谓！开车小心点上不上保险也没什么！总以为农机事故离自己很远，却不知道农机事故就在你身边！

鉴于目前全国图书市场上缺乏一本适于拖拉机联合收割机驾驶员、农机监理人员、农机培训学校使用的一本综合的、系列的读本，我们编著此书。本书共分三部分，对农机手职业道德、油液使用、拖拉机联合收割机构造与使用、安全操作规程与经验荟萃、农机事故案例处理分析赔偿、机动车保险、驾驶员理论考试试题、农机驾驶员密切相关法律法规汇编等，是编著者多年工作经验的积累。书中一个个真实的农机事故案例和分析，为农机监理人员和广大的农机驾驶员敲响警钟，警示大家事故离我们并不遥远！你的安全驾驶、规范操作承载着多少个家庭的幸福！希望阅后，农机监理人员能成为一名有系统理论武装的监管人员，助推你为农机化科学发展、安全发展保驾护航；使农机驾驶员成为一名懂法、守法和能够安全操作驾驶拖拉机联合收割机的农机能手。

该书出版发行一年来，已有全国22个省市自治区的农机管理、农机监理、农机培训、农广校、农机合作社等系统使用此书，得到了全国同行的认可，我们也在征求农业部、兄弟省市自治区农机系统有关领导专家的意见基础上，于近期对该书的部分内容进行了修订，希望能满足全国拖拉机联合收割机驾驶员培训和安全监管工作的需求。在本书编著过程中，书中所列参编人员在相关资料的搜集整理中做了大量的工作，同时该书得到了农业部、兄弟省市自治区农机安全监理系统有关领导和专家的大力支持，对该书的改版提出了一些有益的建设性意见，使该书在理论和实践的结合方面，实现了理论性、实用性和适用性的有机结合，在此一并表示诚挚的谢意！希望该书能为我国新农村建设和农机化的科学发展、安全发展提供理论和技术支撑。

主编　毕文平

2016 年 11 月

目　录

第一部分　农机驾驶员职业道德、技能要求、安全操作与维护

第二部分 拖拉机、联合收割机及驾驶员相关法律、法规和规程

第三部分 拖拉机、联合收割机驾驶人理论考试试题及答案

第一部分

农机驾驶员职业道德、
技能要求、安全操作与维护

第一章　农机驾驶员职业道德与技能要求

第一节　职业道德概述

一、职业的概念

党的“十八大”提出，倡导富强、民主、文明、和谐，自由、平等、公正、法治，爱国、敬业、诚信、友善，积极培育和践行社会主义核心价值观。富强、民主、文明、和谐是国家层面的价值目标，自由、平等、公正、法治是社会层面的价值取向，爱国、敬业、诚信、友善是公民个人层面的价值准则，这 24 个字是社会主义核心价值观的基本内容。

“爱国、敬业、诚信、友善”，是公民的基本道德规范，是从个人行为层面对社会主义核心价值观基本理念的凝练。它覆盖社会道德生活的各个领域，是公民必须恪守的基本道德准则，也是评价公民道德行为选择的基本价值标准。爱国是基于个人对自己祖国依赖关系的深厚情感，也是调节个人与祖国关系的行为准则。它同社会主义紧密结合在一起，要求人们以振兴中华为己任，促进民族团结、维护祖国统一、自觉报效祖国。敬业是对公民职业行为准则的价值评价，要求公民忠于职守，克己奉公，服务人民，服务社会，充分体现了社会主义职业精神。诚信即诚实守信，是人类社会千百年传承下来的道德传统，也是社会主义道德建设的重点内容，它强调诚实劳动、信守承诺、诚恳待人。友

善强调公民之间应互相尊重、互相关心、互相帮助，和睦友好，努力形成社会主义的新型人际关系。

职业是人们在社会中所从事的作为主要生活来源的工作。如拖拉机驾驶员、农机修理工、农机操作工、律师、会计、厨师都属于职业范畴。从国家的角度来看，每一种职业都是社会分工中的一个方面，就像一台大机器上的一个个零部件；从个人的角度来看，职业则是劳动者“扮演”的社会角色，他因此而为社会承担一定的责任和义务，并获得相应的报酬。职业不仅是人们谋生的手段，而且是为社会做贡献的岗位，是实现人生价值的舞台。

二、职业的特性

1. 专业性

职业是人们从事的专门业务，一个人要从事某一种职业，就必须具备专门的知识、能力和特定的职业道德品质。如农机修理工，要有农机构造方面的知识、具备农机故障诊断与维修的能力和精益求精的工作态度。随着社会的发展，科技的进步，劳动的专业化程度越来越高，职业的专业性也越来越强。

2. 多样性

随着社会的发展，社会分工越来越细，职业种类越来越多，增加了许多新职业，职业的差别也越来越大，呈现出多样性的特点。

3. 技术性

随着科学技术的发展与广泛应用，职业的技术含量越来越高，以至在从事某一种职业之前，必须经过一定时间、针对某一特定的职业进行专门的学习与训练。

4. 时代性

职业随着时代的发展而变化，新的职业不断产生，原有的职业也获得新的时代内容，某些职业会消失，如电话接线员、机械打字员、铅字工等目前已消失，而出现了计算机程序设计员、计算机文字处理员、激光照排工等新的职业；原来的农民、教师、会计等传统职业，其劳动的科技含量也越来越高。

随着社会的发展，分工逐渐变细、变深，每种职业的内容也在不断变化，为了适应职业发展的需要，从业者需要有不断学习的意识和能力。

第二节　职业道德

一、职业道德的内涵

职业道德是指从事一定职业的人员在工作和劳动过程中所应遵守的、与其职业活动紧密联系的道德规范和行为准则的总和。职业道德包括职业道德意识、职业道德守则、职业道德行为规范，以及职业道德培养、职业道德品质等内容。

社会主义职业道德规范的具体要求是：爱岗敬业、诚实守信、办事公道、服务群众、奉献社会。劳动者应把职业道德规范内容化为自己的信念，在职业活动中自觉地去遵守。尤其是在缺乏监督的情况下，也能严格按照职业道德的规范要求自己。

社会主义职业道德的核心是为人民服务，即一切活动都是以为人民利益服务、对人民负责作为思想出发点和行为准则。

社会主义职业道德建设的基本要求是：忠于职守，精益求精，团结协作，开拓创新。

二、职业道德的特点

（1）在职业范围上，主要对从事该职业的从业人员起规范作用。

（2）在内容上，职业道德是社会道德在职业领域的具体反映。

（3）在适应范围上，职业道德具有有限性，在形式上具有多样性。

（4）从历史发展来看，职业道德具有较强的稳定性和连续性。

三、培养和树立职业道德的意义

（1）规范人们的职业活动和行为，有利于推动社会主义物质文明和精神文明建设。

（2）从业人员遵守职业道德，有利于行业、企业的建设和发展。

（3）从业人员树立良好的职业道德，遵守职业守则，有利于个人品质的提高和事业的发展。

四、职业道德的基本规范

虽然职业有上百种，工作内容各不相同，但不论从事什么职业，干什么工作，都有共同的基本要求，这就是职业道德的基本规范，归纳起来主要有以下几个方面。

1. 爱岗敬业，忠于职守

爱岗就是热爱自己的工作岗位，热爱自己所从事的职业；敬业就是以恭敬、严肃、负责的态度对待工作，一丝不苟、兢兢业业、专心致志。

忠于职守，指的是责任心，就是忠实地履行岗位责任，执行岗位规范，在任何时候、任何情况下都能坚守岗位，能够自觉抵制各种诱惑。

2. 诚实守信，办事公道

诚实就是真心诚意，实事求是，不虚假，不欺诈；守信就是遵守承诺，讲究信用，注重质量和信誉。

办事公道是指做事客观、公平、正义，照章办事，既不偏向也不歧视某一方，认真地履行职权，公道地行使职权。不以个人的好恶待人、不以貌取人、不以官位高低和年龄大小看人。

3. 服务群众，奉献社会

服务群众就是全心全意地为人民服务，一切以人民的利益为出发点和归宿。奉献社会就是把自己的知识、才能、智慧等，毫无保留地贡献给人民，贡献给社会，为人民、为社会、为国家作出实实在在的贡献。

4. 遵纪守法，廉洁奉公

遵纪守法是指遵守法律、法规和纪律的规定，按照规定行动，不违法乱纪。廉洁是指清白；奉公是指奉行公事。廉洁奉公是指廉洁不贪，忠诚履行公职，不利用自己的职权贪污受贿，不损公肥私。

第三节　拖拉机驾驶员职业道德及技能要求

一、拖拉机驾驶员职业道德

1. 拖拉机驾驶员应该具备的职业道德

(1) 遵章守法，安全生产。驾驶员要学法、知法、守法、用法，自觉学习《中华人民共和国道路交通安全法》及其实施条例、《农业机械安全监督管理条例》和农业机械安全生产的操作规程，确保农机安全生产。驾驶员首先要有驾驶资格取得拖拉机驾驶证，拖拉机要注册登记取得行驶证。在运输作业中，出车前要检查机车安全技术状况，不让机车带病作业，特别要检查灯光信号装置、转向装置、制动装置、连接装置，检查轮胎气压，机油、燃油、冷却水是否充足等，避免出现机械故障，发生人为

责任事故。在行进过程中，做到不饮酒驾驶和操作农机，不违章载人，遇后车超车时，在条件允许情况下主动让路。拖拉机装载超过规定时，要注意路边和空中情况主动避让。在农田作业过程中，要对作业地块进行了解，注意田埂、沟渠、机井、电线杆及拉线等。

（2）钻研技术，规范操作。拖拉机的驾驶操作是技术工种，也是熟练工种，必须努力实践才能熟练驾驶和操作。驾驶员必须学习拖拉机及其配套农具的构造、机械原理、使用保养、故障排除和操作技能，不断总结和积累经验，提高技术水平，确保规范操作和驾驶。比如，拖拉机驾驶员在新购拖拉机磨合时，要按要求分步骤磨合，以免影响拖拉机的使用寿命。

（3）诚实守信，优质服务。农机驾驶员要有高度负责的精神，按照农业技术要求和操作规范，认真对待每一项作业，每一道工序，不偷工减料，比如，翻地作业时，耕深要达到 18～20 厘米，不重耕，不漏耕，不回垄和立垄等，深松要达到 25 厘米以上，小麦机收留茬高度要符合农艺要求等。确保农机作业质量，优质，高效，低耗，安全按时完成生产任务。

（4）文明经营，公平竞争。农机作业的对象是土地和农作物，作业的及时性和质量好坏对农作物的产量、农产品的质量和品质有直接影响，因此，要求拖拉机、联合收割机驾驶员要有高度负责的精神，按照农艺技术要求和操作规范，认真对待每一项作业、每一道工序，文明生产，合理收费，确保作业质量，优质、高效、低耗、安全地完成生产任务。近些年受国家农机购置补贴政策的拉动，农民朋友的购机热情空前高涨，大中型拖拉机和联合收割机增长迅速，但农机作业市场是相对固定的，一些作业质量差、服务不周到的驾驶员收益下降，农机手、农机合作社之间的竞争加剧，对于农机作业市场垄断价格和恶相竞争都是不可取的，拖拉机和联合收割机驾驶员要设法提高作业质量，改善服务态度，文明经营，公平竞争，共同维护良好的农机作业市场秩序。

2. 提高职业道德水平

拖拉机驾驶员如何达到较高的职业道德水平呢？这需要驾驶员进行职业道德培养。一是注重学习，不断丰富自己的职业道德知识，提高科学文化知识、专业知识、驾驶操作技能，掌握为农民服务的本领，才能更好地履行自己的职业道德义务。二是勤于实践。驾驶员只有在职业实践中进行自我锻炼和自我改造，才能提高自己的职业道德品质，只有把自己懂得的职业道德规范运用到职业实践中去，指导自己的职业活动，才能不断提高自己的职业道德素养。三是内心自省，驾驶员要时常进行批评与自我批评，虚心接受来自服务对象的意见和建议，了解农民需求，改善服务质量，接受监督。四是培养良好的心理素质，逐步形成勤劳、忍让、冷静、自制的心理素质，以面对各种复杂的情形，虽然现在拖拉机越来越多，农机作业存在竞争关系，农机手和合作社等要靠提高作业质量和服务水平，赢得农民朋友的信赖，文明经营，公平竞争，更好地为农民服务。

二、拖拉机驾驶员应掌握的基础知识

1. 机械基础知识

（1）常用金属和非金属材料的种类、牌号、性能及用途。

（2）常用油料的牌号、性能与用途。

（3）轴承、油封、螺栓等标准件的种类、规格与用途。

（4）常用工具的使用知识。

2. 拖拉机及其配套农机具知识

（1）拖拉机、发动机的总体构造与功用。

（2）拖拉机配套农机具的基本构造与功用。

3. 拖拉机驾驶员应了解农艺知识

（1）主要农作物农艺技术要求。

（2）农机田间作业质量标准。

4. 拖拉机驾驶员应熟悉相关法律、法规知识

（1）农机产品“三包”有关规定。

（2）农机安全监理法规的相关知识。

（3）道路交通法规的相关知识。

（4）机动车保险赔偿的相关知识。

5. 拖拉机驾驶员操作使用配套农具基本知识

拖拉机驾驶员通过学习和实践要熟练掌握拖拉机以及挂接农具的操作使用，才能安全、高效地进行农机作业。根据驾驶员对机械操作的熟练掌握程度，对初级、中级、高级的技能要求依次递进，高级别包括低级别的内容。

（1）初级拖拉机驾驶员应掌握的技能（表1–1）。

表1–1　初级拖拉机驾驶员应掌握的技能

职业功能	工作内容	技能要求	相关知识
作业准备	出车前检查	能完成拖拉机及耕整、割晒、排灌机具技术状态的检查	拖拉机及耕整、割晒、排灌机具技术状态的检查内容
	配套机具的挂接与转移	①能完成拖拉机与耕整、割晒、排灌机具的挂接 ②能进行拖拉机耕整、割晒、排灌机组的转移	①拖拉机与耕整、割晒、排灌农机具的挂接方法 ②拖拉机耕整、割晒、排灌机组的转移方法

（续表）

职业功能	工作内容	技能要求	相关知识
作业实施	运输作业	能驾驶拖拉机从事运输作业	①拖拉机驾驶操作要领 ②拖拉机装载的知识 ③拖拉机与拖车的连接方法
	农田作业	①能根据通常自然条件和农艺要求，对耕整、割晒、排灌机具进行适应性调整 ②能驾驶拖拉机机组进行耕整、割晒、排灌作业 ③能进行作业量计算	①耕整、割晒、排灌机具的基本调整方法 ②耕整、割晒、排灌机具的作业方法 ③农机作业量的计算方法
故障分析与排除	拖拉机故障分析与排除	①能分析与排除发动机过热、机油压力过低、漏油等简单故障 ②能分析与排除拖拉机离合器打滑发热、制动失灵等简单故障 ③能分析与排除喇叭不响、灯不亮等照明、安全信号系统常见故障	①发动机过热、机油压力低、漏油等简单故障的原因及排除方法。 ②拖拉机离合器打滑发热等简单故障的原因及排除方法 ③拖拉机照明、安全信号系统常见故障的原因及排除方法
	配套机具故障分析与排除	①能分析与排除耕整机具重耕、漏耕、不平整等常见故障 ②能分析与排除割晒机漏割、割晒作物倒伏等常见故障 ③能分析与排除排灌机械抽水能力下降或不抽水等常见故障	①耕整机具重耕、漏耕和不平整的原因及排除方法 ②割晒机漏割、割晒作物倒伏的原因及排除方法 ③排灌机械抽水能力下降或不抽水的原因及排除方法
维护与修理	试运转	能在技术人员指导下完成拖拉机的试运转	拖拉机试运转的目的和技术规范
	日常保养	①能按要求对拖拉机及耕整、割晒、排灌机具进行检查、润滑、紧固、清理等日常保养工作 ②能正确选用和补充各种油料	①机器日常保养的目的及意义 ②拖拉机及耕整、割晒、排灌机具日常保养的内容及要求
	定期保养与修理	①能进行拖拉机的一号技术保养 ②能进行耕整、割晒、排灌机具的定期保养 ③能进行传动带、橡胶密封件等简单易损件以及轮胎的更换 ④能进行拖拉机及农机具的入库保管	①拖拉机一号技术保养规程和技术要求 ②耕整、割晒、排灌机具的定期保养规程 ③传动带、橡胶密封件等简单易损件以及轮胎的更换方法 ④拖拉机及农机具的保管方法

（2）中级拖拉机驾驶员应掌握的技能（表1–2）。

表1–2　中级拖拉机驾驶员应掌握的技能

职业功能	工作内容	技能要求	相关知识
作业准备	出车前检查	能进行拖拉机配套的播种、插秧、中耕、施肥、植保机具技术状态的检查	播种、插秧、中耕、施肥、植保机具技术状态的检查内容
	配套机具的挂接与转移	能进行拖拉机与播种、插秧、中耕、植保、施肥机具的挂接及组成的拖拉机机组的转移	拖拉机与播种、插秧、中耕、植保、施肥机具的挂接方法及其拖拉机机组的转移方法
作业实施	运输作业	能在泥泞、冰雪和漫水等特殊路面和严寒、雨雾等特殊气候条件下驾驶拖拉机从事运输作业	①特殊路面上驾驶拖拉机的操作要领 ②特殊气候条件下拖拉机使用注意事项
	农田作业	①能根据通常自然条件和农艺要求，对播种、插秧、中耕、施肥、植保机具进行适应性调整 ②能驾驶拖拉机机组进行播种、插秧、中耕、施肥、植保作业 ③能进行作业质量的检查	①播种、插秧、中耕、施肥、植保机具的基本调整方法 ②播种、插秧、中耕、施肥、植保机组具的作业方法 ③农机作业的质量要求与检查方法
故障分析与排除	拖拉机故障分析与排除	①能分析与排除发动机启动困难、排烟异常等常见故障 ②能分析与排除拖拉机挂挡困难，自动脱挡和变速箱异响等常见故障 ③能分析与排除拖拉机充电电流小、蓄电池放电过快等常见电系故障	①机械传动基础知识 ②发动机和拖拉机底盘的构造和工作原理 ③发动机启动困难、排烟异常等常见故障的原因及排除方法 ④拖拉机传动系挂挡困难等常见故障的原因及排除方法 ⑤拖拉机电系充电电流小等常见故障的原因及排除方法
	配套机具故障分析与排除	①能分析与排除播种、插秧、中耕、施肥、植保机具作业过程中出现的均匀性差等常见故障 ②能分析与排除播种、插秧、中耕、施肥、植保机具作业过程中出现的伤害农作物、运行不稳等常见故障	①播种、插秧、中耕、施肥、植保机具操作要领 ②播种、插秧、中耕、施肥、植保机具常见故障原因及排除方法

（续表）

职业功能	工作内容	技能要求	相关知识
维护与修理	试运转	能独立完成拖拉机的试运转	拖拉机试运转的质量验收标准
	定期保养与修理	①能进行拖拉机的二号定期保养 ②能进行播种、插秧、中耕、施肥、植保机具的定期保养 ③能进行播种、插秧、中耕、施肥、植保机具常见易损件的拆装与更换	①拖拉机二号技术保养规程和技术要求 ②播种、插秧、中耕、施肥、植保机具的定期保养规程 ③机械识图基本知识 ④播种、插秧、中耕、施肥、植保机具常见易损件的拆装与更换方法 ⑤常用量具的使用方法

（3）高级拖拉机驾驶员应掌握的技能（表1-3）。

表1-3 高级拖拉机驾驶员应掌握的技能

职业功能	工作内容	技能要求	相关知识
作业实施	运输作业	能在陡坡、复杂弯路等复杂道路条件下驾驶拖拉机拖车组进行运输作业	车辆驾驶的稳定性知识
	农田作业	①能根据通常自然条件和农艺要求，对拖拉机所配套的联合收割机进行适应性调整 ②能驾驶拖拉机联合收割机组进行收获作业	①拖拉机配套联合收割机机组的基本调整方法 ②拖拉机配套联合收割机机组的作业方法
故障分析与排除	拖拉机故障分析与排除	①能分析与排除发动机功率不足、燃油耗过高、运转不稳等复杂故障 ②能分析与排除拖拉机底盘异响等复杂故障 ③能分析与排除液压悬挂系统常见的机具提升困难等故障	①发动机功率不足等复杂故障的原因及排除方法 ②拖拉机底盘异响等复杂故障的原因及排除方法 ③液压悬挂系统的构造、工作原理及其故障原因和排除方法

（续表）

职业功能	工作内容	技能要求	相关知识
故障分析与排除	配套机具故障分析与排除	①能分析与排除联合收割机具作业过程中出现的损失率高等故障 ②能分析与排除清选系统的常见故障	①联合收割机具操作要领 ②联合收割机具清选系统常见故障原因及排除方法
维护与修理	定期保养与修理	①能进行拖拉机的三号技术保养 ②能进行拖拉机中央传动的调整 ③能进行拖拉机液压、电气系统重要部件的检查与保养 ④能进行配套联合收割机主要部件的检查与更换	①拖拉机三号技术保养规程 ②拖拉机中央传动调整方法 ③拖拉机液压、电气系统重要部件的技术要求 ④识读机械装配图的方法 ⑤公差与配合基础知识 ⑥配套联合收割机主要部件的检查与更换方法
培训与管理	技术培训	①能指导初、中级驾驶员驾驶操作 ②能进行初级驾驶员的技术培训	拖拉机驾驶员培训要求
	组织管理	①能进行拖拉机机组作业成本核算 ②能进行拖拉机机组编制，合理组织机组进行田间作业	①拖拉机机组作业成本核算方法 ②机组编制的基本方法 ③农机运用的基本知识

第四节　联合收割机驾驶员职业道德及基本技能要求

一、联合收割机驾驶员职业道德（同拖拉机）

1. 联合收割机驾驶员职业道德（同拖拉机）

2. 联合收割机驾驶员职业守则

（1）遵章守法，安全生产。

（2）钻研技术，规范操作。

(3) 诚实守信，文明经营。

(4) 公平竞争，优质服务。

二、联合收割机驾驶员应掌握基础知识

1. 联合收割机常用材料

(1) 常用金属和非金属材料的种类、名称、性能和用途。

(2) 燃料与润滑材料的名称、牌号、性能及选用知识。

2. 联合收割机构造

(1) 联合收割机类型及总体构造。

(2) 割台和中间输送装置的构造及功用。

(3) 脱粒清选系统构造及功用。

(4) 发动机总体构造及功用。

(5) 电气系统的组成。

3. 联合收割机使用管理有关规定

(1) 农机产品“三包”的有关规定。

(2) 联合收割机安全监理有关规定。

(3) 联合收割机收获作业质量标准。

(4) 道路交通法规的相关规定。

(5) 机动车保险赔偿法规的相关规定。

4. 联合收割机驾驶员操作使用要求

联合收割机驾驶员通过学习和实践要熟练掌握联合收割机操作使用和维护，才能安全、高效地操作使用。根据驾驶员对机械操作的熟练掌握程度，对初级、中级、高级的技能要求依次递进，高级别包括低级别的内容。

(1) 初级联合收割机驾驶员应掌握的技能（表1-4）。

表 1-4　初级联合收割机驾驶员应掌握的技能

职业功能	工作内容	技能要求	相关知识
作业准备	出车前检查	能完成出车前机器技术状况的检查	出车前机器检查的重要性和检查内容
	驾驶和运输	①能驾驶联合收割机在常规道路正确行驶 ②能在正常条件下完成机器运输	①道路驾驶的基本要求和注意事项 ②道路驾驶操作基本知识 ③联合收割机装车运输方法
	作业条件准备	①能根据机器的性能特点，完成道路、田块的准备工作 ②能选定适宜的作物收割时机	①机器作业对田块和道路的要求 ②作物收获期知识
	机器调试	能根据作物的种类和状态，完成常规作业条件下机器作业性能的调试	常规作业条件下机器工作部件的调整方法
收获作业	田间作业	①能根据田块大小和机器的结构特点选择合理的作业路线 ②能操作联合收割机完成常规作业条件下的收获作业 ③能填写工作日记	①作业路线的选择方法 ②进入田块的方法 ③试割的目的和步骤 ④收获作业操作要领 ⑤工作日记的填写方法
	故障分析与排除	①能分析和排除割台堵塞等常见故障 ②能分析和排除脱粒清选系统滚筒堵塞、脱粒不净等常见故障	①故障分析的一般方法 ②割台和脱粒清选系统常见故障及原因分析
机器维护和修理	机器试运转	能规定规范进行机器试运转	联合收割机试运转的目的和技术规范
	日常保养	①能按日常保养要求对机器有关部位、部件进行清扫、清洁、润滑和紧固 ②能按要求对蓄电池充电和添加电解液 ③能按要求补充和加注燃油、发动机机油、冷却液和润滑脂 ④能排出燃油油路中的空气	①联合收割机日常保养内容和要求 ②空气滤清器和蓄电池的保养方法 ③燃油、发动机机油和冷却液的检查及加注方法 ④润滑脂加注方法 ⑤油路空气排出方法

（续表）

职业功能	工作内容	技能要求	相关知识
机器维护和修理	定期保养	能完成割台、脱粒清选系统工作部件技术状态的检查与调整	①联合收割机定期保养的内容和要求 ②割台、脱粒清选系统工作部件的检查调整方法和技术要求
	机器修理	①能进行传动链条、橡胶密封件、割刀等常见易损件的修理与更换 ②能进行车轮的更换	①传动链条、V 带、橡胶密封件、割刀、扶禾拨齿的修理与更换方法 ②车轮的拆卸与更换方法
	入库保管	能对机器进行入库保管	①保管期间机器部件损坏的类型及原因 ②入库保管的技术措施

（2）中级联合收割机驾驶员应掌握的技能（表 1–5）。

表 1–5　中级联合收割机驾驶员应掌握的技能

职业功能	工作内容	技能要求	相关知识
作业准备	出车前检查	能完成机器重要部位的技术状态检查	联合收割机重要部位的技术状态的检查要点
	驾驶和运输	①能驾驶联合收割机在坡道、渡口、涵洞、铁道口等复杂道路安全行驶 ②能在复杂条件下完成机器的装车运输	①坡道、渡口、涵洞、铁道口等复杂道路的驾驶要领 ②联合收割机在复杂条件下装、卸车的操作要领
	机器调试	能完成高秆大密度和稀矮作物等复杂作业条件下机器作业性能的调试	①收获高秆大密度作物机器工作部件的调整方法 ②收获稀矮作物机器工作部件的调整方法

（续表）

职业功能	工作内容	技能要求	相关知识
收获作业	田间作业	①能完成高秆大密度和稀矮作物等复杂收获作业 ②能按照作业质量要求进行收获作业质量的检查	①高秆大密度、稀矮作物收获作业的操作要领 ②收获作业的质量要求 ③收获作业质量主要指标的检查方法
	故障分析与排除	①能分析和排除发动机启动困难、排烟异常等常见故障 ②能分析和排除底盘离合器打滑、挂挡困难等常见故障 ③能分析和排除电气系统灯不亮、不充电等常见故障	①机械传动（带传动、链传动、齿轮传动）的类型、特点及失效形式 ②发动机、底盘和主要电气设备的构造及工作原理 ③发动机、底盘、电气设备的常见故障及其原因分析和排除方法
机器维护和修理	机器试运转	能完成机器试运转的技术状态检查和保养、调整	联合收割机试运转的质量验收标准
	定期保养	能完成配气机构、喷油器和行走无级变速器、制动器技术状态的检查与调整	①机械识图基本知识 ②液压传动基础知识 ③配气机构、喷油器和行走无级变速器、制动器的调整方法及技术要求
	机器修理	①能完成燃油滤清器、机油滤清器、液压油滤清器和发电机的拆装与更换 ②能完成割台、脱粒清选系统重要部件的拆装与更换	①机器零部件拆装的一般原则及注意事项 ②割台和脱粒清选系统重要部件的拆装与更换方法 ③联合收割机零部件拆装、修理常用工具、量具的使用方法

（3）高级联合收割机驾驶员应掌握的技能（表1–6）。

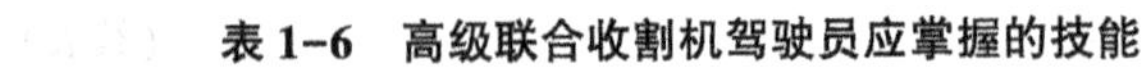

表 1–6　高级联合收割机驾驶员应掌握的技能

职业功能	工作内容	技能要求	相关知识
作业准备	驾驶和运输	能驾驶联合收割机在凹凸、复杂弯道等特殊路况上安全行驶	①凹凸路面、复杂弯道等特殊路况的驾驶要领 ②影响联合收割机安全行驶的因素
	机器调试	能完成倒伏作业等特殊作业条件下机器作业性能的调试	①收获倒伏作物机器工作部件的调整方法 ②收获低洼潮湿田块作物机器工作部件的调整方法
收获作业	田间作业	能完成倒伏和低洼潮湿作物等特殊作业条件下收获作业	倒伏和低洼潮湿作物收获作业的操作要领
	故障分析与排除	①能分析和排除发动机功率不足、工作不稳等疑难故障 ②能分析和排除底盘变速箱异响、制动不灵等疑难故障 ③能分析和排除液压系液压升降和转向失灵等常见故障	①联合收割机液压、电气系统的构造及工作原理 ②联合收割机自动控制装置的类型及工作原理 ③发动机、底盘疑难故障的原因及排除方法 ④液压升降和转向失灵故障的原因及排除方法
机器维护和修理	定期保养	能完成履带式行走装置和轮式转向装置技术状态的检查和调整	①公差与配合、表面粗糙度的基本知识 ②识读机械装配图的方法 ③行走、转向装置的调整方法和技术要求
	机器修理	能完成履带行走装置重要部件的拆装与更换	履带行走装置重要部件的拆装与更换方法
管理与培训	组织管理	①能制订作业计划 ②能组织和管理联合收割机跨区作业	①作业计划的制订方法 ②联合收割机跨区作业的信息管理知识 ③作业成本核算和管理的知识
	指导与培训	①能指导初、中级驾驶员驾驶操作 ②能进行初级驾驶员的技术培训	初、中级驾驶员的晋级培训要求

第二章 农业机械的选购和机械常用油液的选用

第一节 机械选购与新机手作业

一、选购农业机械的5点技巧

近年来，受国家农机具购置补贴政策的拉动，许多企业都投入到农机生产当中去，农机销售市场迅速膨胀，泥沙俱下、良莠不齐，特别是农机销售市场暴露出行业进入门槛缺失、短期渔利性拼装类企业以及企业间低水平同质化恶性竞争，造成产品质量无法保证、行业技术创新动力不强等问题。下面就选购农机时应当注意的几个问题进行简单的归纳。

（1）首先要了解生产该类机械的主要生产厂家有哪些，再从其中选择企业规模相对较大，研发能力强的知名品牌，因为这些企业质量保证条件比较强，产品质量相对稳定、三包服务比较及时。另外，购买前向使用过该种机械的农户调查一下，该机械的性能、质量及售后服务情况，最后再根据自己的的用途和承受能力确定具体机型。

（2）提车前，要检查所选购机械是否具有质量检验合格证，产品推广许可证、三包维修凭证及其他证件，并且检查所有证件是否与机械铭牌上标注的产品名称型号、主要技术参数、出厂编号以及生产企业的名称、地址、联系电话相一致，以防购买到假冒伪劣产品。并且仔细阅读说明，认真检查说明书上注明的该机械的随车工具和主要配件是否齐全，以防销售商偷工减料少发配件，坚决拒绝出厂日期太久，存放时间较长或返修产品。

（3）仔细检查机械外观。一般来说产品外观质量一定程度上反映出产品的内在质量，购买机械前应注意观察产品有无磕碰、损伤、脱漆及翻新迹象。各焊接部位的焊缝隙是否平整牢固，密封部分有无漏油漏水和漏气的“三漏”现象，各部位的间隙是否一致，铸造件是否有裂缝及气孔砂眼等缺陷。各传动部位是否具有防护措施。国家法律规定，农业机械必须有防护措施，选购机械时一定要选择那些有可靠防护措施，没有解除隐患和警告标识的产品，千万不能图省力给自己埋下安全隐患。

（4）对于动力机械要进行试运转。首先检查启动性能，要连续启动几次检查启动状况，其次进行空运转，在正常工作转速下空转10分种以上检查机器是否运行平稳，有无异常声响。运转结束后检查结合面、密封处有无泄漏现象。

（5）检查操作性能。实际操作机械，检查操作是否灵便，有无走偏现象。刹车灯光是否安全可靠，对于配套机械可手转动机械检查转动件是否灵活，有无卡滞现象。

二、新机手上路“四切忌”

1. 久踏离合器要切忌

有的新机手开车时左脚老踩在离合器踏板上，久而久之成了习惯，这种不规范动作，在快速行驶中遇上特殊情况紧急制动时，左脚自然而然地踏下离合器，车辆失去了发动机的牵阻作用，惯性使车速更快，紧急制动时很容易引发事故。

2. “先刹后离”要切记

所谓“先刹后离”，就是要先踩刹车，待车速降低后再踩离合器，换入适当的挡位。而新机手常用“先离后刹”，即先踩离合后踩刹车。换挡因高速时切断动力，离合器片磨损加快，如果

习惯这样开车，离合器的寿命大概只有正常情况的1/4或是1/5。

3. 上坡起步制动失灵切莫慌

新机手在上坡路段和车熄火而手刹又失灵时切记不要惊慌失措。首先将变速器处于低速挡位，下车后用三角木或石块塞住后轮，再发动机车起步前进。如没有三用木或石块时，右脚踩住刹车，左脚踏下离合器，变速器处在1挡，启动时，右脚横置，脚跟仍踩住刹车，用脚尖去踩踏油门，左脚配合缓缓松开离合器。当机车已有起步感时再缓缓松开右脚刹车，就可平稳上坡了。

4. 安全倒车应注意

如果用后镜倒车，应熟悉后视镜显示的景物与实际物体的差距；在倒车时一定要控制车速，如果倒车环境乱，最好请其他人在车侧指挥。需要注意的是从坡上向下倒车时，有些机手使用空挡倒车，这样做速度不容易控制；特别是在滑溜的坡路，踩制动或离合器踏板时都会造成车体的侧滑或失控。此时，比较稳妥的办法是挂入倒挡，松开手刹，利用发动机的牵阻作用平稳地倒车才能稳妥安全。

三、新机手这些习惯不可学

1. 起步猛抬离合器

机车起步时应缓慢地松开离合器踏板，同时适当加大油门行驶。否则，会造成对离合器总成及传动件的冲击，甚至损坏。

2. 长期脚踏离合器踏板

有些机手在机车行驶中习惯将脚踏在离合器踏板上，其害处是，在高低不平的路面上行驶，机车随之振动。这样会使离合器处于半结合状态，影响发动机功率传递，加剧离合器摩擦片磨损。

3. 用惯性启动发动机

有的驾驶员借挂高速挡踏下离合器滑行，速度高时猛抬离合器靠车辆的惯性启动发动机。这样很容易损坏传动系的机件，又因过大的负荷冲击发动机，很不安全。

4. 油门代替喇叭用

有的驾驶员行车遇到行人时，不是按喇叭鸣号慢行，而是猛轰油门令行人让路，这样会使发动机排出浓烟，污染环境，突然提高转速也增加了机械磨损，容易造成行车事故。

5. 车辆滑行不摘挡

车辆滑行时不采用空挡滑行，而是把变速杆放在高速挡位置，利用踏下离合器切断同发动机的传动，使车辆滑行。这样使离合器分离轴承磨损加剧，下坡较长时间踏下离合器滑行是安全操作规程上不允许的。

6. 启动后和熄火前猛轰油门

柴油车的压缩比大于汽油车，突然加大或减小油门容易引起连杆和曲轴变形或折断，增加缸筒活塞积炭，加速运动件磨损。

7. 原地死打方向盘

有的驾驶员为了机车转向到位，习惯采用原地静止时死打方向盘的办法，这样既违反操作规程，又容易使转向机构各部件损坏。

四、新机手识别拖拉机传动系安全技术条件

（1）离合器、变速箱、后桥、最终传动箱、动力输出装置及启动机传动机构的外壳无裂纹，运转时，无异响、无异常温升现象。

（2）离合器踏板的自由行程符合规定要求，分离彻底，接合平稳，不打滑，不抖动。

（3）万向节、联轴器、传动轴装配正确，配合良好；传动用V带、滚子链安装正确，松紧度适当。

（4）变速器互锁装置应有效，不得有乱挡和自行跳挡现象；

换挡时操作灵活，变速杆不得与其他部件干涉。

五、新机手如何正确使用新拖拉机

在使用新购买拖拉机的过程中，正确的使用方法，可以延长拖拉机的使用寿命，预防不必要的安全事故发生。

（1）要检查部件。新拖拉机必须经过磨合后才能正常使用，并要经常检查各连接部位的螺栓、螺母及其他易松动零部件。

（2）要缓慢起步。起步时应缓慢地松开离合器踏板，同时适当加大油门行驶。否则，会造成对离合器总成及传动件的冲击，并严禁挂空挡或踏下离合器踏板滑行下坡。

（3）要正确转向。拖拉机转向时应减小油门或换到低挡位，在拖拉机行驶速度降低时，操纵方向盘或转向手把实现转向。

（4）要有效制动。一般情况下，应先减小发动机油门，再踩下离合器踏板，使拖拉机平稳停住。行进中，不允许驾驶员将脚放在制动器踏板或离合器踏板上。拖拉机在坡上停车，应等发动机熄火后，在松开行驶制动踏板前先挂上挡，上坡时挂前进挡，下坡时挂倒挡。

（5）要合理用油。拖拉机各部件应严格按照厂家推荐的油品、溶液使用。根据不同的环境、季节选择不同牌号的柴油。严禁不同牌号的柴油混用。发动机运转中，切不可给燃油箱加油。如果拖拉机在炎热或阳光下工作，油箱就不能加满油。否则，燃油会因膨胀而溢出，一旦溢出要立即擦干。

六、新手需注意：疲劳驾驶

农机驾驶员引起疲劳驾驶的原因有多个方面。驾驶员的疲劳主要是神经和感觉器官的疲劳，以及长时间保持固定坐姿血液循环不畅引起肢体疲劳等。

1. 环境和感觉器官引起的疲劳

炎热的夏季天气或驾驶室内室温过高，在闷热的环境下，空气不太流通，驾驶员驾驶拖拉机或收割机容易疲劳，往往会感到精神不振，视线逐渐变得模糊，思维反应迟钝，尤其是午后操作容易瞌睡，甚至会出现驾驶人瞬间失去记忆力的现象。

2. 较长时间保持固定坐姿

血液循环不畅，所引起的肢体疲劳，因驾驶人长时间坐在固定的操作台上，动作受到一定限制，注意力高度集中，忙于判断安全操作信息，精神状态过度紧张，从而出现眼花缭乱，视线模糊，腰酸背疼，反应迟钝，驾驶操作手脚呆板，不灵活等现象。

3. 高度睡眠不足而引起的精神疲劳

睡眠质量的好坏与驾驶疲劳有直接的关系，就寝过晚，噪音过大，睡眠时间少，睡眠效果差，睡眠环境与质量不能保证或身体不适应引起的睡眠失眠，这些都是造成驾驶员睡眠不足而引起的精神疲劳现象。

4. 利益驱动引起连续驾驶疲劳

在市场经济利益的作用下，驾驶员不得不在时间上“争分夺秒”，满足货主对时间的要求和自己经济利益的追求，不分白天晚上“多拉快跑”，导致驾驶员长时间连续驾驶疲劳的现象。

驾驶人疲劳驾驶会出现严重的视线模糊，腰酸背疼，动作呆板，手慌脚乱，精神涣散，精力集中，反应迟钝，焦虑急躁等现象。一旦疲劳不能及时发现或纠正，则会导致，处理路面情况和操作失误，所带来的危害和悲剧是不可想象的。

七、新发动机机油“四检查”

检查发动机油主要应检查以下几项。

（1）机油的品质：如拖拉机出厂时正值夏季，而买回来时是冬季，应更换成冬季用的机油；反之亦然。

（2）油底壳内机油的数量，应不少于油标尺下刻线。

（3）大型拖拉机上的机油滤清器的转换开关，应按季节或气温转到“夏”或“冬”的位置。

（4）有的制造厂为了避免油浴式空气滤清器油盘内的机油在转运过程中泼洒出来污染车容，而在出厂时末添加，买回来后应注意添加机油。

八、使用农机“坏习惯”要不得

不少拖拉机驾驶员在驾驶机车过程中，有一些坏习惯往往被忽视，而恰恰是这些坏习惯影响了机车的正常使用和机件的使用寿命，机手朋友应引起足够重视，尽快克服。

（1）乱轰油门。发动机启动时，由于机油温度低，流动性能差，如果乱轰油门，会因转速急剧增高而加剧机件的磨损。因此，启动时切忌轰油门，应让发动机怠速空转一会儿，待水温升到 40 度再起步，并逐步增加负荷。

（2）油机长时间怠速运转。由于怠速运转时机油压力低，喷向活塞顶部的冷却机油就少，因而容易加剧活塞磨损并发生拉缸事故。此外，若柴油机转速太低，喷油泵转速也很低，致使喷油压力下降，喷油器雾化不良，于是缸内柴油不能充分燃烧，积炭增多，喷孔堵塞，并引起功率下降，油耗上升的不良后果。因此，柴油机怠速运转应按规定不要超过 20 分钟。

（3）柴油机长时间超负荷运转。柴油机超负荷，会出现运转吃力、转速下降和排气管冒黑烟现象。若负荷过大，还会被迫熄火。如果长时间超负荷，粗暴的工作状况会加剧机件磨损，甚至引发烧瓦拉缸等事故。因此，当感到超负荷时，应尽快减轻机车负荷或拨入低速挡行驶，以恢复柴油机的正常转速。

九、拖拉机的正确停车和熄火

拖拉机停车要选择适宜地点，以保证安全，不影响交通和便于出车。短时间内停车可以不熄火，长时间停车应将柴油机熄火，熄火停车可按下列步骤。

（1）减小油门，降低发动机运转速度。

（2）踏下离合器踏板和左右制动器踏板，当拖拉机停稳后，将主变速杆和副变速杆置于空挡位置。

（3）操纵停车操纵手柄，使停车制动器处于制动状态，除采用以上措施外，还应该挂上挡（上坡时，挂上前进挡，下坡时，挂上倒挡）并用三角木或石头垫上轮胎。

（4）小油门低速运转发动机，待冷却液温度降到40℃以下时，拉出熄火拉线手柄使发动机熄火。若气温低于5℃的情况下长时间停放，需彻底放净冷却水。

（5）取出钥匙，关闭所有电源。

（6）露天停车，应将排气管口盖住，以免雨水流入气缸。

（7）若长期停放，需将蓄电池打铁线取下，在严寒季节应将蓄电池充足电后放在室内保存。

第二节　汽油的选用

一、汽油的牌号

汽油是点燃式发动机（即汽油发动机）的燃料，其牌号是按辛烷值的高低来命名的，常用有90号、93号、97号。

汽油牌号越高，表明其辛烷值越高，也就是汽油的抗爆燃能力越强。爆燃是汽油发动机的一种不正常燃烧，会导致发动机振动大、噪声高、机械零件磨损加剧等现象发生，因此，在使用中

要避免汽油机产生爆燃。

二、汽油的选用

用户在选择汽油的牌号时，应参考使用说明书的要求。这个牌号是发动机生产厂家根据发动机的结构与压缩比的情况，保证在正常使用时发动机不发生爆燃而确定的，因此，不能随意更换不同的牌号。

三、汽油使用的注意事项

主要有以下内容。

（1）发动机长期使用后，由于燃烧室积炭，水套积垢等原因，使压缩比变大，爆燃倾向增加，此时应及时维护发动机，彻底清除水垢和进排气门、燃烧室内的积炭。若压缩比变大，则应选用牌号高的汽油，或者把点火提前角适当推迟，以免发生爆燃。

（2）低压缩比的发动机若选用高牌号的汽油，虽能避免发动机爆燃，但会改变点火时间，导致发动机的气缸积炭增加，长期使用则会减少发动机的使用寿命，也不经济。

牌号高的汽油比牌号低的价格高，因此，在保证不发生爆燃的前提下，应尽量选用牌号低的汽油。

（3）汽油中不能掺入煤油或柴油。

（4）在炎热夏季或高原地区，由于气温高、气压低，容易导致汽油蒸发而在油管路中产生气阻，应加强发动机的散热，使汽油泵、汽油管隔热，并增强油泵泵油压力或装用晶体管油泵。

（5）装有汽油机的车辆由平原驶入高原地区后，可将点火提前角提前或换用较低辛烷值牌号的汽油。反之，当汽车从高原驶入平原，应及时将点火提前角推迟或换用高牌号的汽油，以防止爆燃。

（6）桶装汽油不要装满，要留出 7%的空间，并放置在阴凉处，避免日光照射，不能用塑料桶装，以免因汽油蒸发而爆炸。

第三节　柴油的选用

一、柴油的牌号

柴油是压燃式发动机（即柴油发动机）的燃料，可分为轻柴油与重柴油两种。轻柴油用于1 000转/分及以上的高速柴油机，重柴油用于1 000转/分以下的中低速柴油机。一般加油站所销售的柴油均为轻柴油。

柴油的牌号是按照凝点来划分的，有10号、5号、0号、-10号、-20号、-35号、-50号7种牌号。凝点就是指油料开始失去流动性时的温度，例如，0号柴油，表示在0℃时该柴油便丧失了流动性，因此，不能在该温度的气候条件下工作，以免柴油不能流动而无法供给气缸燃油。从10号轻柴油到-50号轻柴油，其凝点越来越低，分别在气温不同的各个地区和季节使用。

二、柴油的选用

选用轻柴油时，主要是根据车辆使用时的环境温度，使柴油的凝点比当月最低环境温度低4～6℃，以保证在最低气温下不凝固。

各牌号轻柴油的使用温度及环境，见表2-1。

轻柴油的凝点愈低，价格愈高。所以，虽然全年只用一种低凝点的轻柴油可以满足使用要求，但不经济。

表 2-1 轻柴油的使用环境温度及地区

牌号	使用地区季节	使用最低气温（℃）
10 号	全国各地 6~8 月，长江以南 4~9 月	12
5 号	不低于 9℃的季节	8
0 号	全国各地 4~9 月，长江以南冬季	3
-10 号	长城以南地区冬季，长江以南地区严冬	-7
-20 号	长城以北地区冬季，长城以南、黄河以北地区严冬	-17
-35 号	东北和西北地区严冬	-32
-50 号	东北的漠河、新疆的阿尔泰地区严冬	-45

三、柴油使用的注意事项

柴油使用的注意事项主要有以下内容。

1. 柴油应随用随买

合格品轻柴油中，含有较多的不饱和烃，而不饱和烃容易与外界空气发生氧化反应，生成胶质，使柴油的品质变坏，故一般不要一次购买过多的柴油，应随用随买。

2. 柴油应洁净

因为柴油机的燃油系比较精密，尤其是三大精密偶件（柱塞偶件、出油阀偶件和喷油器针阀偶件），其配合间隙只有 0.0015~0.0025 毫米。柴油中一旦混入机械杂质，就会使精密偶件急剧磨损，甚至几十小时就报废（虽然在燃油系中有滤清器对柴油进行净化，但由于滤芯容纳杂质的数量有限，而且，一般滤芯只能滤去 0.04~0.09 毫米以上的杂质，小于 0.04 毫米的杂质仍会进入三大精密偶件）。另外，不洁净的柴油还会引起滤芯堵塞、柱塞副卡死等严重故障，使柴油机无法工作。除机械杂质外，水分和胶质对柴油机的影响也不能忽视。柴油本身就含有一定量的胶质，它在柴油的贮运保管过程中，还会催化产生新的胶质。

这些胶质悬浮在柴油中，会赌塞滤芯，且容易在燃烧室中形成积炭；而柴油中的水分在温度低于0℃时就会结冰，影响柴油的流动性。所以，为了使柴油保持高度洁净，不影响柴油机的正常工作，在柴油的贮运和添加过程中还要注意下列问题。

（1）盛油用的容器和加油工具一定要保持洁净。

（2）贮油容器一定要带盖，防止灰尘和水分进入油中。

（3）柴油在加入油箱前，应静置沉淀约48小时，使柴油中的悬浮杂质沉淀下去，然后取上面的柴油加入油箱。

（4）加油时，最好采用闭式过滤加油方式（如加油站的加油枪）。如无条件，也可采用绸布过滤和漏斗加油，并要防止泼洒损失。另外，不要在雨雪天或风沙大的情况下加油，以防尘土或水分进入油箱。

（5）柴油是易燃品，故在贮存和使用中应注意防火。

第四节　润滑油的选用

一、发动机润滑油的分类

润滑油按作用可分为汽油发动机润滑油（简称汽油机油）和柴油发动机润滑油（简称柴油机油），还有既适用于汽油发动机又适用于柴油发动机的润滑油，称为通用机油。

发动机润滑油的质量等级，在国内外广泛采用美国汽车工程师学会（SAE）的黏度分类法和美国石油学会（API）的使用条件分类法。

1. 黏度分类法

采用SAE的黏度分类法，将发动机润滑油黏度等级分为低温用油、高温用油和多级机油3类，即：

低温用油：0W、5W、10W、15W、20W、25W。

高温用油：20、30、40、50、60。

多级用油：5W/30、10W/40、15W/40、20W/40、20W/20等。

其中，数字表示黏度等级，数值越大，表示黏度越高；字母W表示冬季机油品种，无W为夏季用油。牌号中的数字越小，表明该机油的黏度越小，适用的环境温度越低。

多级机油是用低黏度的基础油加入稠化剂制成的，可以全天候使用。例如，5W/30，在冬季和夏季都能用，在冬天时，它的黏度超不过冬用5W的黏度值，在夏季时与高温用油30的黏度值相同，是一种多级机油。选用合适的多级油后，冬夏可不用换油。

根据黏度分类，发动机的润滑油可分为单级油和多级油两种。单级油只能在某个温度范围内使用。机油黏度等级与使用温度的关系见下表2–2。

表2–2　机油黏度等级与使用温度的关系

机油黏度	使用环境温度（℃）
0W	−55～−10
5W	≥−30
10W	≥−20
15W	≥−15
20W	≥−10
25W	≥−5
20	0～20
30	5～30
40	25～40
50	20～50
10W/40	−20～+30
15W/40	−15～+40
20W/40	−10～+40
20W/20	−10～+20

2. 使用条件分类法

根据机油的性能和使用场合，API 将机油分为汽油机系列与柴油机系列。每个级别用两个字母表示：第一个字母表示适用的发动机类型，汽油机用“S”，柴油机用“C”；第二个字母表示质量等级。如四冲程汽油机机油的等级有 SC、SD、SE、SF、SG、SH、SJ，二冲程汽油机油有 RA、RB、RC、RD 等级，柴油机油有 CC、CD、CD-Ⅱ、CE、CF、CG、CH 等级。

例：

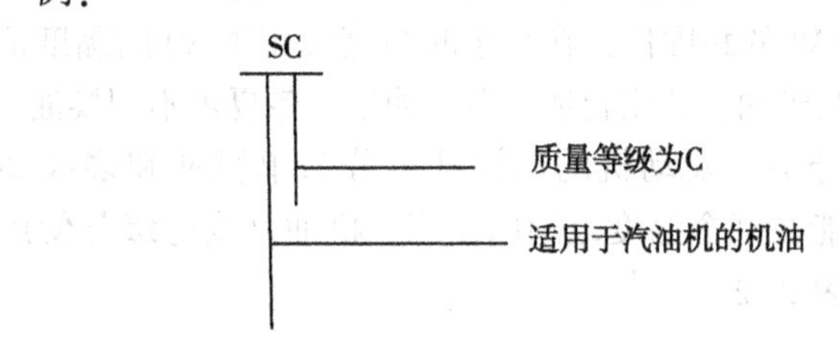

二、汽油机油的选用

目前，国内汽油机油品种的应用范围和黏度牌号见表 2-3。

表 2-3　汽油机油（S 系列）的牌号应用

品种	适用范围	黏度牌号和应用
SC	适用于中等负荷、压缩比 6.0～7.0 条件下使用的载货汽车、客车的汽油机或其他汽油机	有 5W/20、5W/30、10W/30、15W/40、20W/40、20W/20、30 和 40 等牌号
SD	适用于高负荷、压缩比 7.0～8.0 条件下使用后的载货汽车、客车和某些普通轿车的汽油机	有 10W、5W/30、10W/30、10W/40、15W/40、20W/40、20W/20、30 和 40 等牌号
SE	适用于压缩比 8.0 以上苛刻条件下使用的轿车和某些载货汽车的汽油机	有 5W/30、10W/30、15W/40、20W/20、30 和 40 等牌号
SF	用于更苛刻条件下使用的轿车和某些载货汽车的汽油机	有 5W/30、10W/30、15W/40、20W/20、30 和 40 等牌号。适用于 1980 年代开发的发动机，如奥迪 100、切诺基、标致、桑塔纳、捷达、富康等

（续表）

品种	适用范围	黏度牌号和应用
SG	用于轿车和某些载货汽车的汽油机以及要求使用 APISG 级油的汽油机	用于电喷发动机，如丰田、奔驰、桑塔纳 2000、富康 AG 等
SH	用于轿车和轻型货车的汽油机以及要求使用 APISH 级油的汽油机	SH 级油的质量优于 SG 级油，并可代替 SG，用于红旗 CA7180E、CA720DE、CA7220 型轿车、奥迪轿车的发动机上
SJ	用于高级轿车的汽油机以及要求使用 APISJ 级油的汽油机	适用于劳斯莱斯、凯迪拉克、奔驰、宝马、沃尔沃、林肯、雷克萨斯、别克、克莱斯勒、雷诺、福特、红旗、奥迪等进口及国产高级轿车

三、二冲程汽油机油的选用

二冲程汽油机油的品种与应用如表 2-4 所示。

表 2-4　二冲程汽油机油的品种与用途

品种	适用范围	性能
RA 级	用于缓和条件下工作的小型风冷二冲程汽油机	具有防止发动机高温堵塞和活塞磨损的性能
RB 级	用于缓和至中等条件下工作的小型风冷二冲程汽油机	具有防止发动机高温堵塞和由燃烧室沉积物引起提前点火的性能
RC 级	用于苛刻条件下工作的小型风冷二冲程汽油机	具有防止活塞环黏结和由燃烧室沉积物引起提前点火的性能
RD 级	用于苛刻条件下工作的中型至大型水冷二冲程汽油机	具有防止燃烧室沉积物引起提前点火、活塞环黏结、活塞磨损和防腐蚀的性能

四、柴油机油的选用

柴油机油的选择，应首先根据柴油机工作条件的苛刻程度，选用合适的等级。质量等级选定后，再根据环境气温，并结合柴油机的技术状况，选择柴油机油的牌号（即黏度等级）。具体如表2-5所示。

表2-5　柴油机油（C系列）的品种应用

品种	适用范围	黏度牌号和应用
CC级	只适用于低增压和中等负荷的非增压柴油机以及一些重负荷汽油机	有5W/30、10W/30、155W/40、20W/40、20/20W、30、40等牌号
CD级	用于需要高效控制磨损和沉积物或使用包括高硫燃料非增压、递增压和增压式柴油机以及国外要求使用APICD级油的柴油机	如东风中、中性卡车柴油发动机装用CD30、CD40、CD50或CD15W/40、20W/50、10W/30柴油机油，康明斯发动机使用CD15W/40、20W/50、10W/30柴油机油
CD-Ⅱ级	用于要求高效控制磨损和沉积物的重负荷二冲程柴油机	要求使用APICD－Ⅱ级油的柴油机，同时也满足CD级油的性能要求
CE级	用于在低速高负荷和高负荷条件下运行的低增压和增压式重负荷柴油机	要求使用APICE级油的柴油机，同时也满足CD级油的性能要求
CF级	用于高速四冲程柴油机以及要求使用APICF-4级油的柴油机。该机油品特别适用于高速公路行驶的重负荷货车	有10W、5W/30、10W/30、15W/30、15W/40、20W/40、20/20W、30、40牌号。如依维柯专用CF10W/30、15W/40机油；奔驰、沃尔沃等大型高级客车、各种进口及国产高级大型载重汽车、高级轿车也可选用CF-4/SG15W/40机油

五、柴油机油的使用注意事项

（1）选择机油牌号（黏度）时，不要认为高牌号（高黏度）油有利于保证润滑和减少磨损。实际上高黏度油的低温流动性差，启动后流入机件之间的速度慢，启动磨损大，摩擦功率损失大，会导致燃油消耗量增加，还有循环速度慢、冷却和清洗作用差等弊端。所以，在保证活塞环密封良好、机件磨损正常的情况

下，应适当选用低黏度的柴油机油。只有在柴油机磨损严重等条件下，才可以考虑选用比本地区气温要求的温度等级提高一级的柴油机油。并保证既有的使用温度比其凝点高6~10℃，以防止机油的黏度显著增大，而使机件过度磨损。

（2）要保持曲轴箱油面正常。油面过低会加速机油变质，甚至因缺油引起机件烧坏；油面过高，会从气缸和活塞的间隙中窜入燃烧室参与燃烧，造成机油的浪费和燃烧室积炭增多。

（3）保持曲轴箱通风良好。及时保养机油滤清器，保证机油清洁，延缓机油的变质速度。

（4）柴油机油的添加与贮存注意事项与柴油基本相同。需要说明的是，在柴油机油中，含有大量改善油品性能的添加剂，其中有些添加剂遇水会失效，所以，不要让水进入机油中。

（5）低速货车用户一般不具备油品分析及化验的知识和仪器，故实行按质更换机油较难。一般应按保养说明书的规定，实行按期换油。平时使用中，也可用“斑痕法”，对在用机油的使用情况进行简易判断：即将正在用的机油滴在白纸上（最好用滤纸）上，待油滴扩散后，仔细观察其斑痕。若核心有较多炭粒和沥青质时，表明机油滤清器工作不良，但机油并未变质；若核心黑点大，呈黑褐色，而且均匀无颗粒，说明机油已变质，应更换；若核心黑点与四周黄色浸痕边界不明显，表明添加剂未失效，可继续使用；若边界明显，环带较宽，则表明添加剂已失效，应换用新机油。

第五节　制动液、防冻液的选用

一、制动液的类型

制动液俗称刹车油，用于制动器和离合器助力器中。

制动液有醇醚型、脂型、矿油型和硅油型等。其中醇醚型和脂型统称为合成型，是目前广泛使用的主要品种。

1. 醇醚型制动液

由基础油、润滑剂和添加剂3种成分组成，具有性能稳定、成本低的特点，但吸湿性强，湿沸点较低，不适合在潮湿条件下使用。

2. 矿油型制动液

沸点高，对金属无腐蚀，但对橡胶件有腐蚀。目前市场上进口制动液中矿油型较多，使用时要注意识别，若使用矿油型制动液，橡胶皮碗和软管都要换耐油的。

3. 硅油型制动液

性能好，但价格高。

4. 合成型制动液

沸点高，温度适应范围大，对金属和橡胶零件的腐蚀小。国产牌号有4603、4604、4604-1等。

二、使用制动液要注意的事项

使用制动液时要注意以下几点。

(1) 应尽量按车辆说明书的要求选用制动液。使用不同牌号的制动液时，应将制动系统彻底清洗干净，再换用新制动液。各种制动液绝对不能混用。

(2) 灌装制动液的工具、容器必须专用，不可与其他装油的容器混用。

(3) 制动液（特别是合成制动液）是有毒物品，能损坏漆膜，加注时应避免溅入人眼或涂漆表明。

(4) 不要使用已经吸收了空气中潮气的制动液和脏污的制动液，否则会使机件过早磨损和制动不良。

(5) 不要使用有白色沉淀物的制动液，也不要将白色沉淀

物滤除后使用。

（6）制动液要定期更换，以免制动液中含水量增多。一般在车辆行驶2万~4万千米或1年更换1次。

（7）制动液不可露天存放，以防日晒雨淋变质。

三、防冻液的选用

在水冷式发动机的水箱里，大多都装有防冻液，起到防冻、防腐蚀、防水垢等作用。

防冻液主要由防冻剂与水按一定的比例混合配置而成，这样既能保持水的良好传热效果，又能降低冷却液的凝固点。防冻液有乙二醇（甘醇）型、酒精型、甘油型等。目前用得最多的是乙二醇（甘醇）型防冻液。

乙二醇（甘醇）型防冻液在使用时要注意以下事项。

（1）一般情况下，防冻液与水的比例为40：60时，冷却液沸点为106℃，凝固点（冰点）为-26℃；当50：50时，冷却液沸点为108℃，凝固点（即冰点）为-38℃。一般要求按照低于当地最低温度5℃左右配制冷冻液。

乙二醇（甘醇）型防冻液的牌号是按照冰点划分的，使用时应根据当地冬季最低气温来选择适当牌号的防冻液，应使防冻液的冰点低于最低气温5℃。如果是浓缩液，应按产品说明书的规定比例加清洁水稀释。

（2）乙二醇（甘醇）型防冻液不仅有较低的冰点，防止冬季结冰，还可提高沸点，防止夏季沸腾，因此，可四季通用。

（3）乙二醇（甘醇）型防冻液使用一段时间后，会因蒸发而使液面下降，应及时加水，以免受热后产生泡沫。

（4）乙二醇（甘醇）型防冻液一般可使用2~3年，入冬前，要检查、调整防冻液的密度，添加防腐剂，并将防冻冷却液的冰点调到该牌号最高冰点。

（5）使用防冻冷却液时要保证冷却系统无渗漏，加注时不要过满，一般只加注到冷却系总容量的95%，以避免温度升高后膨胀溢出。

（6）乙二醇（甘醇）型防冻冷却液有毒，使用中注意安全，手接触后要洗净。

（7）乙二醇（甘醇）型防冻冷却液在保管时要保持清洁，特别要防止石油产品混入，以免受热后产生泡沫。

第三章　拖拉机的驾驶与保养

第一节　拖拉机的类型与结构

拖拉机是农业生产中重要的动力机械，用途广泛，例如，拖拉机与挂车连接，可实现农产品的运输；与相应的农机具连接，可进行耕地、整地、播种、施肥、收割等田间作业，还可完成灌溉、脱粒、发电、农副产品加工等作业。

一、拖拉机的分类

1. 按结构不同

可分为手扶拖拉机（图 3-1）、轮式拖拉机（图 3-2）和履带式拖拉机（图 3-3）等。

2. 按发动机功率大小不同

可分为小型拖拉机（功率小于 14.7 千瓦），中型拖拉机（功率为 14.7～73.6 千瓦）和大型拖拉机（功率 73.6 千瓦以上）。

3. 按用途不同

可分为一般用途拖拉机（如用于田间耕地、耙地、播种、收割等作业）；特殊用途拖拉机，即用于特殊农业工作条件的拖拉机，如中耕拖拉机、棉田高地隙拖拉机等。

图 3–1　手扶拖拉机

图 3–2　轮式拖拉机

二、拖拉机的结构

拖拉机主要由发动机、底盘、电气设备和液压悬挂系统四大部分组成，图 3–4 所示为轮式拖拉机的结构简图。

1. 发动机

发动机是整个拖拉机的动力装置，也是拖拉机的心脏，为拖拉机提供动力。

图 3-3 履带式拖拉机

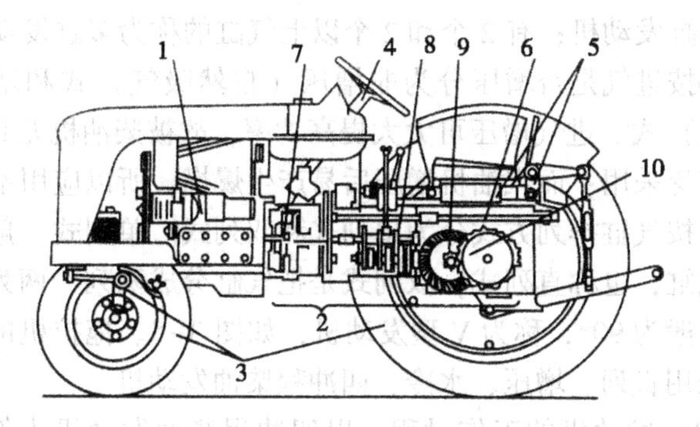

图 3-4 轮式拖拉机纵剖面

1-发动机；2-传动系统；3-行走系统；4-转向系统；
5-液压悬挂系统；6-动力输出轴；7-离合器；8-变速箱；
9-中央传动；10-最终传动

拖拉机上多采用热力发动机，它由机体、曲柄连杆机构、配气机构、燃料供给系统、润滑系统、冷却系统和启动装置等组成。

（1）发动机的类型。有以下分类方法。

①按燃料分为汽油发动机、柴油发动机和燃气发动机等。

②按冲程分为二冲程发动机和四冲程发动机。曲轴转 1 圈（360°），活塞在气缸内往复运动 2 个冲程，完成一个工作循环的称为二冲程发动机；曲轴转 2 圈（720°），活塞在气缸内往复运动 4 个冲程，完成一个工作循环的称为四冲程发动机。一个冲程是指活塞从一个止点移动到另一个止点的距离。

③按冷却方式分为水冷发动机和风冷发动机。利用冷却水（液）作为介质在气缸体和气缸盖中进行循环冷却的称为水冷发动机；利用空气作为介质流动于气缸体和气缸盖外表面散热片之间进行冷却的称为风冷发动机。

④按气缸数分为单缸发动机和多缸发动机。只有 1 个气缸的称为单缸发动机；有 2 个和 2 个以上气缸的称为多缸发动机。

⑤按进气是否增压分为非增压（自然吸气）式和增压（强制进气）式。进气增压可大大提高功率，故被柴油机尤其是大功率型广泛采用；而汽油机增压后易产生爆燃，所以应用不多。

⑥按气缸排列方式分为单列式和双列式。单列式一般是垂直布置气缸，也称直列式；双列式是把气缸分成两列，两列之间的夹角一般为 90°，称为 V 型发动机，如图 3-5。拖拉机的发动机一般采用直列、增压、水冷、四冲程柴油发动机。

（2）发动机的工作过程。以四冲程柴油发动机为例，发动机的工作分为进气、压缩、做功、排气 4 个冲程。

①进气冲程如图 3-6a 所示，曲轴靠飞轮惯性力旋转、带动活塞由上止点向下止点运动，这时进气门打开，排气门关闭，新鲜空气经滤清器被吸入气缸内。

②压缩冲程如图 3-6b 所示，曲轴靠飞轮惯性力继续旋转，带动活塞由下止点向上止点运动，这时进气门与排气门都关闭，气缸内形成密封的空间，气缸内的空气被压缩，压力和温度不断升高，在活塞到达上止点前，喷油器将高压柴油喷入燃烧室。

图 3-5　发动机排列方式

a. 直列式；b. V 型

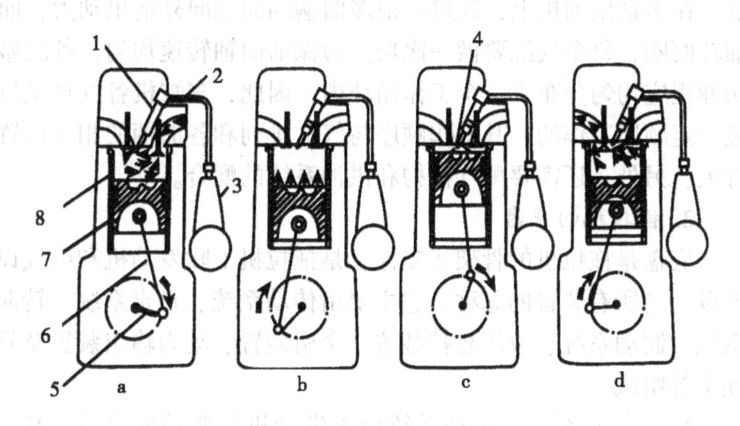

图 3-6　柴油机工作过程

a. 进气冲程；b. 压缩冲程；c. 做功冲程；d. 排气冲程

1-喷油器；2-高压柴油管；3-柴油泵；4-燃烧室；

5-曲轴；6-连杆；7-活塞；8-气缸

③做功冲程如图 3-6c 所示，进、排气门仍关闭，气缸内温

度达到柴油自燃温度，柴油便开始燃烧，并放出热量，使气缸内的气体急剧膨胀，推动活塞从上止点向下止点移动做功，并通过连杆带动曲轴旋转，向外输出动力。

（3）排气冲程如图 3-6d 所示，在飞轮惯性力作用下，曲轴旋转带动活塞从下止点向上止点运动，这时进气门关闭，排气门打开，燃烧后的废气从排气门排出机外。

完成排气冲程后，曲轴继续旋转，又开始下一循环的进气冲程，如此周而复始，使柴油机不断地转动产生动力。在 4 个冲程中，只有做功冲程是气体膨胀推动活塞做功，其余 3 个冲程都是消耗能量，靠飞轮的转动惯性来完成的。因此，做功行程中曲轴转速比其他行程快，使柴油机运转不平稳。

由于单缸机转速不均匀，且提高功率较难，因此，可采用多缸。在多缸柴油机上，通过一根多曲柄的曲轴向外输出动力，曲轴转两圈，每个气缸要做一次功。为保证曲轴转速均匀，各缸做功冲程应均匀分布于一个工作循环内，因此，多缸机各气缸是按照一定顺序工作的，其工作顺序与气缸排列和各曲柄的相互位置有关，另外，还需要配气机构和供油系统的配合。

2. 拖拉机的底盘

底盘是拖拉机的骨架或支撑，是拖拉机上除发动机和电气设备以外的所有装置的总称。它主要由传动系统、行走系统、转向系统、制动系统、液压悬挂装置、牵引装置、动力输出装置及驾驶室等组成。

（1）传动系统。传动系统位于发动机与驱动轮之间，其功用是将发动机的动力传给拖拉机的驱动轮和动力输出装置，拖动拖拉机前进、倒退、停车、并提供动力的输出。

轮式拖拉机的传动系统一般包括离合器、变速箱、中央传动、差速器和最终传动，如图 3-7 所示。

履带式拖拉机的传动系统一般包括离合器、变速箱、联轴

节、中央传动、左右转向离合器和最终传动。

手扶拖拉机的传动系统一般包括离合器、变速箱、联轴节、中央传动、左右转向机构和最终传动。

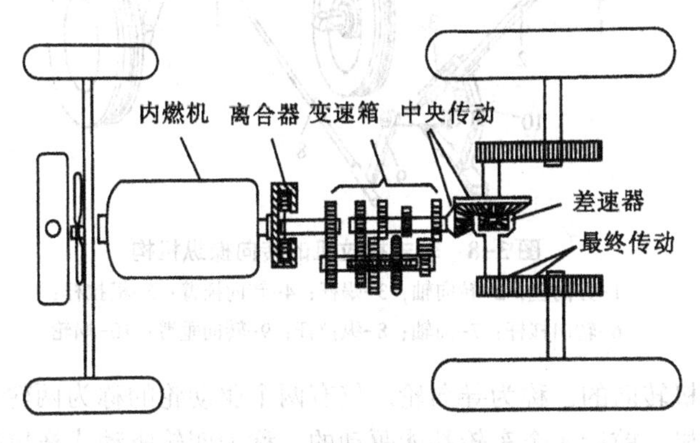

图 3–7　轮式拖拉机的传动系统

（2）转向系统。拖拉机的转向系统的功用是控制和改变拖拉机的行驶方向。

轮式拖拉机的转向系统由转向操纵机构、转向器操纵机构、转向传动机构和差速器组成，图 3–8 为转向操纵机构示意图。

转向操纵机构的工作过程是：转动方向盘，转向轴带动转向器的蜗杆与蜗轮转动，使转向垂臂前后摆动，推拉纵拉杆，带动转向杠杆、横位杆、转向摇臂，使两前轮同时偏转。转向杠杆、横拉杆、转向摇臂和前轴形成一个梯形，这就是常说的转向梯形。转向器广泛采用球面蜗杆滚轮式、螺杆螺母循环球式和蜗杆蜗轮式。

（3）行走系统。其功用是支承拖拉机的重量，并使拖拉机平稳行驶。

轮式拖拉机行走系统一般由前轴、前轮和后轮组成。其中，能传递动力用于驱动车轮行走的，称驱动轮；能偏转而用于引导

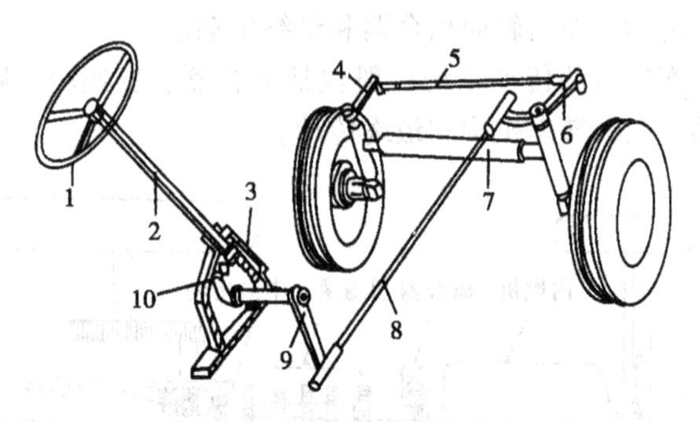

图 3-8　轮式拖拉机的转向操纵机构

1-方向盘；2-转向轴；3-蜗杆；4-转向摇臂；5-横拉杆；
6-转向杠杆；7-前轴；8-纵拉杆；9-转向垂臂；10-蜗轮

拖拉机转向的，称为导向轮。仅有两个驱动轮的称为两轮驱动式拖拉机，前后 4 个车轮都能驱动的，称为四轮驱动式拖拉机。

拖拉机的前轮在安装时有以下特点：转向节立轴略向内和向后倾斜；前轮上端略向外倾斜、前端略向内收拢。这些统称为前轮定位，其目的是为了保证拖拉机能稳定的直线行驶和操纵轻便，同时可减少前轮轮胎和轴承的磨损。

前轮定位的内容有以下 4 项内容。

①转向节立轴内倾。内倾的目的是为了使前轮得到一个自动回正的能力，从而提高拖拉机直线行驶的稳定性。一般内倾角为 3°~9°，如图 3-9 所示。

②转向节立轴后倾。转向节立轴除了内倾外，还向后倾斜 0°~5°，称为后倾，如图 3-10 所示。转向节立轴后倾的目的是为了使前轮具有自动回正的能力。

③前轮外倾。拖拉机的前轮上端略向外倾斜 2°~4°，称为前轮外倾，如图 3-11 所示。

前轮外倾有两个作用：一是可使转向操作轻便；二是可防止前轮松脱。但是外倾后会造成前轮轮胎的单边磨损，因此，要定

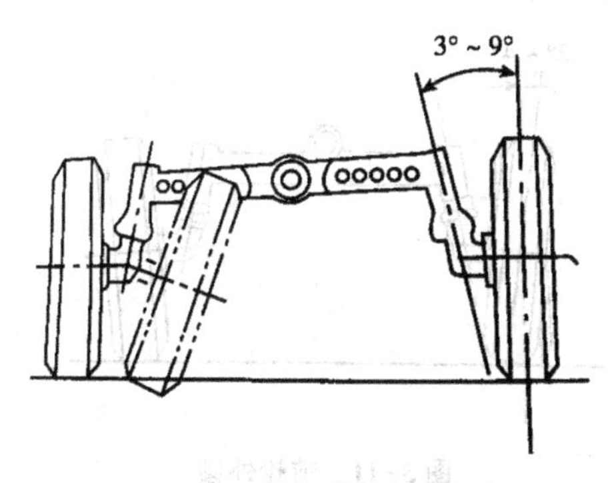

图 3-9　转向节立轴内倾角

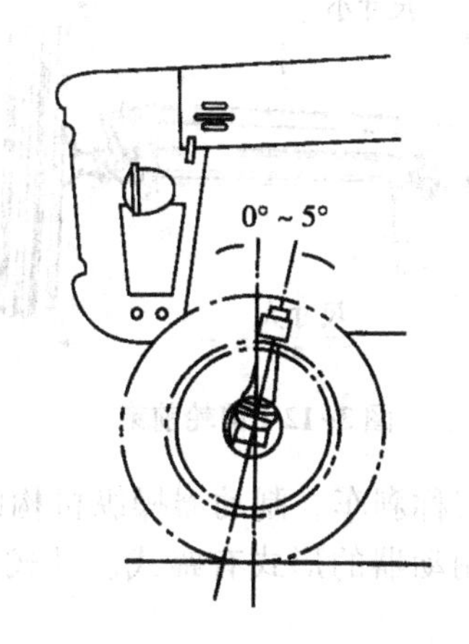

图 3-10　转向节立轴后倾

期换边、换位使用，以防磨损过度，导致轮胎提前报废。

④前轮前束。两个前轮的前端，在水平面内向里收拢一段距离，称为前轮前束，如图 3-12 所示，前端的尺寸小于后端的尺寸。

（4）制动系统。拖拉机的制动系统由操作机构和制动器两

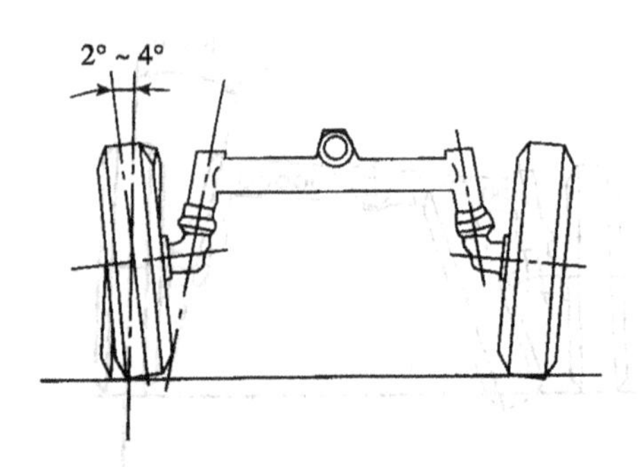

图 3-11　前轮外倾

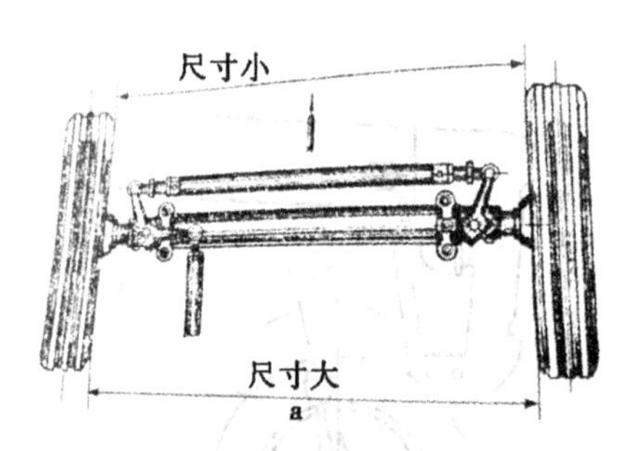

图 3-12　前轮前束

部分组成，制动器俗称刹车。制动器操纵机构的形式有机械式、液压式和气力式，制动器的形式有蹄式、带式和盘式，如图 3-13 所示。

制动系统的功用是用来降低拖拉机的行驶速度或迅速制动的，并可使拖拉机在斜坡上停车，若单边制动左侧（或右侧），可协助拖拉机向左（或右）转向。

机械式操纵机构由踏板、拉杆等机械杆件组成，完全由人力来操纵，左、右制动器分别由两个踏板操纵，分开使用时，可单侧制动，以协助转向。当两个踏板连锁成一体时，可使左右轮同时制动。运输作业是两个制动踏板一定要连成一体。

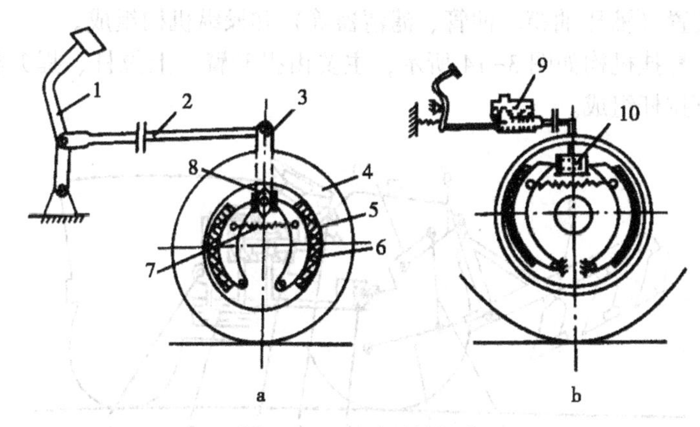

图 3-13　制动系统组成

a. 机械式；b. 液压式

1-制动踏板；2-拉杆；3-制动臂；4-车轮；5-制动鼓；6-制动蹄；
7-回位弹簧；8-制动凸轮；9-制动总泵；10-制动分泵

液压式操纵机构有的由液压油泵供给动力，属动力式液压刹车；有的是靠人力，用脚踩踏板给油泵供油，属人力液压刹车。

蹄式制动器的制动部件类似马蹄形，故称为蹄式。制动蹄的外表面上铆有摩擦片，称为制动蹄片，每个制动器内有两片。制动鼓与车轮轮圈制成一体或装在半轴上。当踩下制动踏板时，通过传动杆件制动臂，带动制动凸轮转动，将两个制动蹄片向外撑开，紧紧压在制动鼓的内表面上，产生摩擦力矩使制动鼓停止转动，即半轴停止转动。不制动时，放松制动踏板，靠回位弹簧使制动蹄片回位，保持与制动鼓之间有一定的间隙。

（5）液压悬挂装置。拖拉机液压悬挂装置用于连接悬挂式或半悬挂式农具，进行农机具的提升、下降及作业深度的控制。

①拖拉机液压悬挂装置的组成。由液压系统和悬挂机构两部分组成。

液压系统如图 3-14 所示，主要由油泵、分配器、油缸、辅助装置（液压油箱、油管、滤清器等）和操纵机构组成。

悬挂机构如图 3-14 所示，主要由提升臂、上拉杆、提升杆及下拉杆组成。

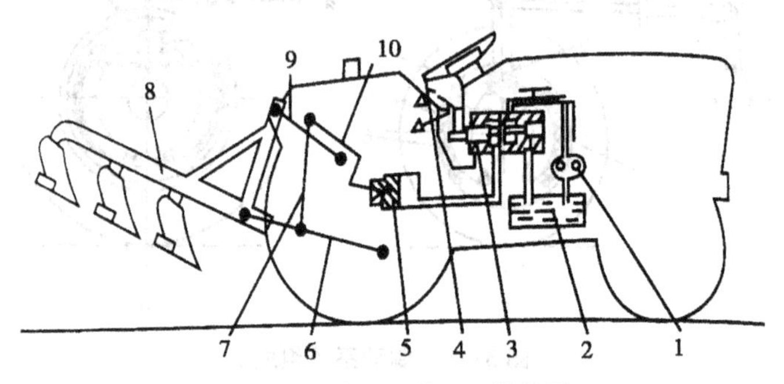

图 3-14　拖拉机液压悬挂装置

1-油泵；2-油箱；3-分配器；4-操纵手柄；5-油缸；
6-下拉杆；7-提升杆；8-农具；9-上拉杆；10-提升臂

②拖拉机液压悬挂装置的功能。一般拖拉机的液压悬挂装置设有位调节和力调节两个控制手柄，可根据农具耕作条件选择使用。在地面平坦、土壤阻力变化较小的情况下，需通过自动调节深浅，使牵引力较稳定，以保持拖拉机的稳定负荷，并使耕作的农具不致因阻力过大而损坏，此时应使用力调节。

应注意以下事项。

a. 在使用力调节时，必须先将位调节手柄放在“提升”位置并锁紧，再操纵力调节手柄。

b. 在使用位调节时，必须先将力调节手柄放在“提升”位置并锁紧，再操纵位调节手柄。

c. 悬挂农具在运输状态时，应将内提升手臂锁住，使农具不能下落。

d. 当不需要使用液压装置时，应将两个手柄全部锁定在“下降”位置，不能将力、位调节手柄都放在“提升”位置。

e. 严禁在提升的农具下面进行调整、清洗或其他作业，以免农具沉降损伤人。

3. 牵引装置

拖拉机的牵引装置是用来连接牵引式农具和拖车的，为了便于与各种农具连接，牵引点（即牵引挂钩与农具的连接点）的位置应能在水平面与垂直面内进行调整，即能进行横向调整和高度调整，以便于与不同结构的农具挂接。

4. 动力输出装置

拖拉机向农业机械输出动力的形式有两种：移动作业时，通过动力输出轴，由带有万向节的联轴器把动力传递给农具；固定作业时，在动力输出轴上安装驱动皮带轮，向固定作业机具输出动力。

第二节　拖拉机的驾驶

一、启动前的准备

（1）检查燃油、机油、冷却液的量及轮胎气压是否充足，各部位的连接是否紧固，各操纵机构的动作是否有效。

（2）将变速手柄、动力输出手柄、液压泵操纵手柄放在分离位置。

（3）在减压的情况下，摇动曲轴数圈，使润滑油提前润滑各部分。

（4）打开燃油箱开关，然后分别按人力启动、电力启动和启动机启动的不同要求，启动发动机。

二、发动机的运转

发动机启动后，应立即减小油门，让发动机在怠速下运转预热，不允许用猛轰油门的方法使发动机高速运转。待冷却液的温度达到60℃以上时，才允许将发动机转速提高到最高转速和投入满负荷作业。

发动机在正常工作中，冷却液的温度应在80~95℃范围内，发动机润滑系统压力应不低于0.08MPa。

三、拖拉机的起步

（1）观察四周有无障碍。

（2）踩下离合器踏板，使离合器分离，将变速杆挂上所需的低挡位。

（3）缓慢地踩下脚油门，同时缓慢地松开离合器踏板，拖拉机即可平顺地起步行驶。

四、拖拉机的驾驶

（1）合理选挡。正确选择拖拉机工作速度，不但可以获得最佳生产率和经济性，而且可以延长使用寿命。拖拉机工作时，不应经常超负荷，拖拉机田间工作速度的选择应使发动机处于80%左右负荷下为宜。对于拖拉机轻负荷作业且工作速度不高时，可选用高一挡位小油门工作，以节省燃油。

（2）正确转向。拖拉机转弯时应减小油门，弯缓应早转慢打方向盘，少打少回方向盘。弯急应迟转快打方向盘，多打多回方向盘。

拖拉机牵引或悬挂农具转弯时，一定要先将农具的工作部件升至地表以上后，才能进行拖拉机的转向操作。

拖拉机转小弯或在松软土地上转弯时，由于前轮侧滑而使转向不灵，可采用单边制动，方法是：先松开制动踏板上的连接板，在转动方向盘的同时，踩下相应一侧的制动踏板，来帮助转向。当不用单边制动时，必须及时将连接板扳回原位，以锁定

左、右制动踏板。

转弯时，拖拉机的前后轮轨迹不重叠，要注意内轮差（内侧前轮轨迹和内侧后轮轨迹的半径差称为内轮差）。内轮差的大小与转向角度、轴距有关：转向角度越大，轴距越长，则内轮差越大；反之则小。拖拉机牵引挂车时的内轮差要比单车大，应使前轮不越出路外，又要防止后轮掉沟或碰路上障碍物。

（3）正确制动。制动分为减速制动和停车制动。减速制动的方法是首先减小油门，然后用脚间歇地踩制动踏板，即俗称的"点刹"，使拖拉机行驶速度降低到要求的程度。当拖拉机在公路上行驶转向前需要减低车速时，一般采用这种方法。

停车制动有预见性制动和紧急制动两种。预见性制动时驾驶员根据路况事前有准备地停车，方法是首先采用减速制动，待拖拉机速度降低到一定程度之后，再分离离合器，并将制动器踏板完全踩到底，使拖拉机在预定地点停住。

紧急制动是在非常情况下所采用的制动操作。其方法是握紧方向盘，迅速减小油门，急踏离合器和制动踏板，随机摘挡。紧急制动对拖拉机各部件和轮胎都有较大损伤，非紧急情况下不宜采用。

第三节　拖拉机的技术保养

在机器正常使用期间，经过一定的时间间隔采取的检查、清洗、添加、调整、紧固、润滑和修复等技术性措施的总和称为技术保养，这个间隔就称为保养周期。把保养周期、保养周期的计量单位以及保养内容用条例的形式固定下来就叫保养规程。每一种型号的拖拉机都有自己的保养规程，由拖拉机制造企业制订并写在使用说明书里。

目前，技术保养可分为：每日保养（又叫班次保养，一般为

8~10 小时）、一级技术保养、二级技术保养、三级技术保养和换季保养。

一、每日保养

出车前检查项目

（1）检查柴油、机油、冷却水、制动液和液压油是否加足、有无渗漏。

（2）检查轮胎气压是否足够，两侧轮胎气压是否一致。

（3）检查发动机启动后，在不同转速下是否工作正常。

（4）检查仪表、灯光、喇叭、刮雨器、指示灯、离合器、制动器、转向器等是否正常。

（5）检查各连接部分及紧固件有无松动现象。

（6）检查蓄电池连线柱是否清洁、接线是否紧固以及通气孔是否畅通。

（7）检查方向盘自由行程、转向器间隙、手刹和脚制动器的蹄片间隙、制动总泵等是否正常。

（8）检查钢板弹簧有无断裂、错开，紧固螺栓，检查传动轴万向节连接部分是否完好，还要检查各部分的固定情况，并润滑全车各润滑点。

（9）更换无防冻液的发动机冷却水，检查变速箱、后桥的齿轮油油面，不充足时应及时补充。

二、二级技术保养

二级技术保养是拖拉机每行驶 8 000~10 000千米时进行的技术保养，主要包括以下内容。

（1）完成一级保养所规定的全部项目。

（2）检查气缸压力，清除燃烧室的积碳。

（3）检查调整气门间隙。

（4）检查调整离合器分离杠杆与分离轴承的端面间隙。

（5）放掉制动分离泵中的脏油。

（6）用浓度为25%的盐酸溶液清洗柴油机冷却水道。

（7）检查调整轮毂轴承间隙，并加注润滑脂。

（8）拆下喷油器，检查其喷油压力及雾化质量。

（9）检查各处油封的密封情况。

（10）检查轮胎的胎面，并将全车车轮调换位置。

三、三级技术保养

三级技术保养是拖拉机每行驶24 000～28 000千米时进行的技术保养，主要包括以下内容。

（1）完成二级技术保养所规定的全部项目。

（2）检查调整连杆轴承和曲轴轴承的径向间隙以及曲轴的轴向间隙。

（3）清洗活塞和活塞环，并测量气缸磨损情况，必要时更换新件。

（4）检查调整发动机调节器、大灯光束。

（5）拆检变速箱，检查各部分的磨损情况，看有无异常。

（6）拆检传动轴，弯曲超过0.5毫米应校正；检查万向节、前轴各转动部位、后桥等各部位有无裂纹或破损，检查各齿轮啮合情况及磨损程度，检查并调整主传动的综合间隙。

（7）拆检钢板弹簧，除锈、整形并润滑。

（8）检查并润滑里程表软轴。

（9）拆下散热器，清除芯管间的杂物、油垢和内部的水垢。

（10）检查全部电气设备工作是否正常。

四、换季保养

1. 春季保养

春天，开始备耕生产，拖拉机也将投入到生产之中。由于拖拉机在冬季放置时间较长，作业前应进行一次全面的维护和保养，才能保证拖拉机的正常工作。

（1）清除拖拉机各处的泥土、灰尘、油污。检查各排气孔是否畅通，如有堵塞将其疏通。

（2）检查各处零部件是否松动，特别是行走部分及各易松动部位要重新加固。

（3）检查转向、离合、制动等操纵装置及灯光是否可靠，检查三角皮带的张紧度是否合适。

（4）清洗柴油箱滤网、清洗（或更换）柴油滤清器，保养空气滤清器。

（5）检查发动机、底牌等各处有无异常现象和不正常的响声，有无过热、漏油、漏水等现象，并及时排除。

（6）更换与气温相适宜的机油和齿轮油，同时清洗机油机滤器，更换机油滤芯。放油时要趁热放净，最好用柴油清洗油底壳、油道和齿轮箱。

（7）检查气门间隙、供油时间、喷油质量，不合适时应调整。

（8）启动发动机使拖拉机工作，再全面检查各部分的工作情况，发现问题及时排除，必要时进行修理。

2. 夏季保养

（1）避免长期暴晒雨淋。作业和暂不使用的拖拉机，应停放在干燥通风的阴凉处，否则机体会因风吹雨淋、太阳暴晒，使油漆面失去光泽，甚至起泡或脱落。晒久了，还会导致轮胎老化，甚至发脆破裂，缩短使用寿命。

（2）轮胎充气不宜过。夏季轮胎充气过多时，气体受热膨胀易导致内胎爆裂。夏季轮胎的充气压力最好低于规定值的2%或3%。

（3）及时更换润滑油。夏季应换用黏度较大的柴油机润滑油。

（4）热车不可骤加冷水。夏天，蒸发式水冷系统和开式强制循环水冷系统中的冷却水消耗较快，在工作中应注意检查水位，不足时应及时添加清洁的软水。当水温超过95℃时要停车卸载，空转降温，以防止“开锅”。

在机车运行中如果遇到水箱沸腾或需要加水时，不能骤加冷水，以防气缸盖和气缸套炸裂。此时应停止作业，待水温降低后，再适当添加清洁软水。

（5）及时清洗冷却系统，防止漏水。夏季到来之前，要对冷却系统进行一次彻底的除垢清洁工作，使水泵和散热器水管畅通，保证冷却水的正常循环。可按1升水加75～80克碱水的比例，加满冷却系统，让发动机工作10小时后全部放出，并用清洁软水冲洗干净。此外，还应把黏附在散热器表面的杂草及时清除干净。

冷却系统漏水将使水量不断减少，造成加水频繁，积垢增多，从而使温升过快，散热效果下降，使用寿命缩短。漏水一般多发生在水泵轴套处，此时可将水封压紧螺母适当拧紧，如无效，表明填料已失效，应及时更换。调料可用涂有石墨粉的石棉绳绕成。

（6）保持蓄电池通气孔畅通。蓄电池在使用过程中会生成氢气或氧气，这些气体在高温下膨胀。如果通气孔堵塞，会引起电瓶炸裂，故要经常进行检查，保持蓄电池通气孔通畅。

3. 冬季保养

冬季燃油和润滑油黏度高，流动性差，冷却水结冰及路面积雪冰冻，给拖拉机启动、润滑和行驶带来困难。因此，在完成规定的技术保养和驾驶操作外，还应严格遵守下列技术要求。

（1）清洗、调整和润滑。入冬前要对拖拉机各部位进行除垢、清洗、调整和润滑，全面检查发动机的技术状态。气门间隙、喷油压力等，不符合要求的要调整到规定范围，特别是供油时间不可过晚，否则会造成启动困难。还要对离合器、制动器和操作机构进行全面检查调整，以防路面积雪和结冻时发生事故。

（2）将燃油和润滑油更换为冬季油。要换成凝固点低于当地气温 5~10℃ 的柴油，加油时要经过严格过滤。油底壳内的润滑油要换成冬季机油，变速箱和后桥内的齿轮油要换成相应牌号的齿轮油。严禁调速器壳体内润滑油超过规定的油位，以防引起“飞车”。

（3）调整蓄电池电解液的比重。把电解液的比重由夏季的 1.25~1.26 调整为 1.28~1.29，在高寒地区可调整到 1.3~1.31，要对电启动系统进行全面检查保养。

（4）发动机启动前要加热水预热机体。采用边放水边加热水的方法，直到机体放水阀流出温水为止。关上放水阀，用摇把转动曲轴数十圈，使各部位充满机油，得到润滑。严禁用明火烤发动机和在无冷却水的情况下启动。发动机启动后，要适当延长预热时间，在散热器前增设保温帘，以保证作业水温达到 80℃ 以上。不允许发动机在低温下长期工作。

（5）夜间停车放尽无防冻液的冷却水。夜间停车后，待水温降到 50℃ 时，打开放水阀放净冷却水，用摇把摇转曲轴数圈，直到无水流出为止，并关闭放水开关。有的驾驶员图省事，打开放水开关后就离开机车，常常因脏物堵塞开关，冷却水没有放净而导致机体冻裂的事故。也有的停车熄火即放水，导致发动机急剧冷却而使机体炸裂。

（6）严格遵守使用操作规程。出车前要备好防滑链、三角

垫木等防滑用具。遇到霜冻路面时要慢速行驶，上坡要用一次能上去的挡位，避免中途换挡。遇到积雪路面，要注意观察路缘边界，不可冒险靠边行驶。

五、拖拉机闲置期间的保养

（1）拖拉机应停放在棚库内，如条件不允许也可露天保管，但场地应无积水，对易腐蚀、风蚀的部位应遮盖。

（2）拖拉机停放时，每台机车之间必须保持适当距离，以便检查保养和出入方便。

（3）拖拉机的保管处应该设置防火用具。

（4）清除拖拉机上的泥土和油垢。

（5）填满燃油箱的燃油，放出无防冻液的冷却水，有水泵的发动机在放水后还需摇转曲轴数圈。

（6）履带式拖拉机的履带需放松紧度，并将履带垫起，轮式拖拉机需将轮轴垫起，使轮胎离开地面。

（7）通过各气缸的喷油嘴孔注入50～60克机油，再摇转曲轴数圈，以防气缸腐蚀。

（8）根据各项技术保养规定，用润滑油润滑各部位。

（9）露天保管时，电磁机、发电机和启动电动机需用防水布遮盖，或卸下单独保管，三角皮带卸下入库保管。

（10）蓄电池应卸下保管，存放在干燥的室内，电桩头擦净后涂上黄油，正极应包布绝缘，并经常检查电解液与电压，按规定时间充电。

（11）放松减压机构，用木塞堵住排气口。

（12）拖拉机上所有未涂防蚀剂的金属表面，必须涂上润滑油，以防锈蚀。油漆脱落处应重新涂上油漆（或润滑油）。

（13）保管期间，每月至少摇转曲轴2次。

第四章　谷物收获机械的操作与维护

第一节　谷物收获机械概述

由于农作物的种类繁多，因此，相应的收获机械也有多种，如小麦收获机、水稻收获机、玉米收获机、大豆收获机、棉花收获机、马铃薯（即土豆）收获机等，也有通过更换割台实现一机可收获多种作物的收割机。本章主要以使用范围广的谷物收获机（即收获小麦、水稻、玉米等谷物的机械）为例，介绍其结构、工作、使用和调整等内容。

一、谷物收获方法

谷物的收获过程一般包括收割、脱粒和清选等作业环节。目前采用的机械化收获方法有以下几种。

1. 分别收获法

分别用人工或机械将作物割倒、铺放在田间，打捆运输，在田间或打谷场进行脱粒，最后进行分离和清选。其优点是：机具结构简单，设备投资少，易于掌握和推广。但劳动强度和收获损失大，生产效率较低。

2. 分段收获法

将谷物收获过程分两段进行。先用割晒机或收割机将谷物割倒，成条铺放在割茬上，经过3~5天的晾晒和后熟，再用带捡拾器的联合收割机进行捡拾、脱粒和清选。这种收获方法因充分

利用了作物的后熟作用，可提前收割，延长了收获期，解决了工作量集中的矛盾；谷粒经后熟后，籽粒饱满，产量高、质量好。但在多雨潮湿地区，谷物铺放在田间，易发芽和霉烂，不易采用此法。

3. 联合收获法

用联合收割机在田间一次完成收割、脱粒和清选等作业。

其优点是：生产效率高、劳动强度和收获损失小。但机器结构复杂，一次性投资大，对使用技术要求高，对谷物干湿和成熟不一致的情况适应性较差。

二、谷物收获机械的种类

按用途不同可分为下列3种类型。

1. 收割机

完成谷物的收割和铺放两道工序。按谷物铺放形式的不同，可分为收割机、割晒机和割捆机。

收割机将作物割断后进行转向条铺，即把作物茎秆转到与机器前进方向基本垂直的状态进行铺放，以便于人工捆扎。

割晒机将作物割后进行顺向条铺，即把茎秆割断后直接铺放于田间，形成禾秆与机器前进方向基本平行的条铺，适于用装有捡拾器的联合收割机进行捡拾联合收获作业。

割捆机将作物割断后进行打捆，并放于田间。

收割机按割台输送装置的不同，可分为立式割台收割机、卧式割台收割机和回转割台收割机。

收割机按与动力机的联接方式不同，可分为牵引式和悬挂式两种。悬挂式应用比较普遍，且一般采用前悬挂，以便于工作时自行开道。

2. 脱粒机

按完成脱粒工作的情况及结构的复杂程度，可分为简易式、半复式和复式3种。

简易式脱粒机只有脱粒装置，如打稻机，仅能把谷粒从穗上脱下来，其余分离、清选等工作则要靠其他机器完成。

半复式脱粒机除有脱粒装置外，还有简易的分离机构，能把脱出物中的茎秆和部分颖壳分离出来，但还需其他机器进行清选，才能获得较清洁的谷粒。

复式脱粒机具有完备的脱粒、分离和清选机构，它不仅能把谷物脱下来，还能完成分离和清选等作业。

脱粒机按作物喂入方式，可分为半喂入式和全喂入式。半喂入式只把穗头送入脱粒装置，茎秆不进入脱粒装置，脱粒后可保持茎秆完整。

脱粒机按作物在脱粒装置内的运动方向，可分为切流型和轴流型两种。切流型脱粒机内的作物沿流滚筒圆周方向运动，无轴向流动，脱粒后的茎秆沿滚筒切线抛出，脱粒时间短，生产效率高，但对滚筒的线速度要求较高。轴流型脱粒机内的作物在没滚筒切线方向流动的同时，还作轴向流动，谷物在脱粒室内工作流程长，脱净率高，但茎秆破碎严重，功耗较大。

3. 联合收割机

联合收割机按与动力配套方式，可分为牵引式、自走式和悬挂式，见图4-1所示。

牵引式联合收割机结构简单，但机组过长，转弯半径大，机动性差，由于收割台不能配置在机器的正前方，收获时需要预先人工开道。

自走式联合收割机由自身配置的柴油机驱动，其收割台配置在机器的正前方，能自行开道，机动性好，生产效率高，虽然造价较高，但目前应用较多。

悬挂式联合收割机又称背负式联合收割机，是将收割台和脱粒等工作装置悬挂在拖拉机上，由拖拉机驱动工作。它既具有自

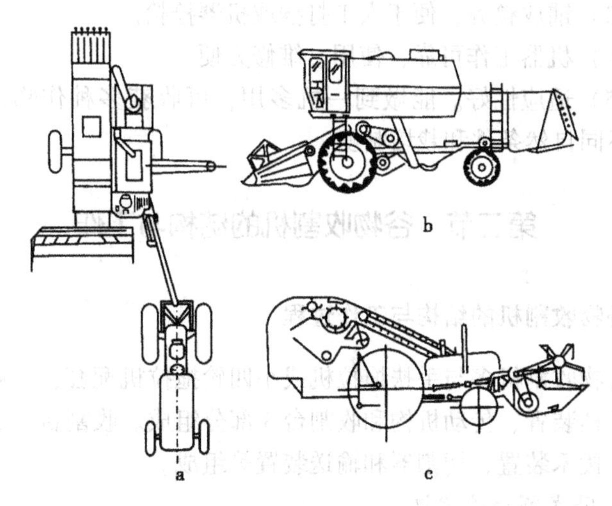

图 4-1　联合收割机的种类

a. 牵引式；b. 自走式；c. 悬挂式

走式联合收割机的机动性高、能自行开道的优点，造价又较低，提高了拖拉机的利用率。

联合收割机按喂入方式，可分为全喂入式和半喂入式两种。全喂入式联合收割机是将割下的作物全部喂入脱粒装置进行脱粒。半喂入式联合收割机是用夹持链夹紧作物茎秆，只将穗部喂入脱粒装置，因而脱后茎秆保持完整，可减少脱粒和清选装置的功率消耗，目前主要用于水稻收获机。

按收获对象的不同，可分为麦收获机械、稻收获机械、稻麦两用收获机械和玉米收获机械等。

三、谷物收割的农业技术要求

（1）收割要及时，损失要小。

（2）割茬高度适宜，便于下茬播种。

（3）铺放整齐，便于人工打捆或机器捡拾。

（4）机器工作可靠，使用、维修方便。

（5）适应性好。能做到一机多用，可收获多种作物，并能适应不同自然条件和栽培制度。

第二节　谷物收割机的结构与工作

谷物收割机的结构与工作过程

谷物收割机多与手扶拖拉机或小四轮拖拉机配套，一般由牵引或悬挂装置、传动机构和收割台 3 部分组成。收割台一般由分禾器、拨禾装置、切割器和输送装置等组成。

1. 卧式割台收割机

卧式割台收割机采用卧式割台，其纵向尺寸较大，但工作可靠性好，割幅较宽的收割机采用这种形式。

图 4-2 为卧式割台收割机工作示意图。工作时，分禾器插入谷物，将待割和不割的谷物分开，待割谷物在拨禾装置作用下，进入切割器被切割，割下的谷物被拨禾轮推送，卧倒在输送带上被送往割台一侧，成条铺放于田间。

2. 立式割台收割机

立式割台收割机的割台为直立式，被割断的谷物以直立状态进行输送，因而其纵向尺寸较小，小型收割机多采用这种形式。

图 4-3 为 4GL-130 型收割机的结构示意图，该机由分禾器、扶禾器、切割器、输送装置、传动装置、操纵装置和机架等部分组成。

图 4-4 为立式割台收割机的工作示意图。作业时，分禾器插入作物中，将待割与暂不割作物分开，由扶禾器将待割作物拨向切割器切割，割下的作物在星轮和压簧的作用下，被强制保持直

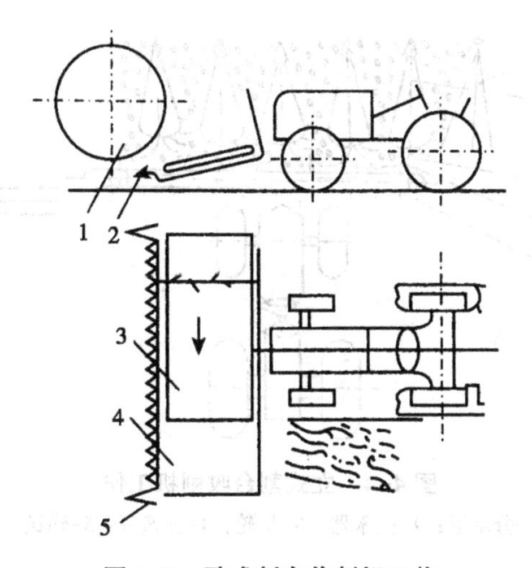

图 4-2 卧式割台收割机工作

1-拨禾轮；2-切割机；3-输送带；4-放铺口；5-分禾器

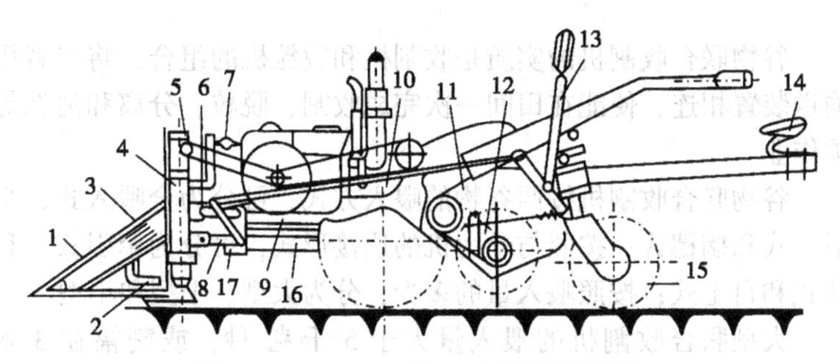

图 4-3 4GL-130 型立式收割机的结构

1-分禾器；2-切割器；3-扶禾器；4-割台机架；5-传动系统；6-上支架；7-张紧轮；8-下支架；9-支承杆；10-钢丝绳；11-旋耕机；12-平衡弹簧；13-操作手柄；14-乘坐位；15-尾轮；16-机架；17-起落架

立状态，由输送装置送至一侧，茎秆根部首先着地，穗部靠惯性作用倒向地面，同机组前进方向近似垂直地条铺于机组一侧。

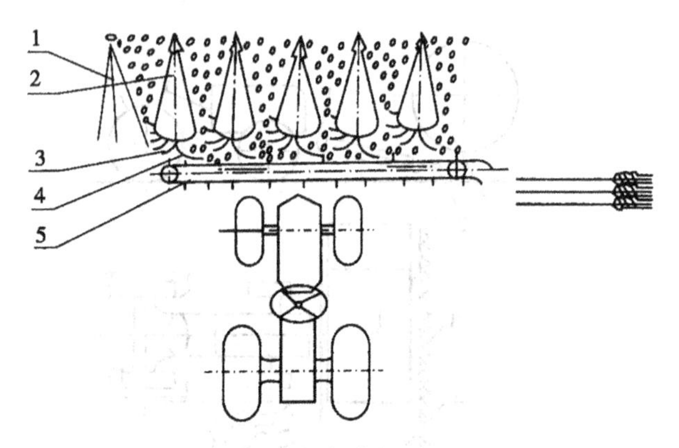

图 4-4　立式割台收割机工作

1-分禾器；2-扶禾器；3-星轮；4-弹簧杆；5-输送带

第三节　谷物联合收割机的结构与工作

谷物联合收割机的实质是收割机和脱粒机的组合，将二者用输送装置相连，便能在田间一次完成收割、脱粒、分离和清选等项作业。

谷物联合收割机按照谷物的喂入方式，可分为全喂入式、半喂入式和摘穗式；按照与动力机的连接形式，可分为牵引式、悬挂式和自走式；按照喂入量的多少，分为大型、中型和小型。

大型联合收割机的喂入量大于 5 千克/秒，或割幅在 3 米以上。

中型联合收割机喂入量在 3~5 千克/秒，或割幅在 2~3 米。

小型联合收割机喂入量小于 3 千克/秒，或割副在 2 米以下。

大型自走式联合收割机主要用于大地块的谷物收获。中小型自走式和悬挂式联合收割机行走灵活，主要用于中小地块的谷物收获作业。

一、联合收割机主要工作部件

联合收割机的主要工作部件有拨禾轮、切割器、脱粒装置、清选装置、输送装置等。

1. 拨禾轮

拨禾轮的功用是：把割台前方的谷物拨向切割器；在切割器切割谷物时，从前方扶持住茎秆以防向前倾斜；在茎秆被切断后，将茎秆及时推送给割台输送搅龙。

目前，小麦联合收割机上，均采用偏心式拨禾轮，如图 4-5 所示，可以收获直立或中等倒伏的谷物。

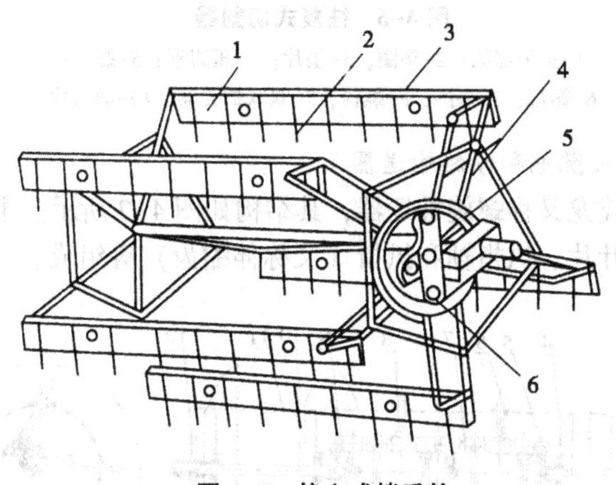

图 4-5　偏心式拨禾轮

1-拨禾板；2-弹尺；3-钢管；4-辐条；5-偏心圆环；6-滚轮

2. 切割器

目前，小麦联合收割机上采用的切割器多是往复式的，由往复运动的动刀与固定在护刃器上的定刀配合，切断茎秆。

往复式切割器的结构如图 4-6 所示。

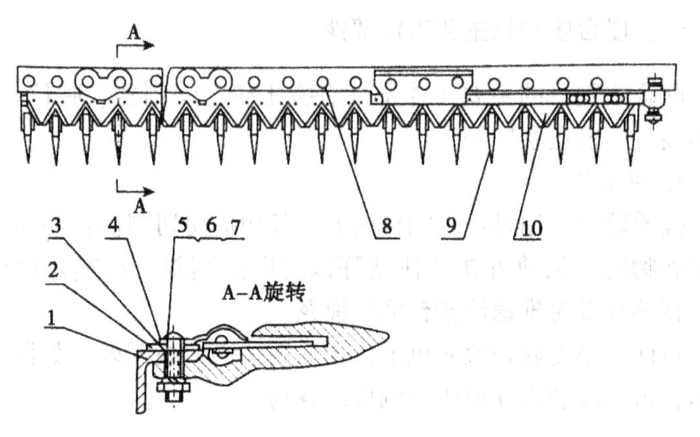

图 4-6　往复式切割器

1-护刃器梁；2-垫圈；3-垫片；4-压刃器；5-螺栓；
6-螺母；7-垫圈；8-螺栓；9-双联护刃器；10-动刀片

3. 喂入搅龙和倾斜输送器

喂入搅龙又称螺旋推运器，其结构如图 4-7 所示。主要由圆筒、螺旋叶片、扒指轴和扒指（又称伸缩齿）等组成。

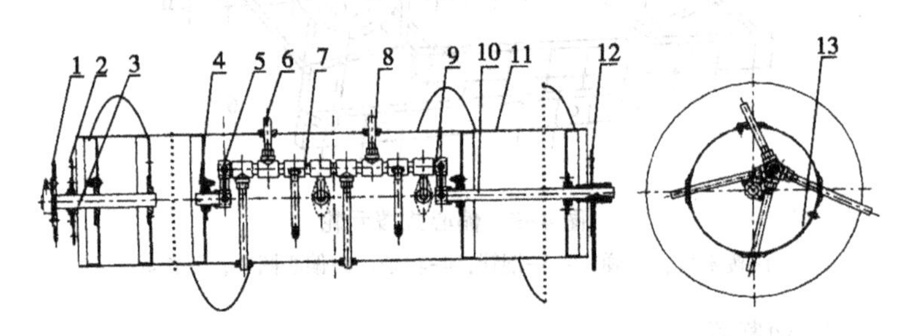

图 4-7　喂入搅龙

1-链轮；2-左调节板；3-主动轴；4-短轴；5-紧固螺栓；6-伸缩齿；
7-伸缩齿轴（扒指轴）；8-伸缩齿导套；9-支架；10-偏心调节轴；
11-搅龙筒；12-右调节板；13-搅龙装配孔盖

工作时，螺旋推运器的圆筒转动，带动扒指旋转，而扒指轴固定不动，由于扒指轴是曲轴，相对于螺旋推运器的圆筒心是偏心的，则扒指便相对于圆筒做伸缩运动；在前下方时伸出圆筒抓取谷物，转至后上方时缩回，从而避免把谷物带回。

倾斜输送器的功用是将收割台送来的谷物输送到脱粒装置，多采用链耙式的结构，如图4-8所示。

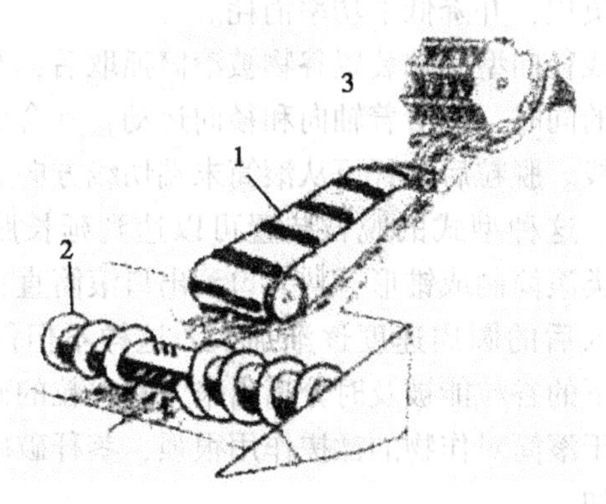

图4-8　倾斜输送器（过桥）

1-倾斜输送器（过桥）；2-割台搅龙；3-脱粒滚筒

4. 脱粒装置

目前的脱粒机和联合收割机上均采用滚筒式的脱粒装置，根据谷物在脱粒装置中的运动，可以分为切线式、轴流切线式和轴流切线茎向式3种类型。

（1）脱粒装置的类型。切线型脱粒装置谷物被滚筒抓取后，垂直于滚筒轴沿滚筒的切线方向运动，而不发生轴向移动，脱粒后的茎秆也沿切线方向被抛出滚筒。其特点是脱粒时间短，生产效率高。但是，为了提高脱粒能力，脱粒滚筒必须有较高的转速。

轴流切线型脱粒装置谷物被滚筒抓取后，在随滚筒做切线回转运动的同时，还沿轴向移动，其合成运动的轨迹为螺旋线。脱粒后茎秆可以通过两种方式排出，一种是茎秆从滚筒末端沿切线方向离开滚筒，另一种是茎秆从滚筒轴向被排出。这种脱粒装置可以使脱粒时间延长，有利于脱净谷粒，但茎秆破碎较严重，加大了清选的工作量，其功率消耗较大。若采用半喂入方式，只使谷物穗头进入滚筒，进行脱粒，这样就可以减少茎秆的破碎，减轻清粮时的负担，并降低了功率消耗。

轴流切线径向型脱粒装置谷物被滚筒抓取后，在随滚筒作切线回转运动的同时，还沿着轴向和径向运动，其合成运动的轨迹为圆锥螺旋线。脱粒后茎秆可从滚筒末端切线方向和轴端方向两种方式排出。这种型式的脱粒装置可以达到延长脱粒时间的目的。一般此类滚筒制成锥形，从入口到出口滚筒直径由小逐渐增大，谷物进入后的圆周速度逐渐加大。这样不但能保证脱粒干净，而且脱下的谷粒能被及时分离出来，使谷粒的破碎减少。其缺点是，由于滚筒对作物的揉搓作用很强，茎秆破碎较严重，使清粮负荷增加。

上述几种常用的脱粒装置的型式，虽然其工作原理各不相同，但均由各种类型的滚筒和凹板这两个主要工作部件组成。

（2）纹杆式脱粒装置。在1042、1048、1076联合收割机上，均采用纹杆式脱粒装置，如图4-9所示。滚筒上一般装有6根或8根纹杆，左、右纹杆交错安装在辐盘上，以防工作中谷物向滚筒一端偏移。

栅格状凹板与滚筒有一定间隙，称脱粒间隙，谷物通过此间隙时，受纹杆的打击、揉搓和挤压作用而脱粒。

纹杆式脱粒装置适合脱小麦，对水稻和潮湿谷物的适应性较差。

（3）钉齿式脱粒装置。如图4-10所示。滚筒上的钉齿呈螺旋排列，以使滚筒受负荷均匀。为减少谷物缠绕钉齿，钉齿的端

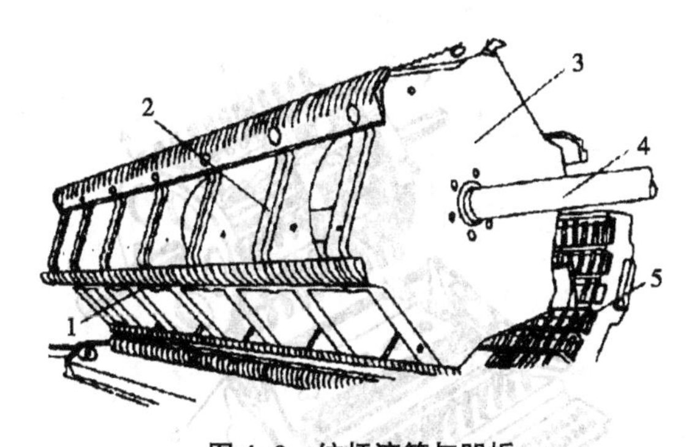

图 4-9　纹杆滚筒与凹板

1-纹杆；2-中间固定环；3-辐盘；4-滚筒轴；5-凹板

部都沿旋转方向向后稍有弯曲。

钉齿滚筒主要靠冲击脱粒，但对在钉齿之间通过的谷物也有挤压、梳刷作用，适用于高粱等谷物的脱粒。

钉齿是主要的工作元件，常用的有杆齿形、板齿形和刀齿形 3 种（如图 4-11 所示），一般用 45 号钢模锻，并经热处理制成。在谷神-2、新疆-2 等中小型联合收割机上都采用了板齿式滚筒。

钉齿式脱粒装置的脱粒间隙是指滚筒钉齿与凹板钉齿齿侧的间隙，如图 4-11d 所示，而不是滚筒钉齿顶部到凹板底部的间隙。通过调节凹板的上下位置，就可以调整脱粒间隙。

（4）双滚筒脱粒装置。在雷活谷神 4LZ-2 型自走式联合收割机上采用的是双滚筒脱粒装置：第一滚筒为板齿式，第二滚筒为纹杆式。如图 4-12 所示。

该机收获小麦时，第一滚筒用板齿式，第二滚筒采用轴流纹杆式，这样可以将易脱谷粒经第一滚筒先脱下来，难脱的谷物进入第二滚筒进行揉搓，使之完全脱粒。该机也可以收获水稻，此时必须把轴流滚筒更换为水稻轴流滚筒，其他水稻附件如水稻弓齿滚筒、水稻过渡板、水稻活动凹板、水稻左凹板等，可根据收

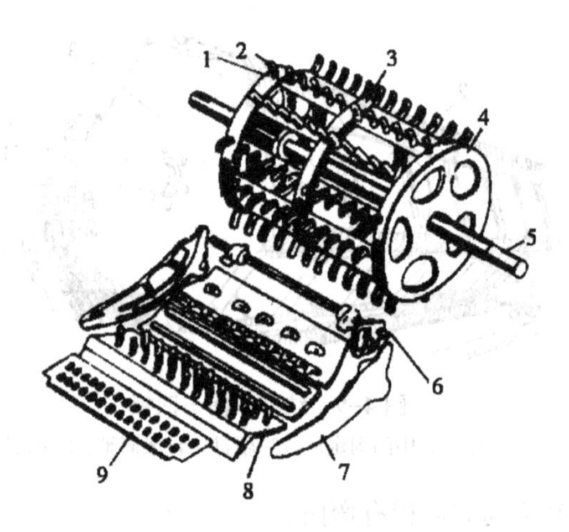

图 4-10　钉齿滚筒与凹板

1-齿杆；2-钉齿；3-支承圈；4-辐盘；5-滚筒轴；
6-凹板调节机构；7-侧板；8-钉齿凹板；9-漏粒格

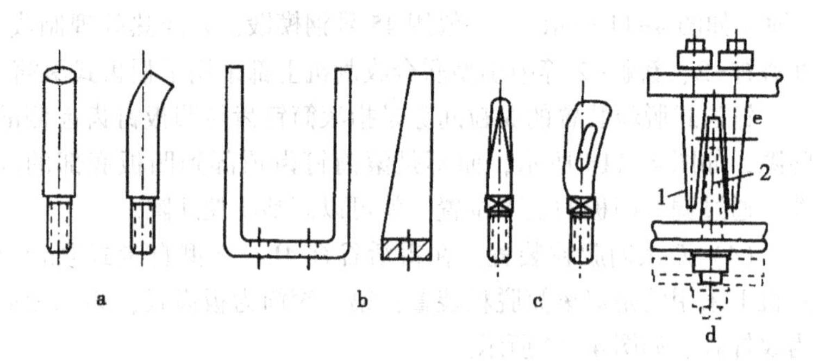

图 4-11　钉齿的形状和间隙

a. 杆形齿；b. 板形齿；c. 刀形齿；d. 钉齿式脱粒装置的脱粒间隙为
图示的 e1-滚筒钉齿，e2-凹板钉齿

获水稻时的实际状况更换。

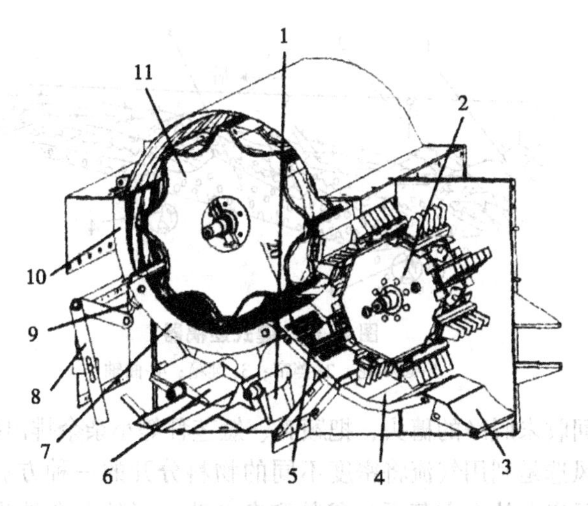

图 4-12　雷沃谷神 4LZ-2 型自走联合收割机的双滚筒脱粒装置

1-第一分配搅龙；2-板齿滚筒；3-喂入口过渡板；4-板齿凹板；5-板齿凹板过渡板；6-第二分配搅龙；7-活动栅格凹板；8-凹板调节手柄；9-调节螺杆；10-固定栅格凹板；11-轴流滚筒

5. 分离装置

在大型联合收割机上一般采用键式逐稿器，如 1042、1048、1076 等联合收割机上均采用键式逐稿器，其结构如图 4-13 所示，可由 4~6 个并排的键箱、曲轴、键筛、滑板等组成。

工作时由曲轴带动键箱运动，键箱将落在其上的脱出物向后上方抛扬，把茎秆抖动疏松，使体积小而重的谷粒易通过茎秆层和键筛筛孔而被分离，它们沿键箱的滑板落到抖动板上，长茎秆和部分碎茎秆被向后输送至排出机体外面。为了让键箱上的茎秆逐步向机体后面移动，延长茎秆在键箱上的分离时间，在键箱的上方一般装有 2 个挡草帘。

6. 清选装置

其功用是从来自凹板和逐稿器的短小肿出物中，清选出谷

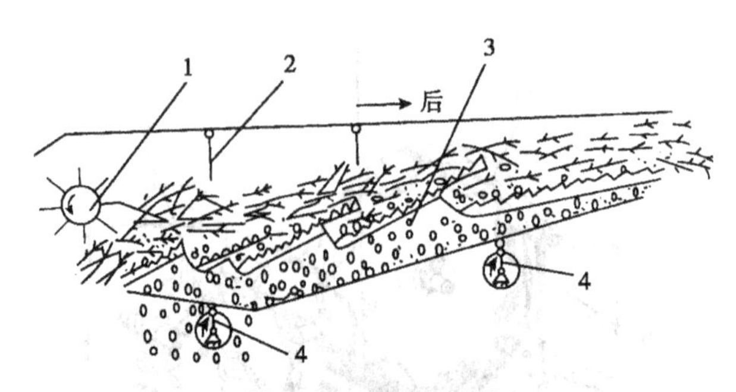

图 4-13 键式逐稿器

1-逐稿轮；2-挡帘；3-键箱；4-曲轴

粒，回收未脱净的穗头，把颖壳、短茎秆等小杂余排出机外。

风选是利用气流将密度不同的物料分开的一种方法，例如，利用风扇向从上方落下的谷粒和杂余吹，轻的杂余被吹得最远，重的谷粒被吹得近，这样就把两者分离开来了。

筛选是使混合物在筛面上运动，利用物料中各种成分的尺寸和形状不同，把能通过筛孔的和不能通过筛孔的物料分离开来。

目前，脱粒机和联合收割机上应用的筛子有编织筛、鱼鳞筛和冲孔筛 3 种。这 3 种筛子各有优缺点，需根据工作要求和制造条件来选用。

（1）编织筛。用铁丝编织而成（图 4-14），它制造简单，对气流阻力小，有效面积大，对风扇的通风阻力小，所以生产效率高，一般用作上筛。其缺点是：孔形不准确，且不可调节，主要用来清理脱出物中较大的混杂物。

（2）鱼鳞筛。常用的鱼鳞筛有两种。一种是冲压而成的鱼鳞条片组合式，如图 4-15a 所示。筛孔尺寸是可调的，这样在使用中不更换筛子，就能满足不同谷物清选的需要，应用较广泛，但制造复杂。另一种是在薄铁板上冲出鱼鳞状孔，称整体冲压式，如图 4-15b 所示，其筛孔尺寸不能改变，工作的适应性差一

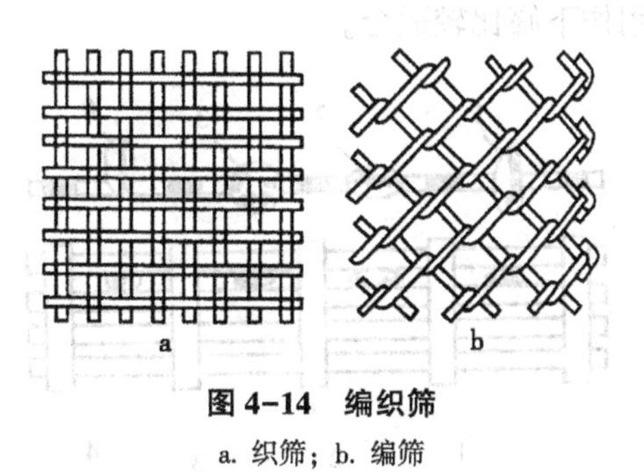

图 4-14　编织筛

a. 织筛；b. 编筛

些，但制造简单，便于生产。

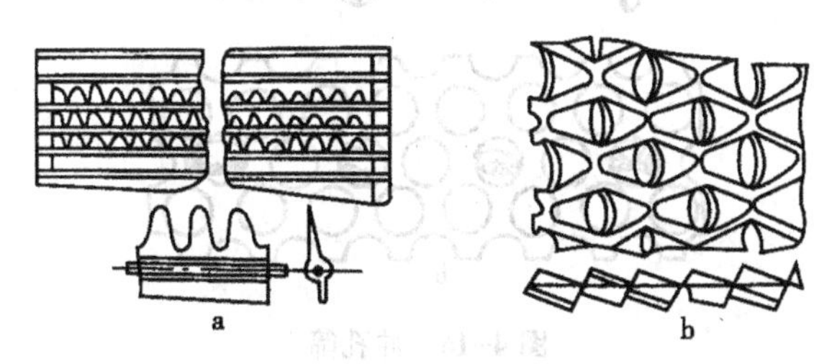

图 4-15　鱼鳞筛

a. 条片组合式；b. 整片冲压式

鱼鳞筛分离谷物的精确度和编织筛相似，它的最大优点是不易堵塞，克服了编织筛易被长茎秆堵塞的缺点，所以更适于作粮食装置的上筛。

（3）冲孔筛。是在薄铁板上冲制孔眼而成，如图 4-16 所示。常用的孔眼形状有圆孔和长孔两种，筛子孔眼尺寸一致，离谷物较精确。因谷粒和混杂物都有长、宽、厚这 3 个基本尺寸，所以利用它们的 3 个尺寸差异就可以进行清选。圆孔筛可使谷粒按宽度分选；长孔筛可使谷粒按厚度分选。冲孔筛的筛片坚固耐用不易变形，但有效面积小，生产效率低，不适合负荷大的分离作业，一般用作下筛比较适合。

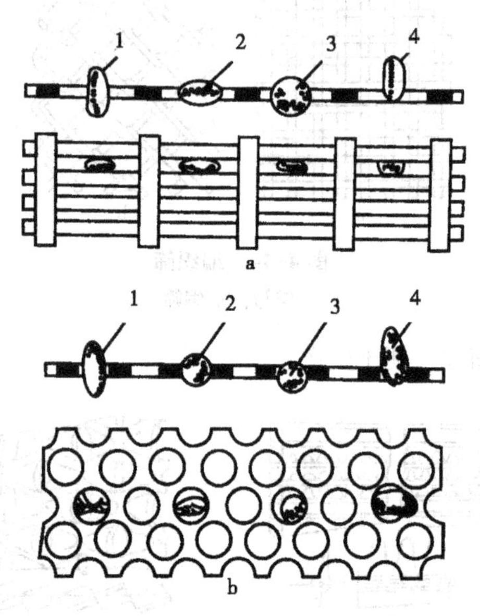

图 4-16 冲孔筛

a. 长孔筛；b. 圆孔筛

1-长孔；2-长孔；3-圆孔；4-长孔

用筛选法清选时，必须保证被筛物能在筛面上移动，才可使谷粒有更多的机会由筛孔通过，而被阻留于筛面上的大杂物沿筛面流出。为达到这一目的，筛体常用 4 根吊杆悬起或支起，借曲柄连杆使它作往复运动。

筛子的摆动有纵向和横向两种形式（图 4-17）。横向摆动筛被筛物在筛面上作“之”字形移动，逐渐沿筛面滑出筛外，经过的路程较长，可以增加被筛物在筛面的停留时间，因此，通过筛孔的机会多，分离效果好，但生产效率低。纵向摆动筛被筛物在筛面上作上下移动，下移较上移的距离大，因此，能逐渐滑出

筛外，被筛物在筛面经过的路程较短，停留的时间短，因此，生产效率高，但分离的效果差。在其他条件相同时，纵向摆动所用筛子的长度应比横向摆动长一些。目前，在联合收割机上采用纵向摆动的较多。

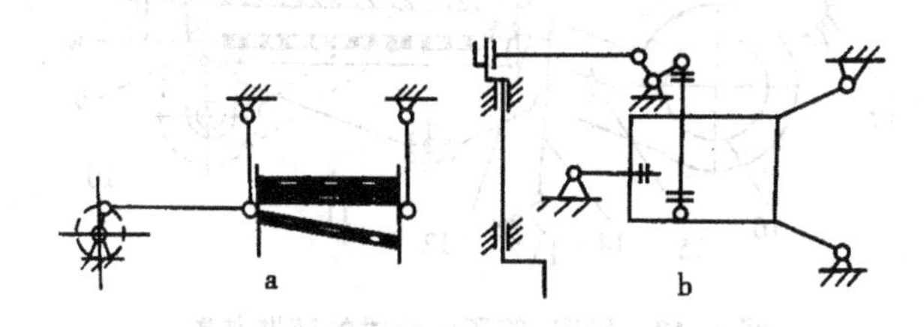

图 4-17　筛子摆动机结构

a. 纵向摆动；b. 横向摆动

目前，在复式脱粒机和小麦联合收割机上，多采用风扇-筛子组合式清选装置，如前述的 1048 自走式联合收割机和雷沃谷神 4LZ-2 型自走式联合收割机，这种组合式清选装置可以使谷粒达到所要求的清洁度。如图 4-18 所示，是一个风扇和两个筛子组成的清选装置。它由阶梯板、上筛、下筛、尾筛和风扇等组成。风扇装在筛子的前下方，用以清除脱出物中较轻的混杂物；筛子可筛出较大的混杂物，并起支承和抖动脱出物、将脱出物摊成薄层的作用，以利风扇的气流清选，并延长清选时间，加强清选效果。

工作时，阶梯板和筛子作往复运动，阶梯板把从凹板和逐稿器上分离出来的谷粒和杂物向后输送，阶梯板末端有梳齿筛，把杂余中较长的茎秆架起，使谷粒先落下，以提高清选效果。筛子分两层，上筛起粗筛作用，多用鱼鳞筛；下筛起精筛作用，可用冲孔筛或鱼鳞筛。筛子在风扇气流配合下，将谷粒分离出来，由谷粒推运器送走；轻杂物被吹出机外；大杂物送到尾筛，尾筛为大长孔筛或较大开度的鱼鳞筛，以便分离出断穗，杂余推运器将

断穗送回滚筒或复脱器进行再次脱粒。

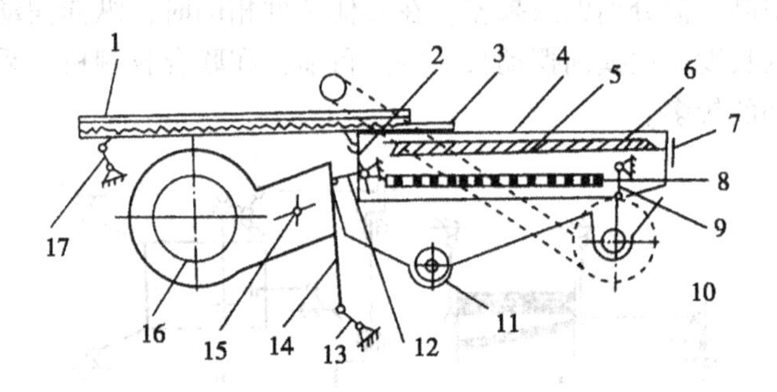

图 4-18　风扇-筛子组合式的清选装置

1-阶梯板；2-双臂摇杆；3-梳齿筛；4-筛箱；5-上筛；6-尾筛；7-后挡板；8-下筛；9-摇杆；10-杂余推运器；11-谷粒推运器；12-驱动臂；13-曲柄；14-连杆；15-导风板；16-风扇；17-支撑杆

清洗装置中，筛子的开度和倾角、风扇的风量和风向都可进行调整。

7. 输送装置

联合收割机上用来运送谷粒、杂余的装置统称为输送装置，常用的有搅龙式、刮板式和抛扔式等。

（1）搅龙式输送器（又称螺旋推运器）。如图 4-19 所示，工作时，皮带或链条带动搅龙轴旋转，轴上的螺旋叶片就可将物料从一端推送到另一端。搅龙的叶片有左旋和右旋两种，依螺旋方向的不同，而向不同方向输送物料。有时左旋与右旋并用，则可由两端向中间集中谷物。能进行水平、倾斜和垂直方向的输送，可以输送细小的物料，如谷粒、杂余，也可输送茎秆。

（2）刮板式输送器。主要用于输送谷物、杂余和果穗，可以沿倾斜或垂直方向升运。如图 4-20 所示。

（3）抛扔式输送器。在小麦联合收割机上，抛扔式输送器多用来输送杂余，具有结构简单、重量轻、造价低的优点，但其

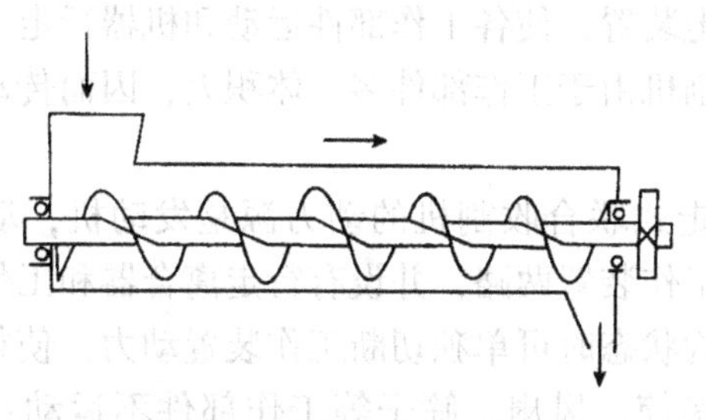

图 4-19　搅龙式输送器

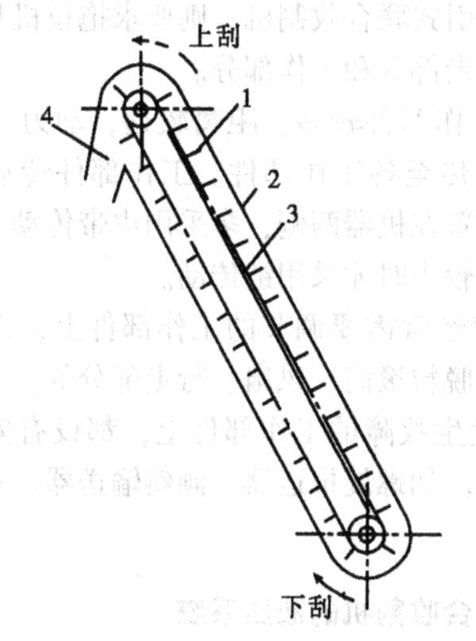

图 4-20　刮板式输送器

1-刮板；2-外壳；3-隔板；4-排料口

升运高度一般为 1.5 米左右，不能太高。它是利用高速旋转的叶片抛送被输送物，输送器的管道应沿叶片切向配置。

二、谷物联合收割机的传动系统

谷物联合收割机传动系统的功用是将发动机的动力传递给工

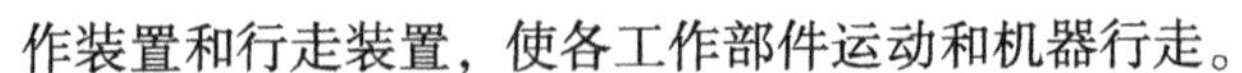

作装置和行走装置，使各工作部件运动和机器行走。

联合收割机由于工作部件多，体积大，因而传动较复杂，具有以下特点。

(1) 自走式联合收割机的动力源是发动机，动力分为传给行走装置和工作装置两路，并设有行走离合器和工作离合器分别控制。在运输状态时可单独切断工作装置动力，使得拨禾轮、切割器、脱粒滚筒、风扇、筛子等工作部件不运动；工作中需要时，可停止前进而使工作部件继续运转，以免堵塞。

悬挂式和牵引式联合收割机，则要求拖拉机具有双作用离合器，分别控制行走部分和工作部分。

(2) 由于工作部件较多，距离较远，动力一般先传到一个中间轴，再分路传至各工作部件。工作部件传动轴大多平行配置，传动装置配置在机器两侧，多采用皮带传动。只有传动比要求严格和轴心距较小时才采用链传动。

(3) 在转速经常需要调节的工作部件上，常采用无级变速器，如拨禾轮、脱粒滚筒、风扇、行走部分等。

(4) 在易发生故障的工作部件上，都设有安全离合器，以免损坏工作部件。如螺旋推运器、倾斜输送器、籽粒输送器和杂余输送器等。

三、谷物联合收割机的液压系统

由于液压传动具有结构紧凑、操作省力、反应灵敏、动作平稳、便于远距离操纵和自动控制等优点，故在现代谷物联合收割机上得到了广泛应用。

液压系统由液压油泵、液压油缸、液压马达和液压阀等元件以及油管、油箱、接头、滤油器等辅助部件组成。

油泵是液压系统的动力源，液压油缸和液压马达是将液压能变为机械能的执行元件，各种液压阀则是液压系统的控制元件。

现代谷物联合收割机的液压系统，包括液压操纵系统、液压转向系统和液压驱动系统3部分。

液压操纵系统的功用是控制某些工作部件的位置和速度的转换，如割台的升降、拨禾轮的升降和变速、行走无级变速、卸草和卸粮的控制等。液压转向系统的功用是在机器转向时用液力推动导向轮摆转，以减轻驾驶员的劳动强度。液压驱动系统的功用是利用液压马达驱动行走装置和某些工作装置，如拨禾轮和捡拾器等，并可方便地控制其转速和扭矩。

第四节　麦稻联合收割机的调整

一、拨禾轮的调整

为了适应小麦生长的高低、疏密、直立、倒伏等不同情况，小麦联合收割机的拨禾轮一般都采用偏心拨禾轮，且能进行前后、高低、弹齿偏角、转速的4项调整。

收获直立作物时，拨禾轮轴多放在割刀前60~70毫米处，高度以能使拨禾轮压板的下边缘拨到已割作物高度处为宜（此处为割下作物的重心位置），一般使弹齿轴打在穗头下方即可，拨禾轮弹齿倾角为垂直于地面。

拨禾轮的升降大多采用液压系统控制，通过操纵驾驶室里的拨禾轮升降手柄来进行。拨禾轮前后位置调整参考：一般收获直立生长作物时，将拨禾轮轴调到距护刃器前梁垂线250~300毫米距离处；收倒伏作物：顺倒伏方向收割时尽可能靠前调，逆倒伏方向收割时应靠近护刃器位置。收高秆大密度作物时，要前调；收稀矮作物时，要尽可能后移接近喂入搅龙，但要避免弹齿碰到护刃器、割台搅龙的叶片，距这两者的距离不能小于20毫米。

拨禾轮弹齿倾角的调整参考：一般收直立生长作物时，垂直；收顺倒伏作物时，向后偏转；收逆倒伏作物时，向前偏转；收高秆大密度作物时，略向前偏转；收稀矮作物时，向前偏转。

拨禾轮的转速要与机器前进速度相适应。拨禾轮旋转的线速度一般应大于主机行走速度的10%左右，当机器前进速度加大时，拨禾轮的转速也要相应增加，以保证拨禾轮起到对作物有良好的扶持切割和推送铺放的作用。

二、往复式切割器的调整

1. 对中调整（即重合度调整）

刀片的切割速度高，能使割茬整齐、切割顺利。往复式切割器的割刀速度从一个止点到另一个止点过程中是变化的，先由零逐渐增到最大，又逐渐减到零。为了使割刀能在较高的速度范围内进行切割，就要进行对中调整。

对中：就是割刀在左右的极限位置时，动刀片中心线与定刀片中心线相重合。割幅不超过2米时，偏差应不超过3毫米，割幅大于2米时，偏差应不超过5毫米。

调整方法要根据各机型动刀的驱动结构来定：可以移动护刃器梁在割台前梁上的安装位置或摆环轴承座的固定位置，或连杆的工作长度进行统一调整。

个别割刀不对中时，可用空心套管套入护刃器尖来校准变形的刀片，若变形过大则应更换。

2. 整列调整（即动、定刀片的间隙）

在安装护刃器时，要求相邻两个护刃器尖端的距离相等，偏差不大于3毫米，这是保证定刀与动刀对中一致的必要条件。同时要求所有定刀片位于同一平面上，可以用直尺在5个底刃上检查时（图4-21），其偏差不得大于0.5毫米，以保证动、定刀的切割间隙一致，以免引起塞刀或崩刀。

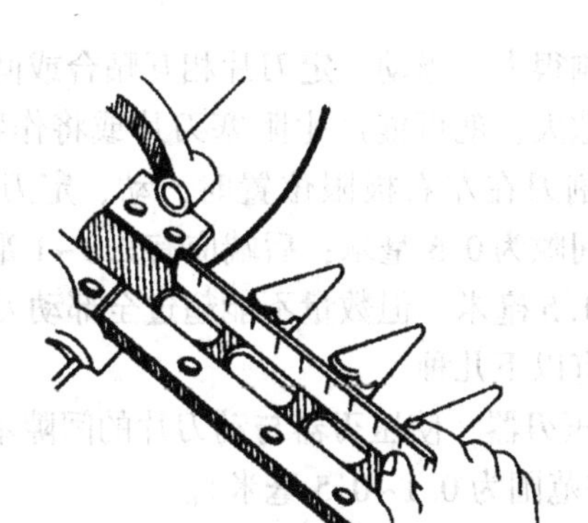

图 4-21　整列检查

调整方法：用空心套管套入护刃器尖来校准变形的定刀片（图 4-22），若变形过大则应更换。

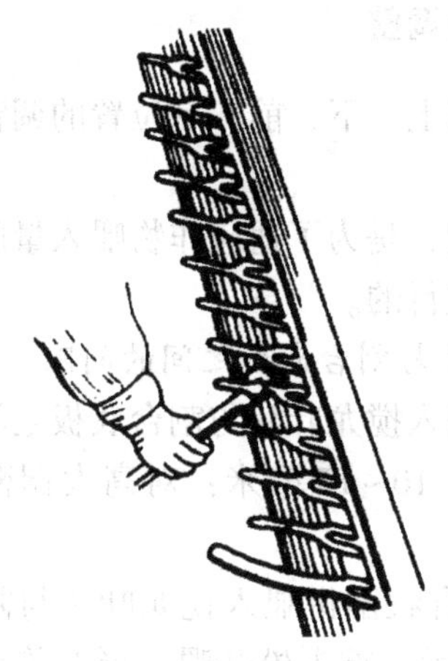

图 4-22　校正护刃器

3. 密接调整

密接是指动、定刀片的接合状态，它对切割质量和切割器工作的可靠性影响很大。当动、定刀片相互贴合或间隙较小时，切割阻力小；间隙大，就可能产生阻塞刀片或将作物拔起的现象。检查方法：当割刀在左右极限位置时，动、定刀片的前端应贴合，最大允许间隙为0.5毫米；后端应有0.3~1毫米的间隙，最大允许间隙为1.5毫米，但数量不能超过全部动刀片数。

调整方法有以下几种。

(1) 敲打压刃器，使压刃器与动刀片的间隙不超过0.5毫米(此间隙的允许范围为0.1~0.5毫米)。

(2) 用空心套管套入护刃器尖来校准变形的定刀片，若变形过大则应更换。

(3) 若护刃器变形太大，可在护刃器和护刃器梁之间螺栓的一侧加装垫片，进行调整。

调整后，用手应能左右抽动动刀杆，滑动灵活。

三、喂入搅龙的调整

喂入搅龙一般有上、下、前、后位置的调整以及伸缩扒指伸出长度的调整。

这些调整的目的，是为了适应作物喂入量的大小不同，保证顺利输送不堵塞而进行的。

1. 喂入搅龙叶片与割台底板之间的间隙

对一般作物，喂入搅龙叶片与割台底板之间的间隙为15~20毫米；对稀矮作物为10~15毫米；对高大稠密作物和固定作业为20~30毫米。

谷神4LZ-2联合收割机喂入搅龙叶片与割台底板之间的间隙调整如图4-23所示。首先松开喂入搅龙传动链条张紧轮，然后将割台两侧壁上的螺母松开，再将右侧的伸缩齿调节螺母松开，按需要的搅龙叶片和底板之间的间隙量，拧转调节螺母使喂入搅龙升起或降落到规定的间隙。调整以后必须完成下列几项

工作。

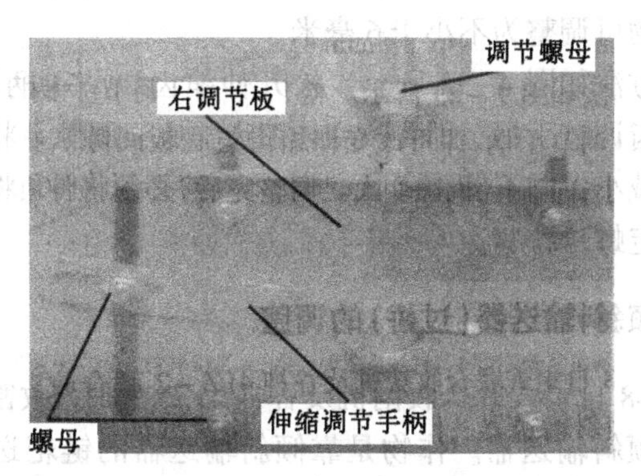

图 4-23　谷神 4LZ-2 联合收割机喂入搅龙叶片与割台底板之间的间隙调整

(1) 检查喂入搅龙和割台底板母线的平行度，使沿割台全长间隙分布一致。

(2) 检查并调整喂入搅龙链条的张紧度。

(3) 检查伸缩齿（即伸缩扒）伸缩情况，测量间隙是否合适。

(4) 拧紧两侧壁上的所有螺母。

喂入搅龙叶片与后壁之间的间隙：一般为 20～30 毫米，与后壁上的防缠板的间隙为 10 毫米左右，目的是防止喂入搅龙缠草。

喂入搅龙叶片与后壁之间的间隙调整方法：首先松开喂入搅龙传动链条张紧轮，然后将割台两侧壁上的螺母及调节螺母松开，再将右侧的伸缩齿调节螺母松开。按需要调整的搅龙叶片和后壁之间的间隙量，移动左右调节板使喂入搅龙向前或往后移动。移动时应保证两边移动量一致，最后锁紧螺母。

2. 伸缩齿与割台底板之间的间隙

伸缩齿应保证将铺放在割台中间的作物及时、可靠地喂入过桥，并且没有茎秆回带现象。对一般作物应调整为10~15毫米；对稀矮作物可调整为不小于6毫米。

调整方法如图4-23所示。松开伸缩齿调节手柄固定螺母，转动伸缩齿调节手柄，即可改变伸缩齿与底板间隙。将手柄向上转，间隙减小；向下转，间隙变大。调整完后，必须将伸缩齿调节手柄固定螺母拧紧。

四、倾斜输送器（过桥）的调整

在1048自走式联合收割机及谷神4LZ-2联合收割机上均采用链耙式倾斜输送器。作物是靠倾斜输送器的链耙送入脱粒室的，链耙张紧度和间隙的调整，直接影响到作物的输送和工作部件的使用寿命。如果输送链耙的链条太松，工作中不断抖动，会加速链条与链轮的磨损，并且容易掉链；如果太紧，会加速链节连接面的磨损，使传动费力，容易接坏链节。

衡量链耙张紧度的方法：用手抓住链耙的中部，将链耙的中部向上提，其提起高度以20~35毫米为宜，如图4-24所示。过松或过紧都要进行调整。

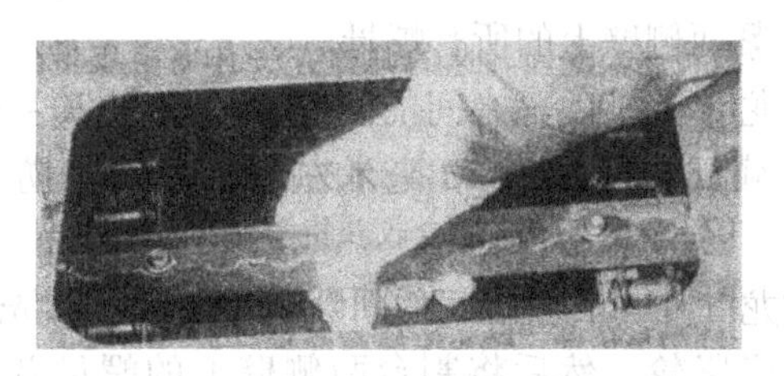

图4-24 过桥链耙张紧度的检查方法

过桥链耙的调整：链耙耙齿与过桥底板之间的间隙应为10毫米，通过调整过桥链耙的张紧度来实现，如图4-25所示，松开缩紧螺母5、6，改变被动轴1的前后位置，就可改变链条的张紧度。调整后的链耙必须保证左右高低一致，两根链条张紧度一

致，同时要检查被动轴是否浮动自如。

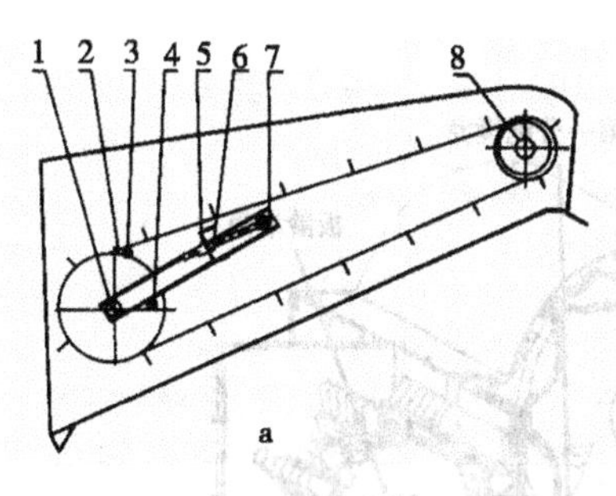

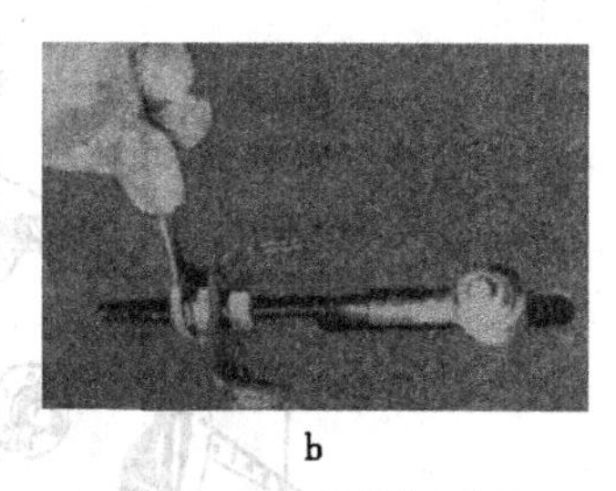

图 4-25　谷神 4LZ-2 联合收割机过桥链耙张紧度的调整

a. 结构图；b. 调整图

1-被动轴；2-链耙；3-上限位销；4-下限位销；

5、6-螺母；7-活动臂销轴；8-主动轴

五、脱粒装置的调整

1. 脱粒滚筒转速的调整

滚筒转速高，对谷物的打击、揉搓作用增大，脱粒效果增强，但是容易造成碎粒；滚筒转速过低，籽粒脱不下来。应根据谷物的品种、成熟度以及潮湿情况来选择适宜的滚筒转速。不易脱粒的谷物，应选用高转速。滚筒转速的调整方法有更换皮带轮或采用三角皮带无级变速。

1048 自走式联合收割机采用三角皮带无级变速来调整滚筒转速。

谷神 4LZ-2 型自走式联合收割机采用调整皮带轮、链轮的方法，来改变滚筒转速。如图 4-26 所示，为谷神 4LZ-2 联合收割机脱粒滚筒的结构与传动。轴流滚筒有两种转速，出厂时，为高速。通过将中间皮带轮和轴流滚筒皮带轮对换，可以有低速。板齿滚筒和轴流滚筒之间采用链传动，可以对两滚筒进行不同的

链轮配置，实现 8 种不同的板齿滚筒速度，以满足不同作物的脱粒要求。

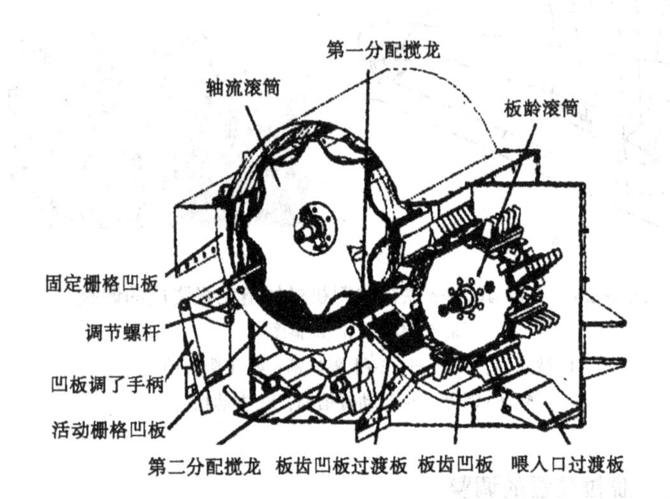

图 4-26　谷神 4LZ-2 联合收割机脱粒滚筒的结构与传动

2. 脱粒间隙的调整

脱粒间隙过大，易产生脱粒不净现象；脱粒间隙过小，易使籽粒和茎秆破碎严重，并增加功率消耗。脱粒间隙应根据谷物的品种、成熟度以及潮湿情况来选择。不易脱粒的谷物，应选用小间隙。

调整的方法一般是通过移动凹板，改变它与脱粒滚筒的相对位置来实现。

脱粒间隙调整的原则是：在满足脱净的前提下，尽量采用大的脱粒间隙，以避免碎粒和消耗功率。

谷神 4LZ-2 联合收割机轴流滚筒活动栅格凹板出口间隙的调整如图 4-27 所示。轴流滚筒活动栅格凹板出口间隙是指该滚筒纹杆段齿面与活动栅格凹板出口处径向间隙，该间隙分为 4 档，即 5 毫米、10 毫米、15 毫米和 20 毫米，分别由活动栅格凹板调节机构手柄固定板上 4 个螺孔定位。手柄向前调整间隙变小，向后调整间隙变大。调整完毕后，凹板左右间隙应保持一致，其偏差不得大于 1.5 毫米，必要时可通过调节左、右调节螺杆调整。

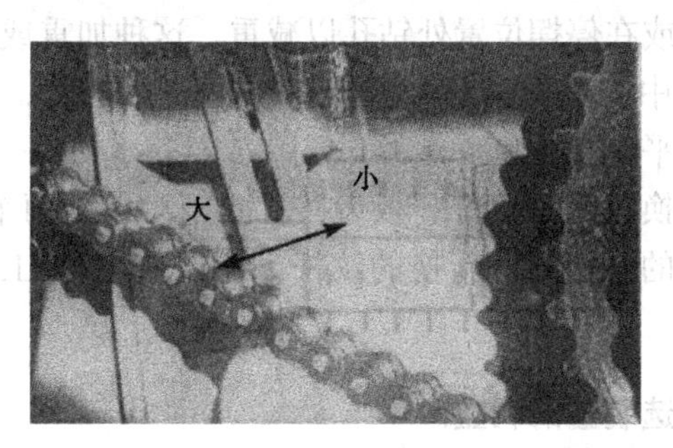

图 4-27　谷神 4LZ-2 联合收割机轴流滚筒活动栅格凹板出口间隙的调整

调整凹板间隙和清理滚筒堵塞物时，必须在发动机停止工作的状态下进行，以免出现因滚筒旋转而铰切手臂的伤害现象。

3. 脱粒滚筒平衡的检查与调整

联合收割机在出厂时，制造厂都对脱粒滚筒进行了平衡检查和调整，用户不必再检查了。但在使用中，有时需要更换已经磨损的纹杆、板齿或其他损坏的零件，这样就可能发生滚筒的平衡受到破坏的情况。脱粒滚筒的转速较高，若因换修滚筒上的脱粒元件而造成滚筒不平衡时，就会在旋转时产生很大的离心力，引起机器振动并加速轴承磨损，降低机器寿命，甚至造成事故。因此，在滚筒进行拆卸修理后要检查动、静平衡。

动平衡检查较复杂，需在动平衡试验机上进行，用户无法进行测试，故一般只进行静平衡检查，并在调整静不平衡时，注意防止产生动不平衡。

静平衡的检查方法如图 4-28 所示，将滚筒两端放在支架的滚轮上，用手轻拨滚筒，如果滚筒转至任何位置都可停住，则说明滚筒是静平衡的。如果当滚筒停止转动时，总是某一固定位置在下方，则说明滚筒静不平衡（自行车的轮子总是有气门嘴的位置停在下方，这就是静不平衡现象），必须在滚筒停摆位置的对面加配重，或在停摆位置处钻孔以减重，这种加重或减重必须在滚筒横向的中间位置进行，以避免产生动不平衡。如此重复检查，直到静平衡为止。

如果要换滚筒的纹杆、板齿，就要把对称的两个同时换掉，以保证滚筒的平衡。对新换的纹杆，经过 10 小时工作后，要重新拧紧一次。

六、清选装置的调整

在风扇-筛子组合式的清选装置中，筛子的开度和倾角、风量和风向一般都可调整。调整的原则是在保证谷粒不被吹走的前提下，风量尽量放大；上筛开度应大于下筛开度，筛子前段开度

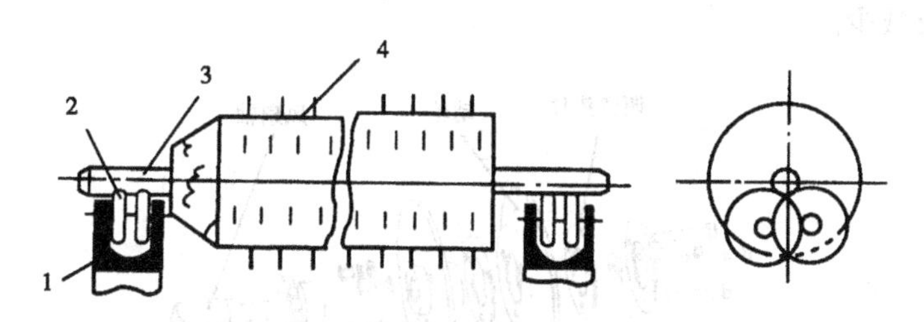

图 4-28　滚筒的静平衡检查

1-支架；2-滚轮；3-滚筒轴；4-滚筒

略小于后段开度；气流方向应使筛子的前端风速较高，向后逐渐减低，这样可以使筛子前部的脱出物被吹散，以利于将杂质吹走而又不把谷粒吹出机外。

不同的田间作业时，只有通过试割观察，运用上述原则调整，才能达到满意的清选效果。

对于 4LZ-2 型联合收割机来说，上筛的前段只有单层筛工作，开度不宜过大，以免影响清洁度；下筛的后段的筛片开度可以适当加大，让未脱净的穗头进入复脱器，进行循环脱粒，但筛片开度不宜过大，以免造成复脱器堵塞。

风量大小的调整要根据粮箱中粮食的含杂率和清选损失的情况来调整。风量过小时，谷物的颖壳、碎草不能被吹离筛面，粮箱中的粮食含杂率高，谷物的颖壳、碎草夹带着籽粒一起排出筛箱，清选损失增加。风量过大时，粮箱中的粮食比较干净，但有些含水量低的籽粒被气流直接吹离筛面，和谷物的颖壳、碎草一起撒到地面上，也增加清选损失。

风量大小的调整，是靠改变风扇的转速进行的。图 4-29 所示是雷沃谷神 4LZ-2 型联合收割机风扇的皮带传动结构。风扇转速为有级可调，通过在皮带动轮和定轮之间增减垫片，可以改变皮带轮的工作直径，从而提高或降低风扇的转速，使风量增大

或减少。

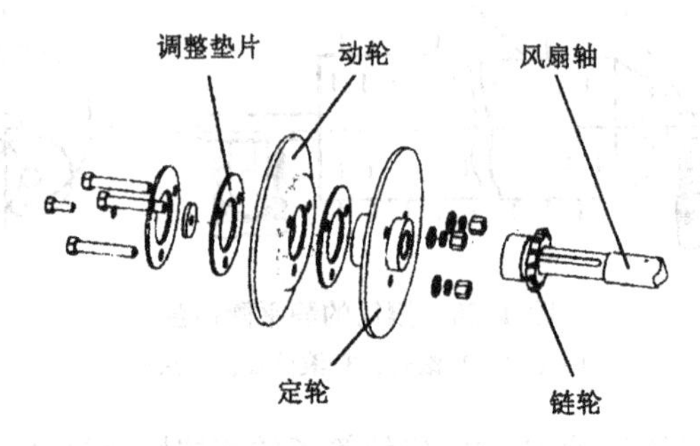

图 4-29 雷沃谷神 4LZ-2 型联合收割机风扇的皮带轮结构

在 1048 联合收割机上，风扇吹风方向的调整，是靠改变出风口处调风板的位置来调整的，通过在机器体外左下侧的调节手杆进行调整。

七、籽粒升运器的调整

籽粒升运器用于将清选出的籽粒提升到粮箱。雷沃谷神 4LZ-2型联合收割机的籽粒升运器由籽粒搅龙、链轮、刮板链条、顶搅龙等组成，如图 4-30 所示。

使用一段时间后，刮板链条会伸长，应及时调整。

调整方法如下：松开张紧螺栓、螺母，调节该螺栓，上提张紧板，刮板张紧链条张紧；反之放松。在调节张紧螺栓时应两侧同步调整，并要注意保持链轮轴的水平位置，不得偏斜，更不准水平窜动。

链条的张紧度应适宜，检查方法是：在升运器壳底部开口处用手转动刮板输送链条，以能够较轻松地绕链轮转动为适度，或试车空转时未能听见刮板输送链条对升运器壳体的颤动敲击声为宜。

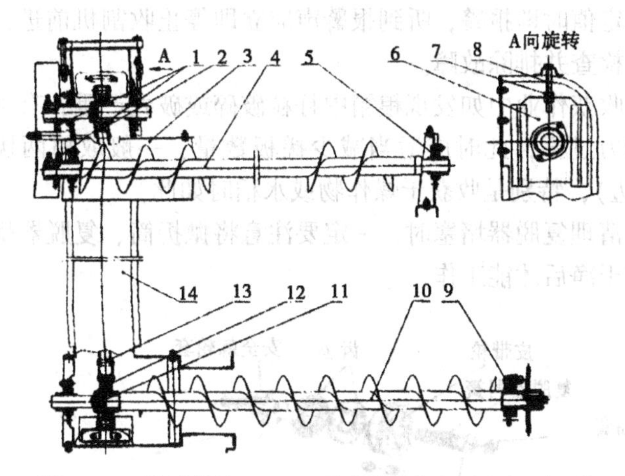

图 4-30　雷沃谷神 4LZ-2 型联合收割机的籽粒升运器

1-链轮；2-链轮；3-卸粮筒；4-顶搅龙；5-外球面轴承 UELPF206；
6-张紧板；7-螺母；8-张紧螺栓；9-外球面轴承 UELFC206；
10-籽粒搅龙；11-弹性圆柱销 8 * 50；12-链轮；
13-刮板链条；14-升运器壳

八、复脱器的调整

谷神 4LZ-2 型联合收割机的复脱器结构与传动如图 4-31 所示。杂余筛筛落的未脱净残穗，经杂余搅龙右推至复脱器，复脱后，抛回清选室再次清选。

皮带轮和齿垫式安全离合器组成一体。皮带轮空套在轴上，通过一对齿垫将皮带轮与安全棘轮套联接，而安全棘轮套与轴通过键联接，皮带轮被复脱器弹簧压紧，使杂余搅龙随带轮转动。齿垫间产生滑转发出声响，皮带轮在轴上空转，起安全保护作用。当作业中驾驶员听到齿垫滑转声音时，应及时停车检查，清理系统堵塞，排除故障。

谷神金旋风系列收割机带有转速报警系统，当复脱器转速降低到规定值时即报警，听到报警声应立即停止收割机前进，必要时停机检查并排除故障。

在收获作业中如发现粮箱中籽粒破碎或破壳严重，有可能是复脱能力过强，此时应适当减少搓板数量，一般取掉两块搓板(靠前边)，特别是收获干燥作物或水稻时如此。

在清理复脱器堵塞时，一定要注意将抛扔筒、复脱器蜗壳堵塞清理干净后才能工作。

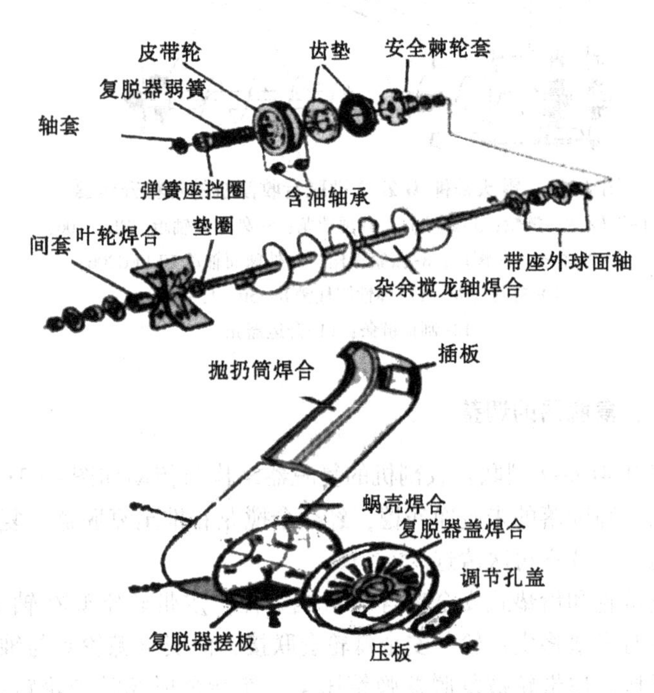

图 4-31　谷神 4LZ-2 型联合收割机的复脱器

第五节　麦稻联合收割机的使用与维修

一、联合收割机的试运转

用户新购置的、大修后的或长时间存放后的联合收割机在正式作业前必须进行试运转，以保证良好的技术状态和延长机器使用寿命，下面以谷神 4LZ-2 联合收割机为例说明有关试运转的注意事项。

联合收割机试运转首先按照《使用说明书》的要求加足相应牌号的燃油、机油、液压油、齿轮油和冷却水，对各润滑点加注润滑脂，对紧固件和张紧件进行紧固、张紧，然后按以下 4 个程序进行。

（1）发动机试运转，时间为 15~20 分钟。按照《柴油机使用说明书》的要求进行试运转。

（2）行走试运转，时间为 5 小时。

当发动机水温升高至 60℃ 以上时，从抵挡到高挡，从前进挡到后退挡逐步进行，试运转过程中采用中油门工作，应留心观察，并检查以下项目。

①检查变速箱和离合器有无过热、异音，以及变速箱有无漏油现象，并检查润滑油面。

②检查前后轮轴承部位是否过热，轴向间隙应在 1~2 毫米。

③检查转向和制动系统的可靠性，以及刹车夹盘是否过热。

④检查两根行走皮带是否符合张紧规定。主离合器和卸粮离合器传动带能否脱开。

⑤检查轮胎气压，并紧固各部位螺栓，特别是前后轮轮毂螺栓、边减半轴轴承螺栓和锥套锁紧螺母、无级变速轮各紧固螺栓、前轮轴固定螺钉、后轮转向机构各固定螺栓、发动机机座和

带轮紧固螺栓等。

⑥检查动力输出轴壳体和带轮是否过热。

⑦检查电器系统仪表、各信号装置是否可靠工作。

（3）联合收割机组试运转，时间 5 小时。

①联合收割机组试运转前的准备工作。

· 应仔细检查各转动 V 带和链条是否按规定张紧，包括倾斜输送器和升运器输送链条。

· 将轴流滚筒栅格凹版防至最大间隙。

· 打开籽粒升运器壳盖和复脱器月牙盖。

· 将联合收割机内部仔细检查清理后，用手转动中间轴右侧带轮应无卡滞现象。

· 检查所有螺纹紧同件是否可靠拧紧。

②先原地运转，从中油门过渡到大油门，仔细观察是否有异响、异震、异味以及“三漏”（漏油、漏气、漏水）现象，再大油门运转 10 分钟后检查各轴承处有无过热现象。

③缓慢升降割台和拨禾轮油缸，仔细检查液压系统有无过热和漏油现象。

④联合收割机各部件运转正常后应将各盖关闭，栅格凹版间隙调整到工作间隙之后，方可与行走运转同时进行。

⑤停机检查各轴承是否过热和松动，各 V 带和链条张紧度是否可靠。

⑥检查主离合器、卸粮离合器结合和分离是否可靠。

（4）带负荷试运转，时间 30 小时（其中小负荷试运转 20 小时）。

带负荷试运转也就是试割过程，均在联合收割机收获作业的第一天进行。一般在地势平坦、少杂草、作物成熟度一致、基本无倒伏、具有代表性的地块进行。开始以喂入量低速行驶，逐渐加大负荷至额定喂入量。

二、试运转需注意事项

（1）原地试运转一段时间后可与行走试运转同时进行，但不准用Ⅱ档以上进行联合收割机的试运转。

（2）试割过程中，无论喂入量多少，发动机均应在大油门、额定转速下工作。

（3）在试割过程中，在联合收割机收割30~50米后，踏下离合器，使变速杆置于空挡位置，继续保持大油门，使机器继续运转15秒左右，待从割台上喂入至脱粒清选装置的谷物全部通过后，再减小油门，切断动力。停止运转后进行如下检查。

①检查调整拨禾轮高度和前后位置。

②检查各部件紧固情况。

③检查各润滑点有无发热现象。

④检查调整各传动带、传动链张紧度。

⑤检查脱净率、分离损失、清选损失、籽粒清洁度、籽粒破碎率等情况，以确定是否对脱粒滚筒转速、凹版间隙、风速、风向、筛子开度等进行调整，使之达到最佳工作状态。

（4）试运转全部完成后，按《柴油机使用说明书》规定保养发动机，更换变速箱齿轮油和液压油。按该联合收割机使用说明书规定，进行一次全面的维修保养。

三、联合收割机的使用

（1）要适时收获。联合收割机因为是一次完成收割、脱粒、清选的作业，因此，在小麦发黄的籽粒开始变硬、手指甲掐不断的时候即可开始收获。收获过早会因籽粒含水分多使籽粒破碎比较严重，收获过晚，容易产生打击落粒损失比较严重现象。

（2）确定适合的行走路线。常用的行走路线是从一侧进地，采用回形走法进行收获。带粮箱的自走式联合收割机，要考虑卸

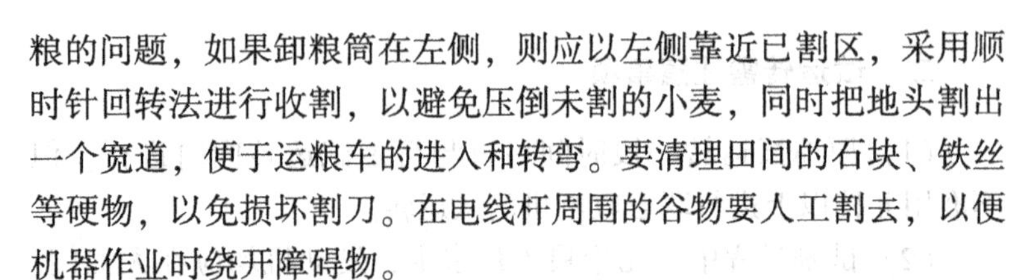

粮的问题，如果卸粮筒在左侧，则应以左侧靠近已割区，采用顺时针回转法进行收割，以避免压倒未割的小麦，同时把地头割出一个宽道，便于运粮车的进入和转弯。要清理田间的石块、铁丝等硬物，以免损坏割刀。在电线杆周围的谷物要人工割去，以便机器作业时绕开障碍物。

在作物有倒伏时，应尽量采用逆向收割或与倒伏作物成45度左右的夹角（即侧割）收割，这样可以降低收割损失。

（3）进行作业区的操作。当联合收割机进入地头空地后，应在发动机低速运转时接合上工作离合器，使工作部件转动，并把收割台降到要求的割茬高度，然后挂在工作空挡位，逐渐加大油门至发动机稳定在额定转速时，平稳起步，进入收割区作业。收割50~100米后，停车检查作业质量，如割茬高度、切割损失、脱粒损失、清选损失、籽粒破碎等情况，不符合规定时要进行调整。

（4）作业行驶。机器尽量直线行驶，如果边割边转弯，会使分禾器不能很好地分禾，分禾器尖至割刀的一段距离内的谷物将被压倒，联合收割机的后轮也会压倒一部分谷物，造成损失。

（5）油门的使用。为使联合收割机保持良好的技术状态和稳定的工作性能，各工作部件必须在规定的运转速度范围内工作，要求柴油机在额定转速下工作。因此，必须采用大油门。在收获作业中要保持油门稳定，不允许用减小油门的方法降低行车速度或超越障碍。因为这样会降低联合收割机各工作部件的运转速度，造成作业质量下降，而且容易引起割台、输送槽和脱粒滚筒的堵塞。

当田间需要暂时停车时，需先踏下行走离合器，将变速杆置于空挡，保持大油门运转10~20秒，待收获机内谷物处理完后，再减小油门停车。

作业中感到收获机负荷过重时，可以踏下行走离合器，让收

获机内的谷物处理完后，再继续前进作业。

当收获机行到地头时，也应继续保持大油门转 10～20 秒，待收获机内谷物脱完并排出机外后再减小油门，低速进行转弯。

（6）前进速度的选择。收割作业时，应根据小麦品种脱粒的难易程度、长势、干湿以及联合收割机的喂入量大小来决定前进速度，同时还要利用割茬高度和割幅宽度来适当调整喂入量，保证机器高效、优质地进行收割。

一般规律是收获初期的麦子湿度较大，作业难脱粒，机器易堵，所以机器的前进速度要慢；收获的中后期，作物成熟较好，干燥易脱，前进速度可加快；每天的早晚，作物被露水打湿难脱，前进速度要慢；中午前后（10:00～17:00）则可加快。

作物生长的高密，要提防因喂入量过大引起堵塞，前进速度要慢；作物生长的稀矮，可加快前进速度。

（7）收割幅宽的选择。尽可能进行满负荷作业，但喂入量不能超过规定的许可值，在作业时不能有漏割现象，割幅掌握在割台宽度的 90% 为好。

（8）及时卸粮并且一次要卸完。当粮箱接近充满时应及时卸粮，以免因粮箱过满使得卸粮搅龙不易启动，并引起籽粒升运器堵塞打滑。卸粮要一次卸完，如中途停卸，则卸粮搅龙中充满籽粒，下次启动困难。在行进中卸粮时，联合收割机要直线慢速与运粮车同速行进，保持相对位置，以免抛洒粮食。

（9）在风力较大的天气收割。机组最好不要顺风前进收获，以免影响筛子上面的杂余排出。如果要顺风向收割时，应把风扇的风量调大，以便把杂余吹出机外。逆风向收割时，要把风扇的风量调小些，以免把谷粒吹出机外。

（10）收获过干、过熟作物的操作。要降低拨禾轮的高度，使拨禾轮不击打作物的穗头部位，以减少掉粒；降低拨禾轮的转速，以减少对作物的击打次数。

（11）随时注意仪表、信号。当发现有异常情况时，应马上停车，查明原因，排除故障。

（12）田间临时停车，重新作业前应先倒车。机器在作业中因故障等原因临时停车，再重新开始作业前，应首先倒车，使切割器退出作物一定距离，然后接合工作离合器，加大油门，待转速稳定，再进行收获，以免工作机构带负荷启动，引起损坏。

四、联合收割机的安全生产事项

（1）机组人员应熟悉安全操作联合收割机的规程，并取得联合收割机的驾驶证。

（2）联合收割机组启动前，变速杆要置空挡，主离合器和卸粮离合器的操纵杆都应在分离位置。机组起步、转弯和倒车时要鸣喇叭，并观察机组周围情况，确保人、机安全后再启动。

新车或大修后的机器必须按说明书的规定进行磨合后，方可投入使用。

（3）清理、调整或检修机器时，必须在停止运转后进行。在割台下工作时，应将割台用硬物支牢，不能仅靠液压油缸支撑，以免液压油泄漏导致割台下降将人压住。

（4）严禁在高压线下停车或进行修理，不允许平行于高压线方向作业。

（5）地面不平时不得高速行驶，以免机器变形或损坏。运输时，割台应升起，有支撑的应支撑锁定。

（6）在联合收割机工作时，不允许用手触摸各转动部件。在联合收割机停止工作后，应将变速杆放在空挡位置。

（7）注意防火。不允许在联合收割机上和正在收割的地块吸烟，夜间工作严禁用明火照明。机器上应配备灭火器。

（8）当联合收割机因出现故障需要牵引时，最好采用不短于 3 米长度的刚性牵引杆，并挂接在前桥的牵引钩上。

（9）卸粮时禁止用铁锹等铁器在粮箱里助推籽粒，禁止机器运转状态下爬入粮箱助推籽粒。

（10）联合收割机停车时，必须将割台放落到地面，所有操纵装置回到空挡位置和中间位置，然后才能熄火，坡地停车时应将手刹车固定。离开驾驶台时应将启动开关钥匙拔掉，并将总闸断开。

五、联合收割机的班保养

联合收割机工作10小时左右，即一个班次作业结束后，必须及时、认真地按下述规定的内容对联合收割机进行班保养。正确的保养，是防止联合收割机出现故障，确保优质、高效、低耗、安全工作的重要措施。下面以雷沃谷神4LZ-2为例加以说明。

（1）发动机的班保养应按《柴油机使用说明书》规定进行。

（2）彻底检查和清理联合收割机各部分的缠草，以及颖糠、麦芒、碎茎秆等堵塞物，尤其应清理拨禾轮、切割器、喂入搅龙缠堵物、凹板前后所在脱谷室三角区、上下筛间两侧弱风流道堵塞物、发动机机座附近沉降物等，特别要清理变速箱输入轮积泥（影响平衡）。

（3）检查发动机空气滤清器盆式粗滤器和主滤芯（纸式滤芯），以及散热器格子集尘情况，盆式粗滤器在工作中还应视积尘满度随时清除，散热器格子视堵塞程度进行吹扫，必要时班内增加清理次数。

（4）检查和杜绝漏粮现象。

（5）检查各紧固件状况，包括各传动轴轴承座（特别是驱动桥左右半轴轴承座）紧定套螺母和固定螺栓、偏心套、发动机动力输出带轮、过桥主动轴输出带轮、摆环箱输出带轮、第一次分配搅龙双链轮端面固定螺栓，筛箱驱动臂和摆杆轴承固定螺栓、转向横拉杆球铰开口销，无级变速轮栓轴开口销，行走轮固定螺栓、发动机机座固定螺栓状况。

（6）检查护刃器和动刀片有无磨损、损坏和松动情况，以及切割间隙情况。

（7）检查过桥输送链耙的张紧度。

（8）检查V型胶带的张紧度。

（9）检查传动链张紧度，当用力拉动松边中部时，链条应有20~30毫米的挠度。

（10）检查液压系统油箱油面高度，以及各接头有无漏油现象和各执行元件之间的工作情况。

（11）检查制动系统的可靠性，变速箱两侧半轴是否窜动（行走时有周期性碰撞声）。

（12）按规定的时间润滑各摩擦片，并注意以下事项。

润滑油应放在干净的容器内，并防止尘土入内，油枪等加油器械要保持洁净。注油前必须擦净油嘴、加油口盖及其周围地方。经常检查轴承的密封情况和工作温升，如因密封性能差，工作温升高，应及时润滑和缩短相应的润滑周期。

装在外部的传动链条每班均应润滑，润滑时必须停车进行，并先将链条上的尘土清洗干净后，再用毛刷刷油润滑。各拉杆活节、杠杆机构活节应滴机油润滑。

变速箱试运转结束后清洗换油，以后每周检查一次油，每年更换一次油。

液压油箱每周检查一次油面，每个作业季节完后应清洗一次滤网，每年更换液压油，换油时应先将割台落地，然后再将油放尽更换新油。

检修联合收割机时，应将滚动轴承拆卸下来清洗干净，并注入润滑脂（包括滚道和安装面）。

说明书中规定的润滑周期仅供参考，如与作业实际情况不

符，可按实际情况调整润滑周期。

六、普通V型带和变速V型带的使用

在小麦联合收割机上，传动系统用了较多的V型皮带传动，为了延长V型带的使用寿命，在使用中应注意以下几个问题。

（1）装卸V型带时应将张紧轮固定螺栓松开，或将无级变速皮带轮张紧螺栓和栓轴螺母松开，不得硬将传动带撬下或逼上。必要时，可以转动皮带轮将皮带逐步盘下或盘上，但不要太勉强，以免破坏皮带内部结构或拉坏轴。

（2）安装皮带轮时，同一回路中的皮带轮轮槽对称中心面（对于无级变速轮，动轮应处于对称中心面位置）位置度偏差不大于中心距的0.3%（一般短中心距允许偏差为2~3毫米，中心距长的允许偏差为3~4毫米）。

（3）要经常检查皮带的张紧程度，过松或过紧都会缩短其使用寿命，对此，可参考机器使用说明书中的值进行调整。3根脱谷传动皮带属于配组带，同组皮带内周长之差不允许超过8毫米，更换时应更换一组。

（4）机器长期不使用时，皮带应放松。

（5）皮带上不要弄上油污，沾有油污时应及时用肥皂水进行清洗。

（6）注意皮带的工作温度不能过高，一般不超过50~60℃（手能长时间触摸）。

（7）V型带以两侧面工作，如果皮带底与带轮槽底接触、摩擦，说明皮带或带轮已磨损，需更换。

（8）要经常清理带轮槽中的杂物，防止锈蚀，以减少皮带与带轮的磨损。

（9）皮带轮转动时，不允许有大的摆动现象，以免缩短皮带的使用寿命。

(10) 皮带轮缘有缺口或变形张口时，应及时修理更换，以免啃坏皮带。

(11) 长期不用时，应将皮带拆下，保存在阴凉干燥的地方，挂放时，应尽量避免打卷。

七、链条的使用

在小麦联合收割机上，传动系统用了较多的链条传动，为了延长链条的使用寿命，在使用中应注意以下几个问题。

(1) 在同一传动回路中的链轮应安装在同一平面内，其轮齿对称中心面位置度偏差不大于中心距的0.2%（一般短中心距允许偏差为1.2~2毫米，中心距较长的允许偏差1.8~2.5毫米）。

(2) 链条的张紧度应合适，按规定值进行调整。

(3) 安装链条时，可将链端绕到链轮上，便于联结链节。联结链节应从链条内侧向外穿，以便从外侧装联结板和锁紧固件。

(4) 链条使用伸长后，如张紧装置调整量不足，可拆去两个链节继续使用。如链条在工作中经常出现爬齿或跳齿现象，说明节距已伸长到不能继续使用，应更换新链条。

(5) 拆卸链节冲打链条的销轴时，应轮流打链节的两个销轴，销轴头如已在使用中撞击变毛时，应先磨去毛边。冲打时，链节下应垫物，以免打弯链板。

(6) 链条应按时润滑，以提高使用寿命，但润滑油必须加到销轴与套筒的配合面上。因此，应定期卸下润滑。卸下后先用煤油清洗干净，待干后放到机油中或加有润滑脂的机油中加热浸煮20~30分钟，冷却后取出链条，滴干多余的油并将表面擦净，以免在工作中粘附尘土，加速链传动件磨损。如不热煮，可在机油中浸泡一夜。

（7）链轮齿磨损后可以反过来使用，但必须保证传动面安装精度。

（8）新旧链节不要在同一链条中混用，以免因新旧节距的误差而产生冲击，拉断链条。

（9）磨损严重的链轮不可配用新链条，以免因传动副节距差，使新链条加速磨损。

（10）机器存放时，应卸下链条，清洗涂油后再装回原处，或者最好用纸把涂油链条包起来，以免沾尘土，并存放在干燥处。链轮表面清理干净后，应涂抹油脂防止锈蚀。

八、轮胎的使用

自走式联合收割机多采用橡胶充气轮胎，为了延长轮胎的使用寿命，应注意轮胎的气压、保养等事项。

（1）每天在联合收割机工作前，要按规定检查轮胎的气压，轮胎气压与规定不符时禁止工作。测试轮胎气压应在轮胎冷状态时进行。

（2）轮胎不准沾染油污和油漆。

（3）联合收割机每天工作后要检查轮胎，特别要清理胎面内侧黏积的泥土（以免撞挤变速箱输入带轮和半轴固定轴承密封圈），检查轮胎有无夹杂物，如铁钉、玻璃、石块等。

（4）夏季作业因外胎受高温影响，气压易升高，此时禁止降低发热轮胎气压。

（5）当左右轮胎磨损不匀时，可将左右轮胎对调使用。

（6）安装轮胎时，应在干净的地面上进行。安装前，应把外胎的内面和内胎的外面清理干净，并撒上一薄层滑石粉，然后将内胎装入轮胎内，要注意避免折叠。将气门嘴放入压条孔内之后，再把压条放在外胎与内胎之间，装入轮辋内。

（7）机器长期存放时，必须将轮胎架空并放气至0.05MPa。

九、自走式联合收割机的保管

小麦收获作业全部结束后，要对联合收割机进行全面的清理和检查，然后进行妥善保管，以保证在下一次使用时能有好的工作效果，在保管时应注意以下工作。

（1）清扫机器。先打开机器的全部检视孔盖，清除滚筒室、过桥内的残存杂物，清除割台、驾驶台、清选室（包括发动机）、抖动板、清选筛、清洗室底壳、风扇叶轮内外、变速箱外部等残存物。

清扫完后，将升运器壳盖和复脱器月牙盖打开，将机器发动且带动工作装置高速运转5~10分钟，以排尽残存物。之后用压力水清洗机器外部。最后再开机3~5分钟将残存水甩干，将割台、拨禾轮放到最低位置，使柱塞杆缩入液压油缸。

清洗车体时，不要将水沾到电器部分上和机体内部，否则将会造成故障。

（2）对收割机进行全面维修。机器使用了一个作业季节，工作部件（特别是易损件）肯定会有不同程度的变形、磨损及损坏，尤其是使用了几年的旧机器，更应对所有部件进行彻底的检查、修复、更换工作。

检查分禾器是否有变形、断裂等情况，若有，应予以修理。

检查拨禾轮的弹齿有无变形、轴承有无磨损，若有，则进行校正或更换新件。

检查切割器的刀片有无磨损，护刃器有无变形，若有，则进行更换新件和校正。

检查割台搅龙的叶片有无变形、磨损、伸缩扒指导套与伸缩扒指间隙超过3毫米的，应更换扒指导套。

检查输送链耙，更换变形的耙齿。

检查脱粒装置、清洗装置、谷粒搅龙、杂余搅龙等的磨损、

变形情况，视情况修理或更换。

检查罩壳、机架是否有变形，检查轴上的键与键槽是否完好，检查轴承的间隙是否合适，有问题的要修理或更换。

(3) 按润滑图、表和柴油机使用说明书进行全面润滑，然后用中油门将机器空运转一段时间。

(4) 对磨去漆层的外露零件要重新涂漆防锈。对摩擦金属表面如各调节螺纹处，要涂油防锈。

(5) 取下全部 V 型皮带，检查是否有因过分打滑和老化造成的烧伤、裂纹、破损等严重缺陷，若有，应予以更换。能使用的皮带应清理干净，抹上滑石粉挂在阴凉干燥的室内，系上标签，妥善保管（务必注意老鼠对胶带的破坏）。

(6) 卸下链条，清理干净。并在60~80℃的机油中加热进行润滑，然后用纸包好存放入库。

(7) 卸下割刀并涂抹黄油，然后吊挂存放，以防变形。

(8) 放松安全离合器压缩弹簧。

(9) 卸下电瓶进行专门保管，每月充电一次，充电后应擦净电极，并涂以凡士林。

(10) 保护好仪表箱、转向盘及其组合电器开关、排气管出口等，易进雨雪的地方应加盖篷布封闭。

(11) 清理好备件和工具，检查收割机各部位情况，并记入档案。

(12) 发动机按《柴油机使用说明书》进行保管。

(13) 联合收割机应存放在干燥、无烟尘、地面平坦、有水泥或铺砖地面的室内，室内的昼夜温差应尽可能的小，不要露天存放。若不得已在棚子内存放时，则应选干燥、通风良好处，地面应铺砖。支起联合收割机的前后桥，让轮胎离地，将轮胎放气至 0.05MPa，并防止日晒雨淋。

十、悬挂式联合收割机的保管

要从拖拉机上卸下配挂的全部零部件，并将割台、输送槽、脱粒清选装置放在平坦、干燥处，用木方垫好，防止潮湿、锈蚀和变形。

十一、联合收割机的常见故障与排除

多数联合收割机的使用问题都是由于不正确的调整引起的，下面以常用的机型为例来分析常见的故障现象与排除方法。

雷沃谷神 4LZ-2 自走式联合收割机的常见故障与排除方法，用表 4-1、表 4-2、表 4-3、表 4-4、表 4-5 说明。

表 4-1　谷物联合收割机收割台的常见故障与排除方法

故障现象	故障原因	排除方法
割刀堵塞	①遇到石块、木棍、钢丝等硬物 ②动、定刀片切割间隙过大引起切割杂草 ③刀片或护刃器损坏 ④因作物茎秆低而引起割茬低，使割刀上壅土	①立即停车排除硬物 ②调整刀片间隙 ③更换刀片和修磨护刃器，或更换护刃器 ④提高割茬和清理积土
割台前堆积作物	①割台搅龙与割台底板间隙过大 ②茎秆短，拨禾轮太高或太偏前 ③拨禾轮转速太低 ④作物短而稀	①按要求调整间隙 ②下降或后移拨禾轮，尽可能降低割茬 ③提高拨禾轮转速 ④提高机器前进速度
作物在割台搅龙上架空，喂入不畅	①机器前进速度偏高 ②割台搅龙的拔齿伸出位置不对 ③拨禾轮离割台搅龙太远	①降低机器前进速度 ②向前上方调整前伸缩位置 ③后移拨禾轮位置
拨禾轮打落籽粒太多	①拨禾轮转速太高，打击次数多 ②拨禾轮位置偏前，打击强度高 ③拨禾轮位置太高，打击穗头	①降低拨禾轮转速 ②后移拨禾轮位置 ③降低拨禾轮位置

（续表）

故障现象	故障原因	排除方法
拨禾轮翻草	①拨禾轮位置太低 ②拨禾轮弹齿后倾偏大 ③拨禾轮位置偏后	①提高拨禾轮位置 ②按要求调整拨禾轮弹齿倾角 ③拨禾轮位置前移
拨禾轮缠草	①作物长势蓬乱 ②作物茎秆过高过湿	①停车及时排除缠草 ②适当升高拨禾轮位置
被割作物向前倾倒	①机器前进速度偏高 ②拨禾轮转速太低 ③切割器上壅土 ④动刀切割速度太低	①降低机器前进速度 ②提高拨禾轮转速 ③清理切割器壅土 ④检查调整摆环箱传动皮带张紧度

表 4–2　谷物联合收割机脱粒和清选系统的常见故障与排除方法

故障现象	故障原因	排除方法
滚筒堵塞	①板齿滚筒转速偏低或滚筒皮带、联组皮带张紧度偏小 ②喂入量偏大 ③作物潮湿 ④作业时发动机油门不到额定位置	①关闭发动机。将活动凹板放到最低位置，打开滚筒室周围各检视孔盖和前封闭板，盘动滚筒带，将堵塞物清除干净。适当提高板齿滚筒转速，或调整皮带张紧度 ②降低机器前进速度或提高割茬 ③适当延期收获，或降低喂入量 ④收紧钢丝绳，将油门调到位
滚筒脱粒不净偏高	①板齿滚筒转速太低 ②活动凹板间隙偏大 ③作物潮湿 ④喂入量偏大或不均匀 ⑤纹杆磨损或凹板栅格变形	①提高板齿滚筒转速 ②减小活动凹板出口间隙 ③待谷物干燥后收获 ④降低机器前进速度 ⑤更换或修复
谷粒破碎太多	①板齿滚筒转速过高 ②活动凹板间隙偏小 ③作物过熟 ④籽粒进入杂余搅龙太多 ⑤复脱器揉搓作用太强	①降低板齿滚筒工作转速 ②适当放大活动凹板出口间隙 ③适当提早收获 ④适当减小风扇进气量，适当增大上筛开度 ⑤适当减少或取消复脱器搓板数

（续表）

故障现象	故障原因	排除方法
谷粒脱不净而破碎多	①活动凹板扭曲变形，两端间隙不一致 ②板齿滚筒转速偏高 ③板齿滚筒转速较低 ④活动凹板间隙偏大，板齿滚筒转速偏高 ⑤活动凹板间隙偏小，板齿滚筒转速偏低 ⑥轴流滚筒转速偏高	①校正活动凹板 ②降低板齿滚筒转速 ③适当提高板齿滚筒转速 ④适当缩小间隙和提高转速 ⑤适当放大活动凹板间隙和提高转速 ⑥降低轴流滚筒转速
滚筒转速失稳或有异常声音	①脱谷室物流不畅 ②滚筒室有异物 ③螺栓松动或脱落或纹杆损坏 ④滚筒不平衡或变形 ⑤滚筒轴向窜动与侧壁摩擦 ⑥轴承损坏	①适当放大活动凹板出口间隙，提高板齿滚筒转速，校正排草板变形 ②排除滚筒室异物 ③拧紧螺栓，更换纹杆 ④重新调平衡，修复变形或更换滚筒 ⑤调整并紧固牢靠 ⑥更换轴承
排草中夹带籽粒偏高	①发动机未达到额定转速，或联组皮带、脱谷皮带未张紧 ②板齿滚筒转速过低或栅格凹板前后“死区”堵塞；分离面积缩减 ③喂入量偏大	①检查油门是否到位，或张紧联组皮带、脱谷皮带 ②提高板齿滚筒转速，清理栅格凹板前后“死区”堵塞 ③降低机器前进速度或提高割茬
排糠中籽粒偏高	①筛片开度较小 ②风量偏高使籽粒吹出 ③喂入量偏大 ④茎秸含水量太低，茎秸易碎 ⑤板齿滚筒转速太高，清选负荷加大 ⑥风量偏小，籽粒在糠中吹不散	①适当提高筛片开度 ②调小风板开度，必要时将备用一对调风板投入使用 ③降低机器前进速度或提高割茬 ④提早收获期 ⑤降低滚筒转速 ⑥增大调风板开度
谷粒中含杂率偏高	①上筛前段筛片开度偏大 ②风量偏小	①适当降低该筛片开度 ②适当开大调风板开度
杂余中颖糠偏多	①风量偏小 ②下筛后段开度偏大	①适当开大调风板开度 ②下筛后段开度适当减小

（续表）

故障现象	故障原因	排除方法
粮中穗头偏高	①上筛前段开度偏大 ②风量偏小 ③板齿滚筒转速偏低 ④复脱器未装搓板	①适当减小该段筛片开度 ②适当开大调风板开度 ③提高板齿滚筒转速 ④复脱器内装上搓板，开大杂余筛片开度
复脱机堵塞	①清选皮带张紧度偏小 ②作物潮湿或品种口紧，进入复脱器杂余量大 ③安全离合器弹簧预紧扭矩不足	①提高清选带张紧度 ②加大调风板开度，增加复脱器搓板 ③停止工作，排除堵塞，检查安全离合器预紧扭矩是否合规定

表 4-3　4LZ-2 自走式谷物联合收割机底盘系统的常见故障与排除方法

故障现象	故障原因	排除方法
行走离合器打滑	①分离杠杆在不同平面 ②变速箱加油过多，摩擦片进油 ③摩擦片磨损偏大，弹簧压力降低，或摩擦片铆钉松脱	①调整分离杠杆螺母 ②将摩擦片拆下清洗，检查变速箱油面 ③修理或更换摩擦片，更换长度尺寸公差范围内的弹簧
行走离合器分离不清	①分离杠杆膜片弹簧与分离轴承之间自由间隙偏大，主被动盘不能彻底分离 ②分离轴承损坏	①调整膜片弹簧与分离轴承之间的自由间隙 ②更换分离轴承
挂挡困难或掉挡	①离合器分离不彻底 ②小制动器制动间隙偏大 ③工作齿轮啮合不到位 ④换挡叉轴锁定机构不能到位 ⑤换挡软轴拉长	①及时调整离合器 ②及时调整小制动器间隙 ③调整滑动轴挂挡位置（调整换挡推拉软轴，调整螺母） ④调整锁定机构弹簧预紧力 ⑤调整换挡软轴，调整螺母
变速箱工作有异响	①齿轮严重磨损 ②轴承损坏 ③润滑油油面不足或型号不对	①更换齿轮副 ②更换轴承 ③检查油面或润滑油型号
变速范围达不到	①变速油缸工作行程达不到 ②变速油缸工作时不能定位 ③动盘滑动副缺油卡死 ④行走带拉长打滑	①系统内泄，送工厂检查修理 ②系统内泄，送工厂检查修理 ③及时润滑 ④调整无极变速轮张紧架

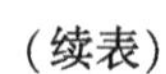

（续表）

故障现象	故障原因	排除方法
最终传动齿轮室有异响	①边减半轴窜动 ②轴承未注油或进泥损坏 ③轴承座螺栓和紧定套未锁紧	①检查边减半轴固定轴承和大轮轴固定螺钉 ②更换轴承，清洗边减齿轮 ③拧紧螺栓和紧定套

表 4-4　4LZ-2 自走式谷物联合收割机液压系统的常见故障与排除方法

故障现象	故障原因	排除方法
操作系统所有油缸在接通多路换向阀时均不能工作	①油箱油位过低，油泵出油口不出油（油管长时间不升温） ②溢流阀工作压力太低（尽管油管升温，但油缸不工作）；锥阀脱位；锥阀阀面粘有机械杂质 ③换向阀拉杆行程不到位，阀内油道不顺畅	①检查油箱油面，按规定加足液压油；检查泵的密封性 ②按要求调整溢流阀弹簧工作压力；清洗机械杂质 ③调整
割台和拨禾轮升降缓慢或只升不降	①溢流阀工作压力偏低 ②油路中有气 ③滤清器被脏物堵住 ④齿轮泵内泄 ⑤齿轮泵传动带未张紧 ⑥油缸节流孔被脏物堵塞	①按要求调整溢流阀弹簧压力 ②排气 ③清洗 ④检查泵内卸压片密封圈和泵盖密封圈 ⑤按要求张紧传动带 ⑥拆下接头，排除脏物
割台和拨禾轮升降速度不平稳	①油路中有气 ②溢流阀弹簧工作不稳定	①排气 ②更换弹簧
割台和拨禾轮自动沉降（换向阀中位时）	①油缸密封圈失效 ②阀体与滑阀因磨损或拉伤造成间隙增大 ③滑阀位置没对中 ④单向阀（锥阀）密封带磨损或粘有脏物	①更换密封圈 ②送工厂检修或更换滑阀 ③使滑阀位置保持对中 ④更换单向阀或清除脏物

（续表）

故障现象	故障原因	排除方法
转向盘居中时机器跑偏	①转向器报销变形或损坏 ②转向器弹簧片失效 ③联动轴开口变形	送工厂检修
转向沉重	①油泵供油不足 ②转向系油路中有空气 ③单稳阀的节流孔堵塞	①检查油泵和油面高度 ②排出空气 ③清除污物

表 4–5　4LZ–2 自走式谷物联合收割机电气系统的常见故障与排除方法

故障现象	故障原因	排除方法
启动无反应	①蓄电池极柱松动或电缆线搭铁不良 ②启动电路中易熔线、电流表、点火开关的启动挡、启动继电器中有损坏或接触不良之处 ③启动机中电磁开关损坏或电枢绕组损坏	①紧固极柱，将搭铁线与机体联接可靠，搭铁处不允许有油漆或油污 ②更换新件或检查插件结合处并连接好 ③更换新件
不充电	①发电机风扇皮带打滑或连接线断 ②电流表损坏或极性接反 ③发电机内部故障（如二极管击穿短路或断路、激磁绕组短路或断路、三相绕组相与相之间短路或断路或搭铁等） ④调节器损坏	①调整好风扇皮带的松紧度或将发电机各连接导线连接正确和牢固 ②更换表头或正负性线头对调 ③修理或更换 ④更换
充电电流过大：发动机中速以上运转时，电流表指示大电流，充电 30A 以上	①调节器损坏，失调 ②发电机电枢接柱“+”与磁场接柱“F”短路 ③发电机内部故障 ④蓄电池亏电过多或其内部短路	①更换 ②排除发电机外部接柱短路现象 ③修复或更换 ④蓄电池预充电或更换

（续表）

故障现象	故障原因	排除方法
报警器主机不显示或背光不亮	①电源插头处没电 ②电源插头没插好 ③报警器主机故障	①检查线路，接好 ②重新插好 ③更换报警器主机
报警器主机显示乱或蜂鸣器及报警灯指示不正常	报警器主机故障	更换报警器主机
报警器主机显示正常，但报警灯不亮	①脱谷离合器未合上 ②与报警器主机相连的传感器线束插头松脱 ③报警器主机内部故障	①合上脱谷离合器 ②插好并紧固两边螺丝 ③更换报警器主机
报警器主机显示正常，但报警灯不停地闪烁	转速低于报警点	加大油门，提高转速
报警器主机显示正常，报警灯不停地闪烁，但蜂鸣器不响	①报警器主机面板上的报警开关未打开 ②报警器主机内部故障	①打开主机报警开关 ②更换报警器主机
单个或多个报警灯常红不变绿并报警（最大油门时）	①磁钢装反或丢弃 ②传感器与磁钢之间的间隙大于5毫米 ③所对应的传感器线断 ④所对应的传感器失效 ⑤报警器主机内部故障	①重新装好 ②调整间隙3~5毫米 ③接好 ④更换传感器 ⑤更换报警器主机
主离合未接合出现误报警现象	传感器与支架连接未加装绝缘垫圈	加装绝缘垫圈

十二、联合收割机的易损件的修理

1. *动刀片的更换*

联合收割机的动刀片是最容易损坏的工作部件之一。当动刀片的刃口出现崩刃、磨损后，需要更换新刀片。更换动刀片时，需要把刀杆与传动机构分离，抽出刀杆。然后用錾子剔去需更换的刀片，再铆上新刀片。

如果发现动刀片个别铆钉松动，一般可在割台上直接铆固，将需铆刀片移到两定刀片之间，在松动的铆钉下垫上垫铁，再用铆钉冲把铆钉重新铆紧。必要时剔去松动的铆钉，换上新铆钉后铆紧动刀片。

2. *定刀片的更换*

更换定刀片时，先拆下护刃器上的螺栓，卸下护刃器，然后用錾子剔去报废的刀片，再铆上新刀片。铆接时应注意铆钉头应低于定刀片的工作面。如果护刃器变形或损坏，则换上铆有定刀片的新护刃器。

在更换定刀片或护刃器以后，应进行检查，要求所有的定刀片在同一平面内，其偏差不超过 0.5 毫米。检查方法可用在割台两端的护刃器之间拉紧一根细线，细线经过每个定刀片的工作面，如果其中某个定刀片的工作面与细线有偏移，可拆下该定刀片所在护刃器上的紧固螺栓，通过增加或减少护刃器与切割器梁之间的垫片，来使该定刀片的工作面下移或上升，从而保证各定刀片都在一个水平面内，以使动刀片与定刀片的间隙一致。

3. *刀杆变形的校正*

刀杆弯曲时，可用木锤敲击校正。先校正最弯处，不可用铁锤直接校正刀杆，不能在刀杆上留下凹陷、毛刺和改变刀杆的断面形状。

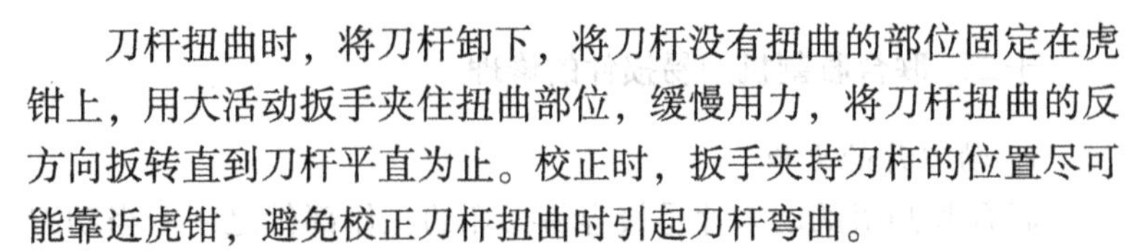

刀杆扭曲时，将刀杆卸下，将刀杆没有扭曲的部位固定在虎钳上，用大活动扳手夹住扭曲部位，缓慢用力，将刀杆扭曲的反方向扳转直到刀杆平直为止。校正时，扳手夹持刀杆的位置尽可能靠近虎钳，避免校正刀杆扭曲时引起刀杆弯曲。

4. 刀杆断裂

因为刀杆断裂的修复工艺较复杂，而且修复后的刀杆很难保证其平直度及有关动刀片间的距离，如果使用断裂的修复的刀杆，常会加剧相邻零件的磨损和产生卡滞现象，所以，刀杆断裂后，应更换新刀杆。

5. 螺旋叶片的修复

割台搅龙和籽粒、杂余输送搅龙等都是螺旋输送结构，螺旋叶片的损坏形式通常是皱褶、脱焊和边缘磨损。

叶片皱褶变形时，可在其一边垫上枕木，另一边用锤子锤平。

叶片边缘磨损不严重的可暂不修，磨损严重的应新做叶片并用气焊焊牢在圆筒上。

在叶片脱焊部位，用气焊焊补，在叶片易变形处，可在适当的位置添加加强筋。

6. 脱粒滚筒的修理

脱粒滚筒的钉齿磨损或纹杆磨损，可以对磨损元件进行更换修理。更换元件的滚筒，一定要考虑平衡问题，并进行静平衡试验，试验与调整方法见前述内容。

7. 轴颈磨损的修复

各传动轴的轴颈在使用较长时间后，常出现较大的磨损或键槽损坏，可用表面焊补法进行修复。

拆下需要修理的传动轴，有条件的，最好将需要焊补的轴颈车圆，以使焊层厚度均匀。然后，以用振动堆焊为好，因为振动堆焊的焊层均匀细密，焊后变形小，硬度高。焊补后的轴颈一般

应比原来需要的尺寸大5~8毫米，以备机械加工。焊补后的轴如有变形，应先校正再车削加工。若轴颈虽有弯曲但焊层余量较大，只需修整轴端的中心孔，就可进行车削加工，恢复应有的配合性质。有键槽的应用铣床加工出键槽。

第五章　农业机械安全操作维护经验荟萃

第一节　重要农时季节安全使用维护经验

一、春季使用农机的基本要求

随着气温的回升，春耕生产已全面展开，各种农业机械将开始投入生产作业。为了减少使用故障，提高作业效率，保证农机安全生产，提高使用效益，春季农机使用要特别“切记”以下六点：

（1）各种农业机械应按照使用说明书的要求，做好使用前的清理、润滑、调整、紧固等项工作，以确保农机具以良好的状态投入到作业之中。

（2）对动力机械（如拖拉机、农用柴油机）润滑系统的保养，既要按规定标准使用合格润滑油，又要严格遵守润滑系统保养周期和规范，定期清理润滑系统，定期更换过滤部件，以减轻机件磨损。

（3）春季气温高低不稳，变化无常，对动力机械冷却系统的正确使用不可忽视。第一，要掌握发动机的正常使用温度，水温达到40℃以上时，方可空负荷运行；60℃以上才能开始负荷作业；正常的工作温度应保持在80~90℃，以减少发动机的不必要磨损。第二，机器在低温启动时，要实行预热启动。第三，要使用干净的冷却水，最好用经过处理的自来水或洁净的井水。第

四，每天工作后，待水温降到70℃以下时，可以放净水箱、机体内的水，并加盖“无水”牌。

(4) 拖拉机在进行旋耕、播种、运输等作业时，要严格遵守操作规程，严禁无证驾驶，超载运作，确保安全生产。

(5) 正确使用燃油。目前，大部分农业机械都是柴油机，因此，正确使用柴油很重要。使用干净柴油既有利于提高农机生产效率又有利于保护机器。新购买的柴油最好静置沉淀4天以上，且在加油时将漏斗加滤网，再加一层绸布，并应定期清洗或更换。

(6) 保持机具清洁。农机作业大多数在野外、露天作业，常和灰尘、泥沙、水接触，机器易脏污。因此，要经常清洗易脏部位，特别是机油过滤器的过滤芯、空气滤清器等重点部位，要加强检查，定期清洗；对于机身外部要及时去除脏污，使机身不生锈，必要时给予补漆，以防锈蚀。

二、夏季使用农业机械的安全用电

夏季高温季节，常常是农业机械用电高峰期，此间由于气温高，雨水多，如果用电不当，就会引起触电，烧坏机电设备甚至造成火灾及人身伤亡事故，从而给农民的生产、生活和生命财产造成不必要的损失。因此，夏季使用设施农业机械及排灌机械等农机时须掌握以下一些安全用电知识。

(1) 设施农业机械及排灌机械的全属外壳必须有可靠的接地装置。

(2) 对农机具应定期进行检查和修理。农机具包括脱粒机、碾米机、磨面机、打谷机、抽水机等。

(3) 带电移动电器设备时应加倍小心。因为电器设备带电移动时没有接地装置，很可能造成接线端颠松或者拉脱，当人误触带电部分就会造成事故。

(4) 使用以电为动力的农机具时必须严格按照用电规则或请教专职电工。有些农村群众不经管电部门同意就擅自私拉乱接动力线在农副产品加工机械和排灌机械的电器设备上，并且图省事而使用地爬线。这样做的结果，极容易引起接错线或因地爬线受到损坏而导致人身触电和设备损坏事故的发生。

(5) 发生电器火灾，要迅速拉闸救火。

(6) 供电安全部门要加强督查和管理。供电用电和安全部门要组织安全用电大检查，发现问题和事故隐患要及时排除，对危及人身安全的线路及农用机械、电器设备应及时停电抢修，坚决杜绝私拉乱接电力线的行为，确保农机用电安全和人身安全。

三、夏季农机应避免“中暑”

夏季气温高，拖拉机在使用过程中常由于高温而发生多种故障，机手在使用过程中若能注意以下几点，则能有效减少故障发生。

一是随时观察水温表防缺水。要时刻注意检查冷却水量，注意水温表。发现缺水时要立即怠速运转降温后再加水，并注意不要马上打开散热器盖，以防被烫伤。

二是降温防爆胎。夏季气温高，轮胎橡胶易老化，严重时会出现爆胎现象。因此，拖拉机在行车中要随时检查轮胎气压，发现轮胎过热、气压过高，应将车停在阴凉处降温，但不可用冷水泼冲，否则会导致途中爆胎。

三是降温防气阻。发动机因转速高，散热困难，易出现行驶气阻，使发动机有时稍停熄几分钟就难以启动。一旦发生气阻，驾驶员应立即停车降温，排除故障。

四是机油防变质。润滑油易受热变稀，致使抗氧化性变差，易变质，甚至造成烧瓦抱轴等故障。因此，应将曲轴箱和齿轮箱里换上夏用润滑油，经常检查润滑油数量、油质情况，并及时加

以更换。

四、夏季驾驶员的行车防暑

俗话说："小暑大暑，上蒸下煮"。夏日酷暑把人晒得心神不安，困倦无力，特别是从事驾驶工作的农机驾驶操作员更要注意防暑降温。

合理安排生活起居。驾驶操作员要保证足够的休息和睡眠时间，居住处要保持凉爽而安静，思想上要消除烦恼杂念，饮食上要选择清热解暑、提神醒脑之类的食物，保持体内摄入足够的营养和水分。合理安排出勤时间。应尽量把出车时间安排在清晨或傍晚，这样可避太阳的暴晒。

出车要随身携带清凉解暑的药品和茶水，配戴太阳镜，尽量避开在午间暴晒下行车，若实在难以避开炎热时段，驾驶员必须要保持平和冷静的心态，谨慎驾驶、中速行车。必要时可寻找阴凉处纳纳凉、洗脸降温或小盹一会再驾驶，以免困倦中暑，造成体力不支而酿成事故。

五、雷雨天行车注意事项

夏天雨季来临，雷雨天气和降雨增多，给驾驶人员行车带来了很多不便，所以提醒广大车主行车时一定要保持安全车距并要减速慢行。并注意下列事项。

（1）行车途中打雷时应该怎么办呢？打雷时不要在大树下停车避雨；打雷时要紧闭车窗，收起天线；打雷时不要在车内打电话，如果能关机最好关机；打雷时不要在车内听收音机，最好关掉。

（2）雨天行车易侧滑，车辆在积水路面上高速行驶，轮胎与路面之间容易形成水膜，使轮胎悬浮，摩擦系数降低，导致车辆发生侧滑。因此，雨中行车，减速慢行是关键，要降低车速，尤其是在弯道或斜坡路段更要尽量减速。一旦发生侧滑，不要慌张，双手应紧握方向盘，利用发动机制动减速。

（3）积水路面上行车时，一定先观察后再谨慎通过。一般来说，如果积水高度低于轮胎的一半，先观察其他涉水而过的车辆是否通行顺畅，以此来判断地面是否有深坑或障碍物。如果积水高度超过轮胎的一半了，此时应当靠边停车，不要强行通过。

（4）作业结束在转移过程中，经过车流人流密集区时，尤其在暴雨时要特别注意自行车和行人，在最外侧车道行驶的车辆应当降低车速，时刻注意自行车和站在路边打车的行人，时刻保持车窗的清洁度，防止挡风玻璃模糊，看不清路况，时刻注意安全，保持安全的车速和车距，避免道路交通事故发生。

六、夜晚行车技巧

晚上因为光线问题，会给驾驶带来一些困难。因此，掌握在夜晚行驶的技巧很重要。

（1）夜间行驶中，车速在 30 千米/小时以下时应使用近光灯，灯光照出 30 米以外。车速在 30 千米/小时以上时，应使用远光灯，灯光必须照出 100 米以外。在有路灯的道路上行驶时，可使用防眩目灯或近光灯和示宽灯。

（2）车辆在夜间行驶途中，要适时察看仪表的工作情况以及发动机和底盘有无异响或异常气味。

（3）严格控制车速是确保安全的根本措施。保持中速行驶，注意增加跟车距离，准备随时停车。为避免危险发生，应尽量增加跟车距离，以防止前后车相碰事故的发生。

（4）在城市道路行车，要注意从左侧横过马路的行人。特别是我国城市道路上的路灯几乎都在道路两侧，道路中心线附近光线很暗，此情况下更应注意。

（5）通过交叉路口时，应在距路口 50~100 米处减速，并将

远光灯变为近光灯，同时开启转向灯示意行进方向。

（6）夜间行车一般不使用喇叭。通常采用远近光反复互换的方法，代替警告前方道路状况。夜间临时停车或因故停车时，应始终打开示宽灯、牌照灯。

（7）夜间应尽量避免超车。必须超车时，应准确判明前方情况，确认条件成熟后，再跟进前车，连续变换远近灯光，必要时以喇叭配合，预告前车避让，在判定前车确已让路允许超越时，方可超车。在超车中应适当加大车间距离。

（8）夜间倒车或掉头时，必须下车摸清进退地形、上下及四周的安全界限，然后再倒车或掉头，在进、倒中多留余地，在看不清目标的情况下，可用手电或其他灯光照明。

（9）要注意道路障碍、道路施工指示信号灯等，在阴暗地段，路况不易辨清时，必须减速。遇险要地段，应停车查看，弄清情况后再行进。

（10）夜间行车视线不良、路界不清，常使车辆偏离正常运动轨迹或遇到意外情况采取措施不及。驾驶者应降低行车速度，以增加观察、决策和做出反应的时间。

七、夏季农业机械使用“九防”

1. 防止发动机温度过高

夏季气温高，影响发动机的功率。在使用中若遇发动机“开锅”，多数情况是水箱缺水，但此时切不可立即加入冷却水，否则会引起缸盖或缸体炸裂。正确的做法：停止运行，低速运转，待水温降到70℃左右，再慢慢加入清洁的冷却水。超负荷作业，不但水温升高很快，而且容易损坏机件。所以，一般情况下负荷应控制在90%左右为宜，留下10%作为负荷储备，以便应付上坡或耕地阻力变化带来的短时间超负荷。

2. 防止使用的油料不对路

润滑油黏度随温度高低而变化，温度升高则黏度下降。因此，夏季应换用黏度较高的柴油机机油。另外，应选用与使用环境相适应的凝固点牌号柴油，这样价格低，能降低成本。

3. 防止轮胎气压偏高

高温季节，昼夜温差大。温度升高，空气热胀体积增大，轮胎压力升高，容易引发轮胎爆破，造成不必要的经济损失。所以，夏季给轮胎充气应比冬季低5%~7%，绝不允许气压高于轮胎的标准气压。

4. 防止发动机水垢过厚

发动机水套水垢过厚，会使散热效率降低30%~40%，易引起发动机过热，造成发动机工作恶化，功率降低，喷油嘴卡死，导致严重事故。因此，要定期清除水垢，保持良好的冷却性能。

5. 防止风扇皮带紧度偏松

高温下作业，风扇皮带紧张度下降，造成皮带打滑，传动损失增大，皮带易损坏。因此，夏季冷车调整发动机风扇皮带紧张度要比标准值略高一点。

6. 防止油刹管路发生气阻

一些运输拖拉机采用液压制动。高温的夏季，油刹制动管路容易发生气阻，严重影响制动效果，因此，在使用中，一要保证刹车油充足，二要防止管路渗漏，三要在出现气阻时及时把空气排尽。

7. 防止燃油系统气阻

温度越高，燃油（特别是汽油）蒸发越快，越容易在油路中形成气阻，柴油机由于油路不严密而漏气也可能造成气阻。因此，应使油路畅通并消除漏油现象。一旦油路产生气阻，应立即停车降温，并扳动手油泵从排气孔排出燃油滤清器和油路中的空气，使油路充满燃油。

8. 防止电路氧化出故障

夏季气温高，湿度大，蓄电池在工作中会产生氢气和水蒸气，如果通气孔堵塞，会引起蓄电池内部压力升高而导致炸裂，因此，要定期疏通。在高温和湿度大的空气中，蓄电池极桩易氧化，造成接触不良、全车无电、启动困难、电器系统失灵等故障。需将接线柱从极桩上拆下，用砂布或锯条打磨氧化层，消除干净后安装牢靠。为防止极桩再次氧化，安装牢固后可涂上润滑脂或凡士林，以利隔离空气。

9. 防止使用中的蓄电池缺水

气温高时蓄电池电解液中的水分蒸发快，液面下降快，甚至出现极板露出液面，造成蓄电池极板硫化而损坏。因此，夏季要经常检查电解液，液面高出极板高度一般为10~15毫米；多次添加蒸馏水后，须定期检查电解液密度，保持蓄电池处于良好的工作状态。

八、麦收期发动机冒烟的原因与解决办法

拖拉机在行驶一段时间后，由于超载、超速，使用不当等使发动机零件磨损，排气管积炭等，造成发动机运转时冒黑烟、蓝烟、白烟等现象时有发生。耗油率增加，发动机的功率下降，影响发动机的正常工作，减少发动机的使用寿命，增加了农民的开支，下面介绍“三招”可以排除故障。

1. 发动机燃烧不良排气管冒黑烟产生的原因及解决办法

（1）黑烟产生的原因：拖拉机超载超速运行，使发动机负荷过重，燃烧室积炭严重；供油时间过迟，燃烧不完全；喷油器工作不正常；气门、缸套、活塞及活塞环磨损漏气；供油量过大、柴油质量不符合规定；进排气管堵塞，造成进气不足，废气排不尽。

（2）解决办法：减轻负荷，清除燃烧室积炭；增加喷油泵

调整垫片，使供油提前角符合规定；清除喷油器积炭，调整喷油泵压力或更换新的出油阀；研磨气门修复或更换气缸套、活塞、活塞环；调整油泵供油量，更换符合规定的燃油；清洗空气滤清器，清除消音器积炭。

2. 发动机排气冒蓝烟产生的原因及解决办法

（1）冒蓝烟产生的原因：机油进入燃烧室参加燃烧，活塞环与气缸套未完全磨合，机油从缝隙进入；活塞环黏合在槽内，活塞环的锥面装反，失去刮油的作用；活塞环磨损过度，机油从开口间隙跑进燃烧室；油底壳油面过高；空气滤清器机油太多；气门与导管磨损，间隙过大。

（2）解决办法：新车或大修后的机车都必须按规定磨合发动机，使各部零件都能正常啮合；看清楚装配记号，正确安装活塞环；调换合格或加大尺寸的活塞环；查清油底壳油面升高的原因，放出油底壳多余的机油；减少滤清器油盘内机油；更换气门导管。

3. 发动机排气管冒白烟产生的原因及解决办法

（1）冒白烟产生的原因：喷油器雾化不良或滴油使部分柴油不燃烧；柴油中有水；气缸盖和气缸套有肉眼看不见的裂纹，气缸垫损坏使气缸内进水；机温太低。

（2）冒白烟解决办法：清洗或更换喷油器，调整喷油压力；清除油箱和油路中水分，不买低价劣质油；更换气缸垫、气缸套、气缸盖；运行一段时间后自行消除。

九、夏收联合收割机的防火常识

在“三夏”大忙之际，正是联合收割机“大显身手”之时。由于天气干燥炎热，收割机在收割过程中，若操作不慎容易引发火灾。为此各机手在使用联合收割机时应注意以下几点防火小知识。

1. 导致火灾的原因

（1）电气设备短路。其主要原因是忽视对电器线路的检查，乱接线，排除电气故障不及时。

（2）排气管喷火或过热。长时间超负荷作业或发动机供油时间过晚是导致事故的主要原因。

（3）增压器或汽油启动机化油器故障。

（4）作业或维修不慎。机手在维修时搭铁产生很强的火花，易引燃柴油或周围的易燃物。

2. 预防火灾的措施

（1）保持收割机良好技术状态。收割机投入作用前认真检查保养，应做到“五净”（油、水、气、机器、工具）、“四不漏”（油、水、气、电）、“六封闭”（柴油箱口、汽油箱口、机油加注口、化油器、磁电机、机油检视口）、“一完好”（技术状态）。

（2）经常检修电气设备。看导线连接有无松动，设备有无损坏。导线接头应用弹簧垫圈的螺栓牢固连接；电路线束、导线应套上塑料管；蓄电池应有良好的防护设备。

（3）保持发动机和启动机良好的工作性能。经常检查启动用油机的点火时间，防止化油器回火；经常检查排气管和燃油的质量；发动机主机应加装火星收集器。

（4）正确操作、控制发动机。作业时不要长时间超负荷运行；控制发动机转速，不要猛轰油门；发动机过热时应停机降温，定期加油加水。

（5）配备必要的防火器材，如灭火器、沙袋、麻袋。

十、夏季联合收割机运转途中安全行驶要点

（1）操作人员必须携带农机监理部分核发的联合收割机号牌、行驶证、驾驶证，方可驾驶联合收割机。严禁无证驾机或驾

驶证与准驾机型不符的情况发生。

（2）随机所带的联合收割机跨区作业许可证应放在醒目的位置，以便执法人员的道路检查和作为免交用度的依据。

（3）多台联合收割机之间或与其他车辆之间要相互拉开距离间隔，切勿跟随太紧，以免与前车发生追尾事故。

（4）运转途中要中速行驶、礼让三先，严禁高速行驶，急刹车，急转弯。

（5）如遇执法人员检查，要主动放慢速度，靠路边停下，自觉接受检查，绝不可在检查人员眼前逞强，开“英雄车”。

（6）联合收割机上除留2名操作人员轮流驾驶外，其余人员最好乘坐火车或汽车前往割麦地点。切不可为了省钱而坐在倾斜输送器上或睡在卸粮台和机厢盖上。

（7）自行组合外出或随农机部分组团作业的机手，相互间要保持通讯联络，需要等待掉队车辆时，应选择行驶车辆少、宽广的路段靠边停下，并用三角木或砖头垫住轮胎。夜间等侯还要打开示宽小灯，以显机位。千万不要将机器停在大桥上或高压电线之下。

（8）要常常泊车检查轮胎气压，各处螺栓的紧固情况，并用手摸轮毂有无烫手之处。

（9）夏季气温高，驾驶员一定要休息好，禁止疲惫开车。

十一、拖拉机夏季安全驾驶操作要点

1. 雨天行驶

下雨时行车有许多不利前提，如天气阴沉、光线暗，视线不清；路面有水易打滑，刹车机能变坏；行人慌忙躲雨，打伞人遮住了自己的视线；车辆争先行驶等，因此，雨天驾驶拖拉机要特别注意路面上的各种情况，随时预防可能发生地事故。需刹车时，切忌长时间一脚踩死，以防侧滑。除非万不得已，不要雨天

作业，更不要撑伞开车。

2. 酷暑天行驶

酷暑季节气温高，天气闷热，加上拖拉机机头发出的热量，使驾驶室内的温度很高，这对驾驶员的心理影响较大，常会导致心情烦躁、情绪不稳。因此，一方面要注意防暑，另一方面要保证驾驶员休息充足，以防疲惫驾车。

3. 泥泞道路行驶

因为行车阻力大，附着力小等原因，易导致车辆制动效能降低、方向不易把握、侧滑等安全隐患。在泥泞道路上行驶应注意：选择准确的行驶路线；保持匀速行驶；尽量避免使用脚制动；采用防滑措施。

4. 雾天行驶

应根据视距适当降低车速，开启防雾灯或大灯近光和鸣号，随时提醒来往车辆和行人，并随时做好泊车预备。行驶中要沿路的右侧行驶，但不要太靠路边。会车时要开闭车灯示意，避免超车。碰到大雾时，应将车暂停在宽敞平坦的道路上开亮小灯，等大雾散去或能见度好转后再行驶。

5. 其他情况下注意事项

拖拉机炎热天气行驶，发现发动机温度过高时，应选择阴凉处泊车，让其自然冷却，恢复正常。当冷却水烧干时，禁止热车时马上加入冷却水，以防机体开裂。轮胎温度泛起过高时，也应泊车自然冷却，不可采取放气或泼冷水的方法进行降温降压。随时检查制动器效果，尤其下长坡时使用制动器较为频繁，更应及时检查制动毂的温度，严防制动器因温渡过高而失灵。

十二、夏季拖拉机的安全长期停放

(1) 夏天停放时，应将机器上的油污及土壤清洗干净，放尽冷却水，放在通风、阴凉、干燥的地方，轮胎的气压不可太高，将发动机部位用帆布遮盖。

(2) 不管什么季节，拖拉机长期停放时，应尽可能将机体用硬物支撑起来，使轮胎少受或不受力，并放掉胎内的部分空气，降低气压以延长轮胎的使用寿命。

(3) 做好蓄电池的保管工作。蓄电池应放置在透风、干燥、阴凉的地方，检查并使蓄电池保持良好的工作状态，留意防止短路。

第二节　拖拉机、联合收割机使用与维护

一、拖拉机发生故障的自救方法

拖拉机外出作业，最怕的就是在半路出故障，找专业维修点检修，却远水解不了近渴，掌握突发故障的自救方法也是农机驾驶员在安全出行时必备的技能之一。自救方法有如下几点。

1. 断电现象

在农机行驶过程中，出现喇叭不响、灯光全无、启动机不转等现象时，说明车辆完全断电。这时，可先检查蓄电池的桩头是否松动。检查时切勿乱撬，可用鲤鱼钳叉开后触试两个桩头，如无火花，则说明桩头松动，用扳手扭紧即可；若桩头扭紧并清洁后，断电现象仍未消除，可检查两极导线连接情况，如接触不良及时修理；若蓄电池有一单格损坏，可用铜丝直接将好的单格连通使用。

2. 风扇胶带损坏

若出现风扇胶带损坏，则多为折断。可用粗绳若干股搓紧，其长短、粗细应与原风扇胶带相似，但绳头要在中间，不能外露，然后用铁丝绑紧；也可将原风扇胶带断处的两头各钻一小孔，用粗铁丝连起来暂用。以上方法应将发动机试运转几分钟，

检查风扇转动是否正常。

3. 轮胎故障

当轮胎出现故障且无千斤顶拆换轮胎时，可先将坏轮胎开到土路上，再用木块或砖、石将前轴或后桥垫稳，在要拆的轮胎下面挖坑，使轮胎悬空，即可拆换。

4. 熄火

农机在作业中经常熄火的原因主要有两个，一是柴油滤清器过脏，滤芯被油泥包严，拆下滤芯清洗即可；二是高压油泵回油空心螺丝内回油阀弹簧压力过小或是封闭不严而导致泄油，泵体内形不成压力，可用小木塞垫紧弹簧形成压力，或者更换钢珠。

5. 气门弹簧折断

若仅折断一处，可把两断簧掉头安装使用；如弹簧折断数处，多缸机可将该缸的进、排气门调整螺栓拆下，气门关闭，使该缸停止工作，同时断油，更换弹簧。

6. 散热器破漏

进出水软管如出现少许破裂，可用胶布涂肥皂包扎漏水处，再用铁丝捆紧；如破裂严重，可从该软管破裂处用刀切成两段，用合适的竹管或塑料管等套在软管之间，再用铁丝捆紧，然后装上即可；散热器芯铜管有轻微渗漏时，可用钳子轻夹漏水处，使其不再漏水。

二、拖拉机制动失灵的急救方法

(1) 当出现制动失效时，应立即减速，实施发动机牵阻制动，尽可能利用转向避让障碍物，这是最简单、快捷、有效的方法。

(2) 及时察看路边有无障碍物可助减速或宽阔地带可迂回减速、停车。

(3) 如果无可利用地形，则应迅速抬起油门，从而越级降到低速挡，利用变速比的突然增大和发动机的牵阻作用来遏制车辆。

(4) 如果驾驶的是液压制动拖拉机，可连续踩制动踏板，用“点刹”的方式，以期制动力的积聚而产生制动效果。

(5) 在发动机牵阻制动的基础上车速有所下降，这时可以利用换挡或拖拉机驻车制动来进一步减速，最终将拖拉机驶向路边停车。

(6) 如果感觉拖拉机速度仍然较快，可逐渐拉紧驻车制动操纵杆来逐步阻止传动机件旋转，拉动时要注意，不可一次紧拉不放，以免产生制动盘“抱死”，而丧失全部制动能力。

(7) 特别是下长坡时，如果采取上述各种措施仍无法有效控制车辆，事故已到无法避免时，则应果断将车靠向道路一侧，利用车厢侧面与树木或其他障碍物的碰擦而停车，以求大事化小，减少损失。

三、凭方向盘手感判别拖拉机故障

当拖拉机的转向、制动、传动系统及悬挂装置等工作正常时，驾驶员手握方向盘感觉很轻松，有时可以短暂松手，车辆仍能直线行驶。如果上述装置发生故障，驾驶员操纵方向盘时将会感觉到异常。

1. 车辆行驶中手发麻

当车辆以中速以上行驶时，底盘出现周期性的响声或方向盘强烈振动，导致驾驶员手发麻。这是由于方向传动装置平衡被破坏，传动轴及其花键套磨损过度引起的。

2. 转向时沉重费力

产生原因有：①转向系各部位的滚动轴承及滑动轴承配合过紧，轴承润滑不良；②转向纵、横拉杆的球头销调得过紧或者缺油；③转向轴及套管弯曲造成卡滞；④前轮前束调整不当；⑤前

桥或车架弯曲、变形；⑥轮胎气压不足，尤其是前轮轮胎。

3. 方向盘难于操纵

在行驶中或制动时，车辆方向自动偏向道路一边，必须用力握住方向盘才能保证直线行驶。造成车辆跑偏的原因有：①两侧的前轮规格或气压不一致；②两侧的前轮主销后倾角或车轮外倾角不相等；③两侧的前轮轮毂轴承间隙不一致；④两侧的钢板弹簧拱度或弹力不一致；⑤左右两侧轴距相差过大；⑥车轮制动器间隙过小或制动鼓失圆，造成一侧制动器发卡，使制动器拖滞；⑦车辆装载不均匀。

4. 方向发飘

当车辆行驶达到某一高速时，出现方向盘发抖或摆振的原因有：①垫补轮胎或轮辋修补造成前轮总成平衡被破坏；②传动轴承总成有零件松动；③传动轴总成平衡被破坏；④减震器失效，钢板弹簧刚度不一致；⑤转向系机件磨损松旷；⑥前轮校准不当。

四、拉机制动器常见病的诊治

1. 制动失灵

若因摩擦片严重损坏，厚度变薄，使制动器间隙增大而影响制动效果，应适当增加制动器盖处的调整垫片，使之符合规定的间隙要求。若因制动器内部进入泥水或油，降低了摩擦系数而制动失灵，应更换油封与橡胶密封圈，并用汽油清洗制动器各零件，晾干后再装复使用。若因制动弹簧失效或钢球卡死，使制动失灵，应拆开制动器，更换回位弹簧，用细砂布磨光制动压盘凹槽及钢球，擦净表面后再装复制动器。若因制动踏板自由行程过大，造成制动失灵或失效，应松开制动踏板的联锁片，分别按规定调整左、右制动器踏板的自由行程，然后再装复使用。

2. 制动器发热

若因制动踏板间隙过小拖拉机行驶时易发生自刹，引起制动器发热，应重新调整制动器踏板自由行程，使左、右制动踏板均应有90~120毫米的自由行程。若因摩擦片花键孔与花键轴配合太紧，使制动器发热，应修锉花键，直到摩擦片能在花键轴上自由移动为止。若因制动器压盘回位弹簧失效，使制动压盘不能自动回位，制动器处于半制动状态，使摩擦片发热，应更换回位弹簧。若因钢球卡滞在凹槽中，造成制动器发热，应用汽油清洗钢球与制动器压盘凹槽，并用细砂布磨光钢球和凹槽，并在凹槽中涂少量黄油，然后装复使用。

3. 拖拉机发生跑偏

若因左、右制动踏板自由行程不一致，应重新调整，使左、右制动踏板自由行程基本一致。若因制动器某一侧打滑，应查明原因，清洗制动器内各零件，或更换油封与橡胶密封圈后再装复使用。若因田间作业使用单边制动器后，该边内摩擦片严重磨损，使拖拉机跑偏，应更换摩擦片。

五、拖拉机发动机功率不足原因

在农忙季节，拖拉机出现任何故障，如果不能及时排除，就严重影响到农业生产，不能发挥农业机械在争时抢种中的作用。下面是对拖拉机发动功率不足的几个原因分析。

（1）发动机运转时，排气管冒黑烟，水温偏高，甚至开锅，如大油门时转速提高缓慢，产生这种故障的原因是供油时间太晚。

（2）发动机运转时，有明显的敲缸声，加大油门转速能迅速提高，且敲缸声更加明显，产生这种故障的原因是供油太早。

（3）发动机在无负荷运转时即严重冒黑烟，且卸下空气滤清器后冒黑烟现象会显著减弱，可以断定故障原因是空气滤清器

阻塞，进气不良所致。

（4）进排气管有漏气或加机油口处有严重窜气现象，排气管冒蓝烟，油底壳机油消耗反常，说明是配气机构或曲柄连杆机构故障。主要是因积炭等原因造成气门关闭不严或活塞环处严重磨损，导致气缸密封性能下降所致。

在排除了发动机功率不足因素后，若拖拉机仍然工作无力，则原因可能是离合器打滑或制动器调整过紧。

六、排除拖拉机发动机转速不稳

（1）拖拉机在较重负荷情况下运转不平稳，而在空车或下坡时运转较平稳，应检查燃油系统是否有堵塞而使来油不畅。

（2）拆下齿轮室盖上的观察孔盖板，启动发动机，用改锥按住调速杠杆，使之固定于某一位置，若此时运转平稳，说明故障可能在调速器部分，应进行如下检查：首先，检查发动机外部调速机构各连接处是否有过于松动的地方，否则，排除松动的障碍。排除故障后的互动交流平台运转仍不平稳，应拆下齿轮室盖，检查调速器内部结构。调速器内部结构主要应检查调速器齿轮轴和机体配合是否松动，调速杠杆短臂两叉有无不平现象。若两叉磨损严重，可在调速滑盘与单向推力轴承之间加一个1毫米左右厚度的纸垫片。注意纸垫不能过厚，否则，将使发动机最高转速降低，从而降低功率。如经过上述处理，转速不稳仍不能消除，还应检查调速杠杆是否有受阻现象、喷油泵柱塞调节臂在调速杠杆插槽内旷动量是否过大、柱塞在柱塞套内转动是否受阻，转动不灵活等。

（3）用改锥按住调速杠杆，若运转不平稳，说明故障不在调速器部分，应检查燃油系统。首先，拧松喷油泵上的油管接头螺母，若发现有气泡冒出，可肯定油路内进入空气，应检查油管有无破裂，管接螺母有无松动，特别应注意喷油泵出油阀垫圈是否开裂或密封不严，油泵柱塞定位螺钉是否松动等。经上述检查修理后，发动机转速仍不平稳，可从气缸盖上拆下喷油器，并换上新的喷油器进行试验。如故障排除，说明故障在喷油器上；也可把喷油器拆下重新装到高压油管上，摇转发动机，观察喷油器喷油情况。若雾化不良，有滴油或针阀卡滞现象，可进行研磨或更换。

七、拖拉机“跑偏”四原因

（1）轮式拖拉机由于两驱动轮胎的充气压力不同，使它们的动力半径不等，若右轮充气压力高于左轮，当左、右轮同样转一圈时，右轮行程大于左轮，拖拉机便会自动向左跑偏。因此，要经常用轮胎气压表检查两边轮胎气压，使其符合规定值并且相等。

（2）轮式拖拉机左、右驱动轮磨损不一致，花纹高度不同，或是轮胎花纹一正一反，使其动力半径不相等，附着力不一样，也会使拖拉机自动跑偏。因此，两个驱动轮应同时换新，并注意安装方向。

（3）履带拖拉机两边的转向离合器磨损不一致，一边转向离合器打滑，两边转向操纵杆自由行程不一样大，或其中一边没有自由行程，转向离合器不能完全拼合，从而通过转向离合器传给两边驱动轮的驱动力矩不等，使两边履带产生的推进力不等，导致履带拖拉机自动跑偏。

（4）履带拖拉机两边履带的张紧度不一致，履带长度不一致，导向轮拐轴变形，两纵梁向同一方向侧向变形，也都会使履带拖拉机自动跑偏。

八、拖拉机延长寿命的五种方法

一是温度不要过高：发动机的工作温度是75~85℃。拖拉机

工作时，应在40℃时方可起步，60℃可负荷工作。

二是不超负荷：超负荷是影响拖拉机寿命最主要的“病根”，超负荷就会引起发动机过热，使运动机件润滑不良而过早磨损。

三是选择合适的挡位：要根据不同的路况、负荷而选择不同的挡位，因为拖拉机都有其最佳的经济行驶速度。

四是发动机不要温度过高：发动机温度过高，就会引起润滑不良，从而导致运动机件加速磨损。

五是不要猛加油门：一方面，猛加油门会使运动中的机件受到额外惯性的冲击；另一方面，猛加油门会使喷入气缸内的油量迅速增加，而进入气缸的新鲜空气与燃料不成正比，造成燃烧不良，发动机冒黑烟，增加燃烧积炭，增加机器磨损和燃油浪费。

九、农机保养注意“死角”

在拖拉机年检中，我们发现有的机手对某些部位的零件从来不检查、不保养，总认为它们不会有什么问题，只要零件不坏就一直使用下去，以至出现农机维修保养的“死角”，结果一旦在农忙使用农机的关键时候常常容易出现故障。这种情况主要有以下3种原因。

一是某些故障是一些零件日积月累逐渐失效引起的。弹簧的变软、冷却系水垢的形成等都属于这种情况。弹簧的变软，如气门弹簧、调速弹簧、出油阀弹簧及离合器弹簧等变软，将对机车的正常工作产生严重影响。不少机手认为冷却系水垢对发动机工作影响不大，加上清洗保养工作比较麻烦，所以不去管它。但冷却系生成水垢后，由于导热性差，很容易引起发动过热，导致动力性和经济性下降。

二是有些零件呈隐性损坏状态，用肉眼难以察觉。橡胶管脱皮就属于这种情况。有一台农用车冒黑烟，工作无力，经检查是进气管内层脱皮所致；还有一台轮式拖拉机发动机水温过高，功率下降，结果证实是散热器胶管内壁帘布脱落堵塞循环水道造成的。夹布胶管比纯胶管强度好，因其在胶管内缠绕多层帘布。在工作过程中，由于长期承受循环热水或气流冲刷夹布胶管内壁薄胶层易脱落，犹如一个活动的阀门，使管道的横截面变小，阻碍了循环水或空气的流动，于是形成了以上故障。

三是过分相信配件的制造精度，因而忽视安装前的检查。如活塞环的边间隙和背间隙，如果这些间隙过小，很容易造成活塞环卡住或折断。

因此，提醒机手，在日常维修保养工作中一定要加强对农机各个部位的检查和保养，不留死角，在排除故障时不放过任何一个可疑之处。

十、农机维修应该注意的八大问题

农机具的维修工作并不是一件简单的工作，为确保农机使用时不出现故障意外，在农机维修的过程中有些问题一定要注意。总结起来有以下“八忌”。

1. 忌连杆螺栓用其他材质螺栓代用

连杆螺栓都是用40号铬钢经热处理制成的，具有较高的强度。若用普通螺栓或一般钢材制成的螺栓代用，很易折断打坏机体。

2. 三角皮带忌单根换

利用三角皮带传动，大多是多根，要求新旧、长短、型号一致，以便“同心协力”。如果其中一根损坏，要全部进行更换。若新旧搭配使用，会吃力不齐，极易损坏。

3. 配制电解液忌方法不当

配制蓄电池的电解液，只能在耐酸的玻璃或陶瓷器皿中进行。要先将蒸馏水倒入容器，然后将硫酸慢慢倒入，边倒边用玻

璃棒搅拌。绝不可将蒸馏水倒入硫酸里，以免引起强烈化学反应，使硫酸飞出伤人。

4. 忌气缸垫上抹黄油

在安装气缸盖时，为了使气缸密封良好，有的机手常在气缸垫上抹黄油，企图保持其棉软性和消除接触面的不平，弥合缝隙。其实这样做无济于事，因黄油受压后马上会被挤出，受热熔化进入气缸，反而会增加积炭。要使气缸密封良好，应在上紧气缸盖螺丝时，按照规定的顺序，扭力均匀并达到标准；气缸垫及气缸盖接触面之间无脏物；气缸套凸出机体上平面合乎规定，不过高也不过低；气缸垫破损或失去棉软性应更换。

5. 喷油器忌缠绕石棉绳

喷油器安到气缸盖上所垫的铜垫破损后，有人采用缠绕石棉绳的办法代替。这样虽然也能密封，但因石棉绳导热性能差，会使导热性能变坏，致使喷油嘴针阀被烧坏。所以，铜垫坏了应当将其磨平或者进行更换。

6. 忌压边钢圈不安牢

拖车车轮上的压边钢圈，是用来固定轮胎的。拆后重装时，要使压边钢圈可靠地嵌入槽内，然后才能给内胎充气。否则，充气时钢圈很易窜出伤人。

7. 忌用旧活塞环刮瓦

旧活塞环的棱角虽然锋利，但用其刮瓦不准确，会把瓦刮伤。刮瓦应用刮刀。

8. 忌单片更换支重轮

拖拉机支重台车的某一只重轮片损坏时，与其相对应的另一片要一同更换。否则会因高低不一使台车倾斜，加速平衡轴的磨损，导致平衡臂折断。同理，更换支重台车时，也要左右同时更换，以免左右高低不一，使车架倾斜而变形。

十一、拖拉机易损原因及预防措施

农用拖拉机由于受到农业生产季节性的限制，每年工作时间很短，休息时间相对较长，如果休息时不能很好地呵护，造成的损坏往往超过正常工作期间的损坏。拖拉机久放易患的几种“病”及预防措施介绍如下。

1. 轮胎变形

拖拉机停驶以后，自身重量完全由 4 个轮胎承受，从而造成接触地面的部位承受压力过大而变形。拖拉机停驶时间越长，变形部位越不易恢复，轮胎也由弹性形变变成了塑性形变。如果轮胎的形状发生了变化，即轮胎失去平衡，会使拖拉机行驶时车身震动加剧，同时也加速了轮胎的磨损，缩短轮胎的使用寿命。

应对措施：长时间停放时，可将拖拉机支起来，或者隔几天将拖拉机前后移动，避免拖拉机重量长期压在轮胎的同一个位置上，以保证轮胎不变形。另外，拆下的轮胎保管时要避免挤压，以防变形。

2. 润滑不足

拖拉机长期存放，会造成润滑不足。原因是由于发动机内的润滑油油膜接触空气中的氧气和酸碱成分，时间长了，润滑油油膜氧化变质，形成胶状的物体，自然不会有润滑作用。当久放的拖拉机启用时，气缸与活塞间会造成润滑严重不足，加速零件的磨损，而且启动发动机时的阻力也增加，经常出现启动困难甚至无法启动的情况，时间久了会完全损坏发动机。

应对措施：长期停驶的拖拉机，最少一个月发动一次，保持发动机内的润滑。也可向各气缸的喷油器孔或火花塞孔注入 50 克左右的润滑油，并摇转曲轴 3～5 圈，以润滑活塞和气缸各部，以后每月至少摇转两次，必要时再注入一些润滑油。

3. 蓄电池硫化

蓄电池长久不用，会慢慢自行放电，若不及时充电，过量放电后，极板上的活性物质会逐渐形成较粗而坚硬的硫酸铅。硫酸铅晶体导电性差、体积大，会堵塞活性物质的细孔，阻碍电解液的渗透和扩散作用，增加蓄电池的内阻。同时，在充电时这种硫酸铅不易转化为二氧化铅和海绵状的铅。这种硫酸铅会失去可逆作用，使极板的有效物质减少，放电量降低，使用寿命缩短，严重的使蓄电池报废。

应对措施：如果拖拉机长期放置不用，每隔30天左右应将车辆发动起来，中等转速运行30分钟左右。如果有专用充电器，应将蓄电池拆下来，把外表面擦洗干净，充足电后，再在电桩上面涂上凡士林，放在干净且比较温暖的室内，存放期间，至少每月充电一次，以防硫化或冻裂。用专用充电器充电，充电电流应选取合适，电流过小充电时间会加长；过大则会损坏电池。另外，充电时一定要把蓄电池盖拧下，并注意通风，不能用明火接近正在充电的蓄电池口，因为充电时蓄电池内产生的氢气容易爆燃。

4. 弹簧、传动带变形

拖拉机中的弹簧、传动带等零件如果长期受力会产生塑性形变，受力消失后无法恢复原来的形状。

应对措施：拖拉机上所有压紧或拉开的弹簧必须放松，例如，发动机的进排气门，应置于关闭状态；手扶拖拉机上离合器的手柄应放在“合”的位置；传动带最好拆下挂在墙上。

5. 机体、水箱冻裂

北方的冬天，天寒地冻，农用拖拉机久放时注意，当气温在0℃及其以下时，如果没把发动机内的水放净，由于水的反常膨胀现象会冻裂机体和水箱。

应对措施：只要拖拉机长期停放，一定要将拖拉机内的冷却

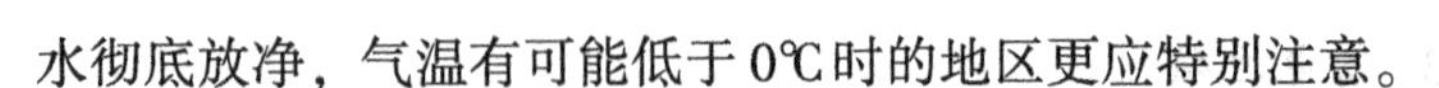

水彻底放净，气温有可能低于0℃时的地区更应特别注意。

6. 橡胶件老化

橡胶制品发生老化后，性能变坏，使用寿命会明显缩短。拖拉机上的橡胶件主要是轮胎、密封垫、防尘套等。在长期存放过程中，由于受日光暴晒、受外力变形、沾染油污等原因，会加速这些部件过早出现裂纹、弹性和强度降低，表层发黏或变硬变脆、变生碎落等现象。

应对措施：一是避免阳光直射，要入库停放，并尽可能采用金属车库门；二是避免橡胶件粘上油类，若不慎受到沾染，应立即擦洗干净；三是避免长期受力变形。

7. 燃油变质

拖拉机长期停放期间，油箱中的燃油与氧作用产生胶质，胶质严重时，会聚合成胶状沉淀物，降低燃油的蒸发性、抗暴性，堵塞油路、黏滞气门，增加积炭，影响发动机的动力性和经济性。不仅使柴油机启动性能变差，而且还会加速机件的磨损，缩短柴油机的使用寿命。

应对措施：一是减少与空气接触。因为柴油与空气接触会使柴油氧化，所以应尽量减少柴油与空气的接触。为避免柴油与空气接触，久放的拖拉机，在留出安全容积的前提下，加满柴油并盖紧密封，减少油箱内的空气。二是加注安定性较好的柴油。三是定期检查和更换柴油。四是放净燃油箱中的柴油。

8. 锈蚀

久放的拖拉机由于受酸、碱、盐的水溶液以及氧、二氧化碳、二氧化硫、氨气、潮湿空气等介质的作用，使金属表面产生电化学腐蚀，导致金属逐渐腐蚀。拖拉机的金属零件锈蚀后，会失去光泽，严重时形成片或粉末状的氧化物剥落，使零件断面尺寸逐渐缩小，机械强度降低，使用寿命缩短，甚至完全丧失使用价值。

应对措施：一是入库保管前彻底清洗。应清除拖拉机上的尘土、油污，并按保养规定对各润滑部位进行润滑。二是补漆。查找油漆脱落部位，重新涂上油漆，对没有防蚀的金属表面应涂上防锈油脂。三是防潮。库房应通风、干燥，要求空气相对湿度保持在70%以下。四是防有害气体。停放拖拉机的附近不要堆放垃圾、柴草及腐蚀性物质，例如，化肥、农药等，以防散发有害气体。

十二、小麦联合收割机入库保养

麦收结束后，提醒机手做好小麦联合收割机的入库保养，非常必要。根据以往经验，总结了保养知识要点如下。

（1）及时消除联合收割机外部堆积的杂草、泥土及堆放的其他物品，消除机械内部存在的麦秸、麦糠、麦粒及泥土。

（2）及时更换带病作业的零部件、修补支承板、支承架断裂处，保证机械骨架技术完好性，为来年作业奠定基础，外部设备锈块严重的应全车喷漆后存放。

（3）将橡胶输送带（三角带）卸下来，用干布擦净脏物，涂上滑石粉，用塑料布包好，放在干燥通风处，使其延长使用寿命。

（4）将链条卸下来，醮着柴油刷干净油污，脏物，然后放入机油中浸泡，这样可延长链条使用寿命。

（5）背负式联合收割机卸车后，按顺序排列，存放于车库内，底部垫上木块防止受潮而产生锈蚀。

（6）自走式联合收割机应将全车冲洗干净放在车库内，每三个月启动一次发动机，冬季放净冷却水，特别是机油散热泵中的冷却水。

（7）及时拆下蓄电池搭铁线，有条件的应按规定将蓄电池充、放电，延长蓄电池使用寿命。

(8) 将割台平稳落地，在底部垫放木板，使油缸不受力。

(9) 把所有油缸尽可能向回收缩，处于不受力状态，外露油缸柱塞用布擦净脏物，涂上润滑油。

(10) 放松所有拉紧弹簧，使其处在自由状态。

(11) 在风扇皮带与皮带轮之间放上纸片，以防黏带。

十三、维护收割机“四注意”

一是补充机油却忽视质量检查：收割机长期使用的机油中含有大量的氧化物和金属屑，造成润滑性能下降，零件磨损加剧。因此，发动机要按照规定的周期定期更换机油。

二是更换润滑油应清洗油道：有些农机手缺乏维修常识，在更换润滑油时不清洗油道，要知道，润滑油经过使用后，油中残留很多机械杂质，即使放尽润滑油，油底壳及油路中仍存有杂质。倘若不清洗干净就急于投入使用，很容易引起烧瓦、抱轴等意外事故。

三是加水要清除水垢：部分收割机驾驶员虽有加水意识，却从不清理水箱内水垢，结果导致冷却水很足，但冷却效果却很差，从而引发多种故障。

四是应清除排气管道内积碳：这将致使积碳过厚，造成废气排不尽，新鲜空气进不足，燃烧恶化。

第二部分

拖拉机、联合收割机及驾驶员相关法律、法规和规程

全面推进依法治国，是建设中国特色社会主义法治体系，建设社会主义法治国家的总目标。这就是，在中国共产党领导下，坚持中国特色社会主义制度，贯彻中国特色社会主义法治理论，形成完备的法律规范体系、高效的法治实施体系、严密的法治监督体系、有力的法治保障体系，形成完善的党内法规体系，坚持依法治国、依法执政、依法行政共同推进，坚持法治国家、法治政府、法治社会一体建设，实现科学立法、严格执法、公正司法、全民守法，促进国家治理体系和治理能力现代化。

随着全民法律意识的提高，在国家和省（市）层面，与农机化，特别是农机安全监理、安全生产密切相关的法律法规越来越健全，正在逐步形成一个完整的有关农机化安全发展的法律框架。例如，《中华人民共和国农机化促进法》《中华人民共和国道路交通安全法》《中华人民共和国安全生产法》《农业机械安全监督管理条例》《机动车交通事故责任强制保险条例》和部、省级颁布的一些与农机监理、安全生产和拖拉机联合收割机驾驶员有关的条例、办法等。如《拖拉机登记规定》《拖拉机驾驶证申领和使用规定》《联合收割机及驾驶人安全监理规定》《江苏省农业机械安全监督管理条例》《河北省农业机械安全监督管理办法》等。下面就与农机驾驶和安全监理密切相关的法律法规摘录如下。

第一篇　与农机安全生产密切相关的法律法规

Ⅰ　新修订的《安全生产法》十大亮点

全国人大常委会2014年8月31日通过了关于修改安全生产法的决定。《新安全生产法》（以下简称《新法》），认真贯彻落实习近平总书记关于安全生产工作一系列重要指示精神，从强化安全生产工作的摆位、进一步落实生产经营单位主体责任，政府安全监管定位和加强基层执法力量、强化安全生产责任追究等4个方面入手，着眼于安全生产现实问题和发展要求，补充完善了相关法律制度规定，主要有十大亮点。

1. 坚持以人为本，推进安全发展

《新法》提出安全生产工作应当以人为本，充分体现了习近平总书记等中央领导同志关于安全生产工作一系列重要指示精神，体现了坚守发展决不能以牺牲人的生命为代价这条红线，牢固树立以人为本、生命至上的理念，正确处理重大险情和事故应急救援中“保财产”还是“保人命”问题等方面，具有重大现实意义。为强化安全生产工作的重要地位，明确安全生产在国民经济和社会发展中的重要地位，推进安全生产形势持续稳定好转，《新法》将坚持安全发展写入了总则。

2. 建立完善安全生产方针和工作机制

《新法》确立了“安全第一、预防为主、综合治理”的安全生产工作“十二字方针”，明确了安全生产的重要地位、主体任

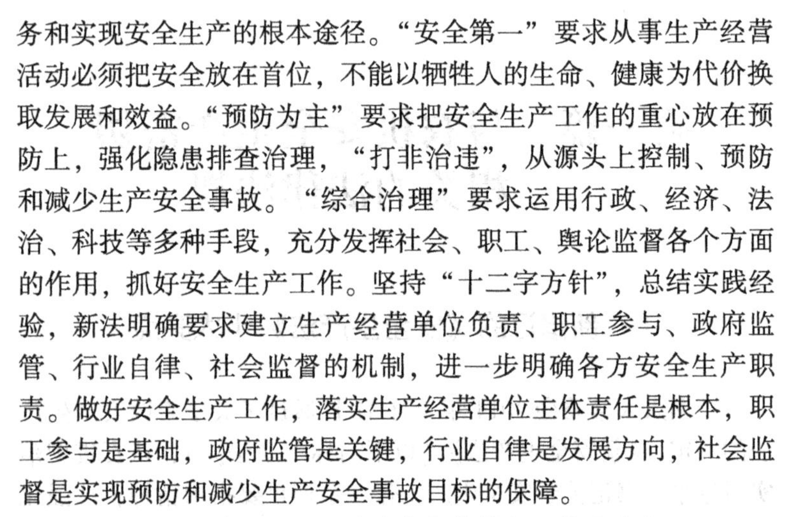

务和实现安全生产的根本途径。“安全第一”要求从事生产经营活动必须把安全放在首位，不能以牺牲人的生命、健康为代价换取发展和效益。“预防为主”要求把安全生产工作的重心放在预防上，强化隐患排查治理，“打非治违”，从源头上控制、预防和减少生产安全事故。“综合治理”要求运用行政、经济、法治、科技等多种手段，充分发挥社会、职工、舆论监督各个方面的作用，抓好安全生产工作。坚持“十二字方针”，总结实践经验，新法明确要求建立生产经营单位负责、职工参与、政府监管、行业自律、社会监督的机制，进一步明确各方安全生产职责。做好安全生产工作，落实生产经营单位主体责任是根本，职工参与是基础，政府监管是关键，行业自律是发展方向，社会监督是实现预防和减少生产安全事故目标的保障。

3. 强化“三个必须”，明确安全监管部门执法地位

按照“三个必须”（管行业必须管安全、管业务必须管安全、管生产经营必须管安全）的要求，一是《新法》规定国务院和县级以上地方人民政府应当建立健全安全生产工作协调机制，及时协调、解决安全生产监督管理中存在的重大问题。二是《新法》明确国务院和县级以上地方人民政府安全生产监督管理部门实施综合监督管理，有关部门在各自职责范围内对有关行业、领域的安全生产工作实施监督管理，并将其统称为负有安全生产监督管理职责的部门。三是《新法》明确各级安全生产监督管理部门和其他负有安全生产监督管理职责的部门作为执法部门，依法开展安全生产行政执法工作，对生产经营单位执行法律、法规、国家标准或者行业标准的情况进行监督检查。

4. 明确乡镇人民政府以及街道办事处、开发区管理机构安全生产职责

乡镇街道是安全生产工作的重要基础，有必要在立法层面明确其安全生产职责，同时，针对各地经济技术开发区、工业园区

的安全监管体制不顺、监管人员配备不足、事故隐患集中、事故多发等突出问题，《新法》明确：乡、镇人民政府以及街道办事处、开发区管理机构等地方人民政府的派出机关应当按照职责，加强对本行政区域内生产经营单位安全生产状况的监督检查，协助上级人民政府有关部门依法履行安全生产监督管理职责。

5. 进一步明确生产经营单位的安全生产主体责任

做好安全生产工作，落实生产经营单位主体责任是根本。新法把明确安全责任、发挥生产经营单位安全生产管理机构和安全生产管理人员作用作为一项重要内容，作出 3 个方面的重要规定：一是明确委托规定的机构提供安全生产技术、管理服务的，保证安全生产的责任仍然由本单位负责。二是明确生产经营单位的安全生产责任制的内容，规定生产经营单位应当建立相应的机制，加强对安全生产责任制落实情况的监督考核。三是明确生产经营单位的安全生产管理机构以及安全生产管理人员履行的 7 项职责。

6. 建立预防安全生产事故的制度

《新法》把加强事前预防、强化隐患排查治理作为一项重要内容：一是生产经营单位必须建立生产安全事故隐患排查治理制度，采取技术、管理措施及时发现并消除事故隐患，并向从业人员通报隐患排查治理情况的制度。二是政府有关部门要建立健全重大事故隐患治理督办制度，督促生产经营单位消除重大事故隐患。三是对未建立隐患排查治理制度、未采取有效措施消除事故隐患的行为，设定了严格的行政处罚。四是赋予负有安全监管职责的部门对拒不执行执法决定、有发生生产安全事故现实危险的生产经营单位依法采取停电、停供民用爆炸物品等措施，强制生产经营单位履行决定的权力。

7. 建立安全生产标准化制度

安全生产标准化是在传统的安全质量标准化基础上，根据当

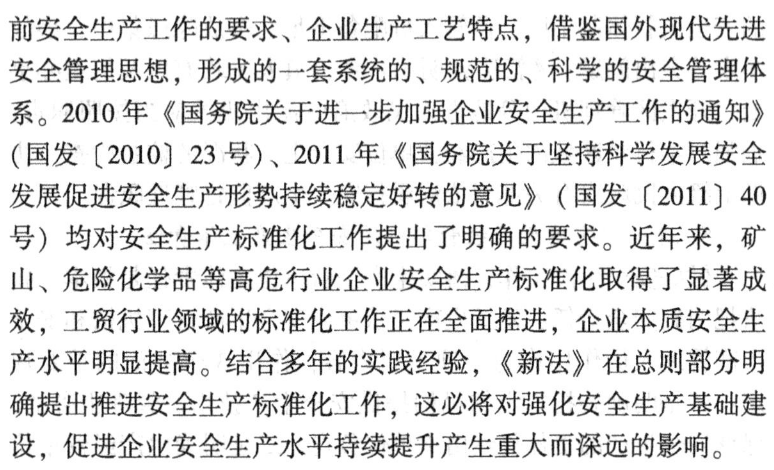

前安全生产工作的要求、企业生产工艺特点，借鉴国外现代先进安全管理思想，形成的一套系统的、规范的、科学的安全管理体系。2010年《国务院关于进一步加强企业安全生产工作的通知》(国发〔2010〕23号)、2011年《国务院关于坚持科学发展安全发展促进安全生产形势持续稳定好转的意见》（国发〔2011〕40号）均对安全生产标准化工作提出了明确的要求。近年来，矿山、危险化学品等高危行业企业安全生产标准化取得了显著成效，工贸行业领域的标准化工作正在全面推进，企业本质安全生产水平明显提高。结合多年的实践经验，《新法》在总则部分明确提出推进安全生产标准化工作，这必将对强化安全生产基础建设，促进企业安全生产水平持续提升产生重大而深远的影响。

8. 推行注册安全工程师制度

为解决中小企业安全生产“无人管、不会管”的问题，促进安全生产管理队伍朝着专业化、职业化方向发展，国家自2004年以来连续10年实施了全国注册安全工程师执业资格统一考试，21.8万人取得了资格证书。截至2013年12月，已有近15万人注册并在生产经营单位和安全生产中介服务机构执业。《新法》确立了注册安全工程师制度，并从两个方面加以推进：一是危险物品的生产、贮存单位以及矿山、金属冶炼单位应当有注册安全工程师从事安全生产管理工作，鼓励其他生产经营单位聘用注册安全工程师从事安全生产管理工作。二是建立注册安全工程师按专业分类管理制度，授权国务院有关部门制定具体实施办法。

9. 推进安全生产责任保险制度

《新法》总结近年来的试点经验，通过引入保险机制，促进安全生产，规定国家鼓励生产经营单位投保安全生产责任保险。安全生产责任保险具有其他保险所不具备的特殊功能和优势。一是增加事故救援费用和第三人（事故单位从业人员以外的事故受

害人）赔付的资金来源，有助于减轻政府负担，维护社会稳定。目前有的地区还提供了一部分资金用于对事故死亡人员家属的补偿。二是有利于现行安全生产经济政策的完善和发展。2005 年起实施的高危行业风险抵押金制度存在缴存标准高、占用资金量大、缺乏激励作用等不足。目前，湖南、上海等省（直辖市）已经通过地方立法允许企业自愿选择责任保险或者风险抵押金，受到企业的广泛欢迎。三是通过保险费率浮动、引进保险公司参与企业安全管理，有效促进企业加强安全生产工作。

10. 加大对安全生产违法行为的责任追究力度

一是规定了事故行政处罚和终身行业禁入。第一，将行政法规的规定上升为法律条文，按照两个责任主体、4 个事故等级，设立了对生产经营单位及其主要负责人的八项罚款处罚规定。第二，大幅提高对事故责任单位的罚款金额：一般事故罚款 20 万~50 万元，较大事故 50 万~100 万元，重大事故 100 万~500 万元，特别重大事故 500 万~1 000万元；特别重大事故的情节特别严重的，罚款 1 000万~2 000万元。第三，进一步明确主要负责人对重大、特别重大事故负有责任的，终身不得担任本行业生产经营单位的主要负责人。

二是加大罚款处罚力度。结合各地区经济发展水平、企业规模等实际，新法维持罚款下限基本不变、将罚款上限提高了 2~5 倍，并且大多数罚则不再将限期整改作为前置条件，反映了“打非治违”、“重典治乱”的现实需要，强化了对安全生产违法行为的震慑力，也有利于降低执法成本、提高执法效能。

三是建立了严重违法行为公告和通报制度。要求负有安全生产监督管理职责的部门建立安全生产违法行为信息库，如实记录生产经营单位的安全生产违法行为信息；对违法行为情节严重的生产经营单位，应当向社会公告，并通报行业主管部门、投资主管部门、国土资源主管部门、证券监督管理部门和有关金融机构。

Ⅱ 中华人民共和国道路交通安全法（节选）

《中华人民共和国道路交通安全法》已由中华人民共和国第十届全国人民代表大会常务委员会第五次会议于2003年10月28日通过，现予公布，自2004年5月1日起施行。

……

第八条 国家对机动车实行登记制度。机动车经公安机关交通管理部门登记后，方可上道路行驶。尚未登记的机动车，需要临时上道路行驶的，应当取得临时通行牌证。

第九条 请机动车登记，应当提交以下证明、凭证。

（1）机动车所有人的身份证明；

（2）机动车来历证明；

（3）机动车整车出厂合格证明或者进口机动车进口凭证；

（4）车辆购置税的完税证明或者免税凭证；

（5）法律、行政法规规定应当在机动车登记时提交的其他证明、凭证。

公安机关交通管理部门应当自受理申请之日起5个工作日内完

成机动车登记审查工作，对符合前款规定条件的，应当发放机动车登记证书、号牌和行驶证；对不符合前款规定条件的，应当向申请人说明不予登记的理由。

公安机关交通管理部门以外的任何单位或者个人不得发放机动车号牌或者要求机动车悬挂其他号牌，本法另有规定的除外。

机动车登记证书、号牌、行驶证的式样由国务院公安部门规定并监制。

第十三条 对登记后上道路行驶的机动车，应当依照法律、

行政法规的规定，根据车辆用途、载客载货数量。使用年限等不同情况，定期进行安全技术检验。对提供机动车行驶证和机动车第三者责任强制保险单的，机动车安全技术检验机构应当予以检验，任何单位不得附加其他条件。对符合机动车国家安全技术标准的，公安机关交通管理部门应当发给检验合格标志。

对机动车的安全技术检验实行社会化。具体办法由国务院规定。

机动车安全技术检验实行社会化的地方，任何单位不得要求机动车到指定场所进行检验。

公安机关交通管理部门、机动车安全技术检验机构不得要求机动车到指定场所进行维修、保养。

机动车安全技术检验机构对机动车检验收取费用，应当严格执行国务院价格主管部门核定的收费标准。

第十九条　驾驶机动车，应当依法取得机动车驾驶证。

申请机动车驾驶证，应当符合国务院公安部门规定的驾驶许可条件；经考试合格后，由公安机关交通管理部门发给相应类别的机动车驾驶证。持有境外机动车驾驶证的人，符合国务院公安部门规定的驾驶许可条件，经公安机关交通管理部门考核合格的，可以发给中国的机动车驾驶证。

驾驶人应当按照驾驶证载明的准驾车型驾驶机动车；驾驶机动车时，应当随身携带机动车驾驶证。

公安机关交通管理部门以外的任何单位或者个人，不得收缴、扣留机动车驾驶证。

第二十三条　公安机关交通管理部门依照法律、行政法规的规定，定期对机动车驾驶证实施审检。

第一百二十一条　对上道路行驶的拖拉机，由农业（农业机械）主管部门行使本法第八条、第九条、第十三条、第十九条、第二十三条规定的公安机关交通管理部门的管理职权。

农业（农业机械）主管部门依照前款规定行使职权，应当遵守本法有关规定，并接受公安机关交通管理部门的监督；对违反规定的，依照本法有关规定追究法律责任。

本法施行前由农业（农业机械）主管部门发放的机动车牌证，在本法施行后继续有效。

……

Ⅲ 农业机械安全监督管理条例

《农业机械安全监督管理条例》已经于2009年9月7日国务院第80次常务会议通过，现予公布，自2009年11月1日起施行。

第一章 总 则

第一条 为了加强农业机械安全监督管理，预防和减少农业机械事故，保障人民生命和财产安全，制定本条例。

第二条 在中华人民共和国境内从事农业机械的生产、销售、维修、使用操作以及安全监督管理等活动，应当遵守本条例。

本条例所称农业机械，是指用于农业生产及其产品初加工等相关农事活动的机械、设备。

第三条 农业机械安全监督管理应当遵循以人为本、预防事故、保障安全、促进发展的原则。

第四条 县级以上人民政府应当加强对农业机械安全监督管理工作的领导，完善农业机械安全监督管理体系，增加对农民购买农业机械的补贴，保障农业机械安全的财政投入，建立健全农业机械安全生产责任制。

第五条 国务院有关部门和地方各级人民政府、有关部门应

当加强农业机械安全法律、法规、标准和知识的宣传教育。

农业生产经营组织、农业机械所有人应当对农业机械操作人员及相关人员进行农业机械安全使用教育，提高其安全意识。

第六条　国家鼓励和支持开发、生产、推广、应用先进适用、安全可靠、节能环保的农业机械，建立健全农业机械安全技术标准和安全操作规程。

第七条　国家鼓励农业机械操作人员、维修技术人员参加职业技能培训和依法成立安全互助组织，提高农业机械安全操作水平。

第八条　国家建立落后农业机械淘汰制度和危及人身财产安全的农业机械报废制度，并对淘汰和报废的农业机械依法实行回收。

第九条　国务院农业机械化主管部门、工业主管部门、质量监督部门和工商行政管理部门等有关部门依照本条例和国务院规定的职责，负责农业机械安全监督管理工作。

县级以上地方人民政府农业机械化主管部门、工业主管部门和县级以上地方质量监督部门、工商行政管理部门等有关部门按照各自职责，负责本行政区域的农业机械安全监督管理工作。

第二章　生产、销售和维修

第十条　国务院工业主管部门负责制定并组织实施农业机械工业产业政策和有关规划。

国务院标准化主管部门负责制定发布农业机械安全技术国家标准，并根据实际情况及时修订。农业机械安全技术标准是强制执行的标准。

第十一条　农业机械生产者应当依据农业机械工业产业政策和有关规划，按照农业机械安全技术标准组织生产，并建立健全质量保障控制体系。

对依法实行工业产品生产许可证管理的农业机械，其生产者应当取得相应资质，并按照许可的范围和条件组织生产。

第十二条 农业机械生产者应当按照农业机械安全技术标准对生产的农业机械进行检验；农业机械经检验合格并附具详尽的安全操作说明书和标注安全警示标志后，方可出厂销售；依法必须进行认证的农业机械，在出厂前应当标注认证标志。

上道路行驶的拖拉机，依法必须经过认证的，在出厂前应当标注认证标志，并符合机动车国家安全技术标准。

农业机械生产者应当建立产品出厂记录制度，如实记录农业机械的名称、规格、数量、生产日期、生产批号、检验合格证号、购货者名称及联系方式、销售日期等内容。出厂记录保存期限不得少于3年。

第十三条 进口的农业机械应当符合我国农业机械安全技术标准，并依法由出入境检验检疫机构检验合格。依法必须进行认证的农业机械，还应当由出入境检验检疫机构进行入境验证。

第十四条 农业机械销售者对购进的农业机械应当查验产品合格证明。对依法实行工业产品生产许可证管理、依法必须进行认证的农业机械，还应当验明相应的证明文件或者标志。

农业机械销售者应当建立销售记录制度，如实记录农业机械的名称、规格、生产批号、供货者名称及联系方式、销售流向等内容。销售记录保存期限不得少于3年。

农业机械销售者应当向购买者说明农业机械操作方法和安全注意事项，并依法开具销售发票。

第十五条 农业机械生产者、销售者应当建立健全农业机械销售服务体系，依法承担产品质量责任。

第十六条 农业机械生产者、销售者发现其生产、销售的农业机械存在设计、制造等缺陷，可能对人身财产安全造成损害的，应当立即停止生产、销售，及时报告当地质量监督部门、工

商行政管理部门，通知农业机械使用者停止使用。农业机械生产者应当及时召回存在设计、制造等缺陷的农业机械。

农业机械生产者、销售者不履行本条第一款义务的，质量监督部门、工商行政管理部门可以责令生产者召回农业机械，责令销售者停止销售农业机械。

第十七条　禁止生产、销售下列农业机械：

（一）不符合农业机械安全技术标准的；

（二）依法实行工业产品生产许可证管理而未取得许可证的；

（三）依法必须进行认证而未经认证的；

（四）利用残次零配件或者报废农业机械的发动机、方向机、变速器、车架等部件拼装的；

（五）国家明令淘汰的。

第十八条　从事农业机械维修经营，应当有必要的维修场地，有必要的维修设施、设备和检测仪器，有相应的维修技术人员，有安全防护和环境保护措施，取得相应的维修技术合格证书，并依法办理工商登记手续。

申请农业机械维修技术合格证书，应当向当地县级人民政府农业机械化主管部门提交下列材料：

（一）农业机械维修业务申请表；

（二）申请人身份证明、企业名称预先核准通知书；

（三）维修场所使用证明；

（四）主要维修设施、设备和检测仪器清单；

（五）主要维修技术人员的国家职业资格证书。

农业机械化主管部门应当自收到申请之日起 20 个工作日内，对符合条件的，核发维修技术合格证书；对不符合条件的，书面通知申请人并说明理由。

维修技术合格证书有效期为 3 年；有效期满需要继续从事农

业机械维修的，应当在有效期满前申请续展。

第十九条 农业机械维修经营者应当遵守国家有关维修质量安全技术规范和维修质量保证期的规定，确保维修质量。

从事农业机械维修不得有下列行为。

（一）使用不符合农业机械安全技术标准的零配件；

（二）拼装、改装农业机械整机；

（三）承揽维修已经达到报废条件的农业机械；

（四）法律、法规和国务院农业机械化主管部门规定的其他禁止性行为。

第三章 使用操作

第二十条 农业机械操作人员可以参加农业机械操作人员的技能培训，可以向有关农业机械化主管部门、人力资源和社会保障部门申请职业技能鉴定，获取相应等级的国家职业资格证书。

第二十一条 拖拉机、联合收割机投入使用前，其所有人应当按照国务院农业机械化主管部门的规定，持本人身份证明和机具来源证明，向所在地县级人民政府农业机械化主管部门申请登记。拖拉机、联合收割机经安全检验合格的，农业机械化主管部门应当在2个工作日内予以登记并核发相应的证书和牌照。

拖拉机、联合收割机使用期间登记事项发生变更的，其所有人应当按照国务院农业机械化主管部门的规定申请变更登记。

第二十二条 拖拉机、联合收割机操作人员经过培训后，应当按照国务院农业机械化主管部门的规定，参加县级人民政府农业机械化主管部门组织的考试。考试合格的，农业机械化主管部门应当在2个工作日内核发相应的操作证件。

拖拉机、联合收割机操作证件有效期为6年；有效期满，拖拉机、联合收割机操作人员可以向原发证机关申请续展。未满18周岁不得操作拖拉机、联合收割机。操作人员年满70周岁

的，县级人民政府农业机械化主管部门应当注销其操作证件。

第二十三条　拖拉机、联合收割机应当悬挂牌照。拖拉机上道路行驶，联合收割机因转场作业、维修、安全检验等需要转移的，其操作人员应当携带操作证件。

拖拉机、联合收割机操作人员不得有下列行为。

（一）操作与本人操作证件规定不相符的拖拉机、联合收割机；

（二）操作未按照规定登记、检验或者检验不合格、安全设施不全、机件失效的拖拉机、联合收割机；

（三）使用国家管制的精神药品、麻醉品后操作拖拉机、联合收割机；

（四）患有妨碍安全操作的疾病操作拖拉机、联合收割机；

（五）国务院农业机械化主管部门规定的其他禁止行为。

禁止使用拖拉机、联合收割机违反规定载人。

第二十四条　农业机械操作人员作业前，应当对农业机械进行安全查验；作业时，应当遵守国务院农业机械化主管部门和省、自治区、直辖市人民政府农业机械化主管部门制定的安全操作规程。

第四章　事故处理

第二十五条　县级以上地方人民政府农业机械化主管部门负责农业机械事故责任的认定和调解处理。

本条例所称农业机械事故，是指农业机械在作业或者转移等过程中造成人身伤亡、财产损失的事件。

农业机械在道路上发生的交通事故，由公安机关交通管理部门依照道路交通安全法律、法规处理；拖拉机在道路以外通行时发生的事故，公安机关交通管理部门接到报案的，参照道路交通安全法律、法规处理。农业机械事故造成公路及其附属设施损坏的，由交通主管部门依照公路法律、法规处理。

第二十六条 在道路以外发生的农业机械事故，操作人员和现场其他人员应当立即停止作业或者停止农业机械的转移，保护现场，造成人员伤害的，应当向事故发生地农业机械化主管部门报告；造成人员死亡的，还应当向事故发生地公安机关报告。造成人身伤害的，应当立即采取措施，抢救受伤人员。因抢救受伤人员变动现场的，应当标明位置。

接到报告的农业机械化主管部门和公安机关应当立即派人赶赴现场进行勘验、检查，收集证据，组织抢救受伤人员，尽快恢复正常的生产秩序。

第二十七条 对经过现场勘验、检查的农业机械事故，农业机械化主管部门应当在 10 个工作日内制作完成农业机械事故认定书；需要进行农业机械鉴定的，应当自收到农业机械鉴定机构出具的鉴定结论之日起 5 个工作日内制作农业机械事故认定书。

农业机械事故认定书应当载明农业机械事故的基本事实、成因和当事人的责任，并在制作完成农业机械事故认定书之日起 3 个工作日内送达当事人。

第二十八条 当事人对农业机械事故损害赔偿有争议，请求调解的，应当自收到事故认定书之日起 10 个工作日内向农业机械化主管部门书面提出调解申请。

调解达成协议的，农业机械化主管部门应当制作调解书送交各方当事人。调解书经各方当事人共同签字后生效。调解不能达成协议或者当事人向人民法院提起诉讼的，农业机械化主管部门应当终止调解并书面通知当事人。调解达成协议后当事人反悔的，可以向人民法院提起诉讼。

第二十九条 农业机械化主管部门应当为当事人处理农业机械事故损害赔偿等后续事宜提供帮助和便利。因农业机械产品质量原因导致事故的，农业机械化主管部门应当依法出具有关证明

材料。

农业机械化主管部门应当定期将农业机械事故统计情况及说明材料报送上级农业机械化主管部门并抄送同级安全生产监督管理部门。

农业机械事故构成生产安全事故的，应当依照相关法律、行政法规的规定调查处理并追究责任。

第五章　服务与监督

第三十条　县级以上地方人民政府农业机械化主管部门应当定期对危及人身财产安全的农业机械进行免费实地安全检验。但是道路交通安全法律对拖拉机的安全检验另有规定的，从其规定。

拖拉机、联合收割机的安全检验为每年1次。

实施安全技术检验的机构应当对检验结果承担法律责任。

第三十一条　农业机械化主管部门在安全检验中发现农业机械存在事故隐患的，应当告知其所有人停止使用并及时排除隐患。

实施安全检验的农业机械化主管部门应当对安全检验情况进行汇总，建立农业机械安全监督管理档案。

第三十二条　联合收割机跨行政区域作业前，当地县级人民政府农业机械化主管部门应当会同有关部门，对跨行政区域作业的联合收割机进行必要的安全检查，并对操作人员进行安全教育。

第三十三条　国务院农业机械化主管部门应当定期对农业机械安全使用状况进行分析评估，发布相关信息。

第三十四条　国务院工业主管部门应当定期对农业机械生产行业运行态势进行监测和分析，并按照先进适用、安全可靠、节能环保的要求，会同国务院农业机械化主管部门、质量监督部门等有关部门制定、公布国家明令淘汰的农业机械产品目录。

第三十五条 危及人身财产安全的农业机械达到报废条件的，应当停止使用，予以报废。农业机械的报废条件由国务院农业机械化主管部门会同国务院质量监督部门、工业主管部门规定。

县级人民政府农业机械化主管部门对达到报废条件的危及人身财产安全的农业机械，应当书面告知其所有人。

第三十六条 国家对达到报废条件或者正在使用的国家已经明令淘汰的农业机械实行回收。农业机械回收办法由国务院农业机械化主管部门会同国务院财政部门、商务主管部门制定。

第三十七条 回收的农业机械由县级人民政府农业机械化主管部门监督回收单位进行解体或者销毁。

第三十八条 使用操作过程中发现农业机械存在产品质量、维修质量问题的，当事人可以向县级以上地方人民政府农业机械化主管部门或者县级以上地方质量监督部门、工商行政管理部门投诉。接到投诉的部门对属于职责范围内的事项，应当依法及时处理；对不属于职责范围内的事项，应当及时移交有权处理的部门，有权处理的部门应当立即处理，不得推诿。

县级以上地方人民政府农业机械化主管部门和县级以上地方质量监督部门、工商行政管理部门应当定期汇总农业机械产品质量、维修质量投诉情况并逐级上报。

第三十九条 国务院农业机械化主管部门和省、自治区、直辖市人民政府农业机械化主管部门应当根据投诉情况和农业安全生产需要，组织开展在用的特定种类农业机械的安全鉴定和重点检查，并公布结果。

第四十条 农业机械安全监督管理执法人员在农田、场院等场所进行农业机械安全监督检查时，可以采取下列措施。

（一）向有关单位和个人了解情况，查阅、复制有关资料；

（二）查验拖拉机、联合收割机证书、牌照及有关操作证件；

（三）检查危及人身财产安全的农业机械的安全状况，对存在重大事故隐患的农业机械，责令当事人立即停止作业或者停止农业机械的转移，并进行维修；

（四）责令农业机械操作人员改正违规操作行为。

第四十一条　发生农业机械事故后企图逃逸的、拒不停止存在重大事故隐患农业机械的作业或者转移的，县级以上地方人民政府农业机械化主管部门可以扣押有关农业机械及证书、牌照、操作证件。案件处理完毕或者农业机械事故肇事方提供担保的，县级以上地方人民政府农业机械化主管部门应当及时退还被扣押的农业机械及证书、牌照、操作证件。存在重大事故隐患的农业机械，其所有人或者使用人排除隐患前不得继续使用。

第四十二条　农业机械安全监督管理执法人员进行安全监督检查时，应当佩戴统一标志，出示行政执法证件。农业机械安全监督检查、事故勘察车辆应当在车身喷涂统一标识。

第四十三条　农业机械化主管部门不得为农业机械指定维修经营者。

第四十四条　农业机械化主管部门应当定期向同级公安机关交通管理部门通报拖拉机登记、检验以及有关证书、牌照、操作证件发放情况。公安机关交通管理部门应当定期向同级农业机械化主管部门通报农业机械在道路上发生的交通事故及处理情况。

第六章　法律责任

第四十五条　县级以上地方人民政府农业机械化主管部门、工业主管部门、质量监督部门和工商行政管理部门及其工作人员有下列行为之一的，对直接负责的主管人员和其他直接责任人员，依法给予处分，构成犯罪的，依法追究刑事责任。

（一）不依法对拖拉机、联合收割机实施安全检验、登记，或者不依法核发拖拉机、联合收割机证书、牌照的；

（二）对未经考试合格者核发拖拉机、联合收割机操作证件，或者对经考试合格者拒不核发拖拉机、联合收割机操作证件的；

（三）对不符合条件者核发农业机械维修技术合格证书，或者对符合条件者拒不核发农业机械维修技术合格证书的；

（四）不依法处理农业机械事故，或者不依法出具农业机械事故认定书和其他证明材料的；

（五）在农业机械生产、销售等过程中不依法履行监督管理职责的；

（六）其他未依照本条例的规定履行职责的行为。

第四十六条 生产、销售利用残次零配件或者报废农业机械的发动机、方向机、变速器、车架等部件拼装农业机械的，由县级以上质量监督部门、工商行政管理部门按照职责权限责令停止生产、销售，没收违法所得和违法生产、销售的农业机械，并处违法产品货值金额1倍以上3倍以下罚款；情节严重的，吊销营业执照。

农业机械生产者、销售者违反工业产品生产许可证管理、认证认可管理、安全技术标准管理以及产品质量管理的，依照有关法律、行政法规处罚。

第四十七条 农业机械销售者未依照本条例的规定建立、保存销售记录的，由县级以上工商行政管理部门责令改正，给予警告；拒不改正的，处1 000元以上1万元以下罚款，并责令停业整顿；情节严重的，吊销营业执照。

第四十八条 未取得维修技术合格证书或者使用伪造、变造、过期的维修技术合格证书从事维修经营的，由县级以上地方人民政府农业机械化主管部门收缴伪造、变造、过期的维修技术

合格证书，限期补办有关手续，没收违法所得，并处违法经营额1倍以上2倍以下罚款；逾期不补办的，处违法经营额2倍以上5倍以下罚款，并通知工商行政管理部门依法处理。

第四十九条　农业机械维修经营者使用不符合农业机械安全技术标准的配件维修农业机械，或者拼装、改装农业机械整机，或者承揽维修已经达到报废条件的农业机械的，由县级以上地方人民政府农业机械化主管部门责令改正，没收违法所得，并处违法经营额1倍以上2倍以下罚款；拒不改正的，处违法经营额2倍以上5倍以下罚款；情节严重的，吊销维修技术合格证。

第五十条　未按照规定办理登记手续并取得相应的证书和牌照，擅自将拖拉机、联合收割机投入使用，或者未按照规定办理变更登记手续的，由县级以上地方人民政府农业机械化主管部门责令限期补办相关手续；逾期不补办的，责令停止使用；拒不停止使用的，扣押拖拉机、联合收割机，并处200元以上2 000元以下罚款。

当事人补办相关手续的，应当及时退还扣押的拖拉机、联合收割机。

第五十一条　伪造、变造或者使用伪造、变造的拖拉机、联合收割机证书和牌照的，或者使用其他拖拉机、联合收割机的证书和牌照的，由县级以上地方人民政府农业机械化主管部门收缴伪造、变造或者使用的证书和牌照，对违法行为人予以批评教育，并处200元以上2 000元以下罚款。

第五十二条　未取得拖拉机、联合收割机操作证件而操作拖拉机、联合收割机的，由县级以上地方人民政府农业机械化主管部门责令改正，处100元以上500元以下罚款。

第五十三条　拖拉机、联合收割机操作人员操作与本人操作证件规定不相符的拖拉机、联合收割机，或者操作未按照规定登记、检验或者检验不合格、安全设施不全、机件失效的拖拉机、联合收割机，或者使用国家管制的精神药品、麻醉品后操作拖拉机、联合收割机，或者患有妨碍安全操作的疾病操作拖拉机、联合收割机的，由县级以上地方人民政府农业机械化主管部门对违法行为人予以批评教育，责令改正；拒不改正的，处 100 元以上 500 元以下罚款；情节严重的，吊销有关人员的操作证件。

第五十四条 使用拖拉机、联合收割机违反规定载人的，由县级以上地方人民政府农业机械化主管部门对违法行为人予以批评教育，责令改正；拒不改正的，扣押拖拉机、联合收割机的证书、牌照；情节严重的，吊销有关人员的操作证件。非法从事经营性道路旅客运输的，由交通主管部门依照道路运输管理法律、行政法规处罚。

当事人改正违法行为的，应当及时退还扣押的拖拉机、联合收割机的证书、牌照。

第五十五条 经检验、检查发现农业机械存在事故隐患，经农业机械化主管部门告知拒不排除并继续使用的，由县级以上地方人民政府农业机械化主管部门对违法行为人予以批评教育，责令改正；拒不改正的，责令停止使用；拒不停止使用的，扣押存在事故隐患的农业机械。

事故隐患排除后，应当及时退还扣押的农业机械。

第五十六条 违反本条例规定，造成他人人身伤亡或者财产损失的，依法承担民事责任；构成违反治安管理行为的，依法给予治安管理处罚；构成犯罪的，依法追究刑事责任。

第七章 附　　则

第五十七条 本条例所称危及人身财产安全的农业机械，是指对人身财产安全可能造成损害的农业机械，包括拖拉机、联合收割机、机动植保机械、机动脱粒机、饲料粉碎机、插秧机、铡草机等。

第五十八条　本条例规定的农业机械证书、牌照、操作证件和维修技术合格证，由国务院农业机械化主管部门会同国务院有关部门统一规定式样，由国务院农业机械化主管部门监制。

第五十九条　拖拉机操作证件考试收费、安全技术检验收费和牌证的工本费，应当严格执行国务院价格主管部门核定的收费标准。

第六十条　本条例自2009年11月1日起施行。

Ⅳ　机动车交通事故责任强制保险条例

国务院决定对《机动车交通事故责任强制保险条例》做如下修改：增加一条，作为第四十三条："挂车不投保机动车交通事故责任强制保险。发生道路交通事故造成人身伤亡、财产损失的，由牵引车投保的保险公司在机动车交通事故责任强制保险责任限额范围内予以赔偿；不足的部分，由牵引车方和挂车方依照法律规定承担赔偿责任。"本决定自2013年3月1日起施行。

第一章　总　　则

第一条　为了保障机动车道路交通事故受害人依法得到赔偿，促进道路交通安全，根据《中华人民共和国道路交通安全法》《中华人民共和国保险法》，制定本条例。

第二条　在中华人民共和国境内道路上行驶的机动车的所有人或者管理人，应当依照《中华人民共和国道路交通安全法》的规定投保机动车交通事故责任强制保险。

机动车交通事故责任强制保险的投保、赔偿和监督管理，适用本条例。

第三条　本条例所称机动车交通事故责任强制保险，是指由保险公司对被保险机动车发生道路交通事故造成本车人员、被保险人以外的受害人的人身伤亡、财产损失，在责任限额内予以赔偿的强制性责任保险。

第四条 国务院保险监督管理机构（以下称保监会）依法对保险公司的机动车交通事故责任强制保险业务实施监督管理。

公安机关交通管理部门、农业（农业机械）主管部门（以下统称机动车管理部门）应当依法对机动车参加机动车交通事故责任强制保险的情况实施监督检查。对未参加机动车交通事故责任强制保险的机动车，机动车管理部门不得予以登记，机动车安全技术检验机构不得予以检验。

公安机关交通管理部门及其交通警察在调查处理道路交通安全违法行为和道路交通事故时，应当依法检查机动车交通事故责任强制保险的保险标志。

第二章 投 保

第五条 保险公司经保监会批准，可以从事机动车交通事故责任强制保险业务。

为了保证机动车交通事故责任强制保险制度的实行，保监会有权要求保险公司从事机动车交通事故责任强制保险业务。

未经保监会批准，任何单位或者个人不得从事机动车交通事故责任强制保险业务。

第六条 机动车交通事故责任强制保险实行统一的保险条款和基础保险费率。保监会按照机动车交通事故责任强制保险业务总体上不盈利不亏损的原则审批保险费率。

保监会在审批保险费率时，可以聘请有关专业机构进行评估，可以举行听证会听取公众意见。

第七条 保险公司的机动车交通事故责任强制保险业务，应当与其他保险业务分开管理，单独核算。

保监会应当每年对保险公司的机动车交通事故责任强制保险

业务情况进行核查，并向社会公布；根据保险公司机动车交通事故责任强制保险业务的总体盈利或者亏损情况，可以要求或者允许保险公司相应调整保险费率。

调整保险费率的幅度较大的，保监会应当进行听证。

第八条　被保险机动车没有发生道路交通安全违法行为和道路交通事故的，保险公司应当在下一年度降低其保险费率。在此后的年度内，被保险机动车仍然没有发生道路交通安全违法行为和道路交通事故的，保险公司应当继续降低其保险费率，直至最低标准。被保险机动车发生道路交通安全违法行为或者道路交通事故的，保险公司应当在下一年度提高其保险费率。多次发生道路交通安全违法行为、道路交通事故，或者发生重大道路交通事故的，保险公司应当加大提高其保险费率的幅度。在道路交通事故中被保险人没有过错的，不提高其保险费率。降低或者提高保险费率的标准，由保监会会同国务院公安部门制定。

第九条　保监会、国务院公安部门、国务院农业主管部门以及其他有关部门应当逐步建立有关机动车交通事故责任强制保险、道路交通安全违法行为和道路交通事故的信息共享机制。

第十条　投保人在投保时应当选择具备从事机动车交通事故责任强制保险业务资格的保险公司，被选择的保险公司不得拒绝或者拖延承保。

保监会应当将具备从事机动车交通事故责任强制保险业务资格的保险公司向社会公示。

第十一条　投保人投保时，应当向保险公司如实告知重要事项。

重要事项包括机动车的种类、厂牌型号、识别代码、牌照号码、使用性质和机动车所有人或者管理人的姓名（名称）、性别、年龄、住所、身份证或者驾驶证号码（组织机构代码）、续保前该机动车发生事故的情况以及保监会规定的其他事项。

第十二条 签订机动车交通事故责任强制保险合同时，投保人应当一次支付全部保险费；保险公司应当向投保人签发保险单、保险标志。保险单、保险标志应当注明保险单号码、车牌号码、保险期限、保险公司的名称、地址和理赔电话号码。

被保险人应当在被保险机动车上放置保险标志。

保险标志式样全国统一。保险单、保险标志由保监会监制。任何单位或者个人不得伪造、变造或者使用伪造、变造的保险单、保险标志。

第十三条 签订机动车交通事故责任强制保险合同时，投保人不得在保险条款和保险费率之外，向保险公司提出附加其他条件的要求。

签订机动车交通事故责任强制保险合同时，保险公司不得强制投保人订立商业保险合同以及提出附加其他条件的要求。

第十四条 保险公司不得解除机动车交通事故责任强制保险合同；但是，投保人对重要事项未履行如实告知义务的除外。

投保人对重要事项未履行如实告知义务，保险公司解除合同前，应当书面通知投保人，投保人应当自收到通知之日起 5 日内履行如实告知义务；投保人在上述期限内履行如实告知义务的，保险公司不得解除合同。

第十五条 保险公司解除机动车交通事故责任强制保险合同的，应当收回保险单和保险标志，并书面通知机动车管理部门。

第十六条 投保人不得解除机动车交通事故责任强制保险合同，但有下列情形之一的除外。

（一）被保险机动车被依法注销登记的；

（二）被保险机动车办理停驶的；

（三）被保险机动车经公安机关证实丢失的。

第十七条 机动车交通事故责任强制保险合同解除前，保险公司应当按照合同承担保险责任。

合同解除时，保险公司可以收取自保险责任开始之日起至合同解除之日止的保险费，剩余部分的保险费退还投保人。

第十八条　被保险机动车所有权转移的，应当办理机动车交通事故责任强制保险合同变更手续。

第十九条　机动车交通事故责任强制保险合同期满，投保人应当及时续保，并提供上一年度的保险单。

第二十条　机动车交通事故责任强制保险的保险期间为1年，但有下列情形之一的，投保人可以投保短期机动车交通事故责任强制保险。

（一）境外机动车临时入境的；

（二）机动车临时上道路行驶的；

（三）机动车距规定的报废期限不足1年的；

（四）保监会规定的其他情形。

第三章　赔　　偿

第二十一条　被保险机动车发生道路交通事故造成本车人员、被保险人以外的受害人人身伤亡、财产损失的，由保险公司依法在机动车交通事故责任强制保险责任限额范围内予以赔偿。

道路交通事故的损失是由受害人故意造成的，保险公司不予赔偿。

第二十二条　有下列情形之一的，保险公司在机动车交通事故责任强制保险责任限额范围内垫付抢救费用，并有权向致害人追偿。

（一）驾驶人未取得驾驶资格或者醉酒的；

（二）被保险机动车被盗抢期间肇事的；

（三）被保险人故意制造道路交通事故的。

有前款所列情形之一，发生道路交通事故的，造成受害人的财产损失，保险公司不承担赔偿责任。

第二十三条 机动车交通事故责任强制保险在全国范围内实行统一的责任限额。责任限额分为死亡伤残赔偿限额、医疗费用赔偿限额、财产损失赔偿限额以及被保险人在道路交通事故中无责任的赔偿限额。

机动车交通事故责任强制保险责任限额由保监会会同国务院公安部门、国务院卫生主管部门、国务院农业主管部门规定。

第二十四条 国家设立道路交通事故社会救助基金（以下简称救助基金）。有下列情形之一时，道路交通事故中受害人人身伤亡的丧葬费用、部分或者全部抢救费用，由救助基金先行垫付，救助基金管理机构有权向道路交通事故责任人追偿。

（一）抢救费用超过机动车交通事故责任强制保险责任限额的；

（二）肇事机动车未参加机动车交通事故责任强制保险的；

（三）机动车肇事后逃逸的。

第二十五条 救助基金的来源包括以下几条。

（一）按照机动车交通事故责任强制保险的保险费的一定比例提取的资金；

（二）对未按照规定投保机动车交通事故责任强制保险的机动车的所有人、管理人的罚款；

（三）救助基金管理机构依法向道路交通事故责任人追偿的资金；

（四）救助基金孳息；

（五）其他资金。

第二十六条 救助基金的具体管理办法，由国务院财政部门会同保监会、国务院公安部门、国务院卫生主管部门、国务院农业主管部门制定试行。

第二十七条 被保险机动车发生道路交通事故，被保险人或者受害人通知保险公司的，保险公司应当立即给予答复，告知被

保险人或者受害人具体的赔偿程序等有关事项。

第二十八条　被保险机动车发生道路交通事故的，由被保险人向保险公司申请赔偿保险金。保险公司应当自收到赔偿申请之日起1日内，书面告知被保险人需要向保险公司提供的与赔偿有关的证明和资料。

第二十九条　保险公司应当自收到被保险人提供的证明和资料之日起5日内，对是否属于保险责任作出核定，并将结果通知被保险人；对不属于保险责任的，应当书面说明理由；对属于保险责任的，在与被保险人达成赔偿保险金的协议后10日内，赔偿保险金。

第三十条　被保险人与保险公司对赔偿有争议的，可以依法申请仲裁或者向人民法院提起诉讼。

第三十一条　保险公司可以向被保险人赔偿保险金，也可以直接向受害人赔偿保险金。但是，因抢救受伤人员需要保险公司支付或者垫付抢救费用的，保险公司在接到公安机关交通管理部门通知后，经核对应当及时向医疗机构支付或者垫付抢救费用。

因抢救受伤人员需要救助基金管理机构垫付抢救费用的，救助基金管理机构在接到公安机关交通管理部门通知后，经核对应当及时向医疗机构垫付抢救费用。

第三十二条　医疗机构应当参照国务院卫生主管部门组织制定的有关临床诊疗指南，抢救、治疗道路交通事故中的受伤人员。

第三十三条　保险公司赔偿保险金或者垫付抢救费用，救助基金管理机构垫付抢救费用，需要向有关部门、医疗机构核实有关情况的，有关部门、医疗机构应当予以配合。

第三十四条　保险公司、救助基金管理机构的工作人员对当事人的个人隐私应当保密。

第三十五条　道路交通事故损害赔偿项目和标准依照有关法

律的规定执行。

第四章　罚　　则

第三十六条　未经保监会批准，非法从事机动车交通事故责任强制保险业务的，由保监会予以取缔；构成犯罪的，依法追究刑事责任；尚不构成犯罪的，由保监会没收违法所得，违法所得20万元以上的，并处违法所得1倍以上5倍以下罚款；没有违法所得或者违法所得不足20万元的，处20万元以上100万元以下罚款。

第三十七条　保险公司未经保监会批准从事机动车交通事故责任强制保险业务的，由保监会责令改正，责令退还收取的保险费，没收违法所得，违法所得10万元以上的，并处违法所得1倍以上5倍以下罚款；没有违法所得或者违法所得不足10万元的，处10万元以上50万元以下罚款；逾期不改正或者造成严重后果的，责令停业整顿或者吊销经营保险业务许可证。

第三十八条　保险公司违反本条例规定，有下列行为之一的，由保监会责令改正，处5万元以上30万元以下罚款；情节严重的，可以限制业务范围、责令停止接受新业务或者吊销经营保险业务许可证。

（一）拒绝或者拖延承保机动车交通事故责任强制保险的；

（二）未按照统一的保险条款和基础保险费率从事机动车交通事故责任强制保险业务的；

（三）未将机动车交通事故责任强制保险业务和其他保险业务分开管理，单独核算的；

（四）强制投保人订立商业保险合同的；

（五）违反规定解除机动车交通事故责任强制保险合同的；

（六）拒不履行约定的赔偿保险金义务的；

（七）未按照规定及时支付或者垫付抢救费用的。

第三十九条　机动车所有人、管理人未按照规定投保机动车交通事故责任强制保险的，由公安机关交通管理部门扣留机动车，通知机动车所有人、管理人依照规定投保，处依照规定投保最低责任限额应缴纳的保险费的2倍罚款。

机动车所有人、管理人依照规定补办机动车交通事故责任强制保险的，应当及时退还机动车。

第四十条　上道路行驶的机动车未放置保险标志的，公安机关交通管理部门应当扣留机动车，通知当事人提供保险标志或者补办相应手续，可以处警告或者20元以上200元以下罚款。

当事人提供保险标志或者补办相应手续的，应当及时退还机动车。

第四十一条　伪造、变造或者使用伪造、变造的保险标志，或者使用其他机动车的保险标志，由公安机关交通管理部门予以收缴，扣留该机动车，处200元以上2 000元以下罚款；构成犯罪的，依法追究刑事责任。

当事人提供相应的合法证明或者补办相应手续的，应当及时退还机动车。

第五章　附　　则

第四十二条　本条例下列用语的含义。

（一）投保人，是指与保险公司订立机动车交通事故责任强制保险合同，并按照合同负有支付保险费义务的机动车的所有人、管理人。

（二）被保险人，是指投保人及其允许的合法驾驶人。

（三）抢救费用，是指机动车发生道路交通事故导致人员受伤时，医疗机构参照国务院卫生主管部门组织制定的有关临床诊疗指南，对生命体征不平稳和虽然生命体征平稳但如果不采取处理措施会产生生命危险，或者导致残疾、器官功能障碍，或者导致病程明显延长的受伤人员，采取必要的处理措施并支付所发生的医疗费用。

第四十三条 挂车不投保机动车交通事故责任强制保险。发生道路交通事故造成人身伤亡、财产损失的，由牵引车投保的保险公司在机动车交通事故责任强制保险责任限额范围内予以赔偿；不足的部分，由牵引车方和挂车方依照法律规定承担赔偿责任。

第四十四条 机动车在道路以外的地方通行时发生事故，造成人身伤亡、财产损失的赔偿，比照适用本条例。

第四十五条 中国人民解放军和中国人民武装警察部队在编机动车参加机动车交通事故责任强制保险的办法，由中国人民解放军和中国人民武装警察部队另行规定。

第四十六条 机动车所有人、管理人自本条例施行之日起3个月内投保机动车交通事故责任强制保险；本条例施行前已经投保商业性机动车第三者责任保险的，保险期满，应当投保机动车交通事故责任强制保险。

第四十七条 本条例自2006年7月1日起施行。

第二篇　拖拉机、联合收割机登记和驾驶证申领规定

农业部颁布实行的《拖拉机登记规定》《拖拉机驾驶证申领和使用规定》及《联合收割机及驾驶人安全监理规定》等3个部长令是根据《中华人民共和国道路交通安全法》《农业机械安全监督管理条例》等相关法律法规制定和实行的，是农机监理部门对拖拉机、联合收割机以及驾驶人进行登记、考试、检验、核发驾驶证的法律依据，也是拖拉机联合收割机驾驶人应该学习和遵守的3个与农机手密切相关的法律文件，拖拉机联合收割机登记注册就像公民办理身份证一样，是机动车取得合法有效身份的唯一途径，考取驾驶证既是对驾驶员自身驾驶技术的培训提高，也是对自身、家庭和社会公共安全负责，是每一个守法公民应当主动履行的一项义务。

Ⅰ《拖拉机登记规定》

《拖拉机登记规定》2004年9月21日农业部令第43号公布，自2004年10月1日起施行。

第一章　总　　则

第一条　为规范拖拉机登记，根据《中华人民共和国道路交通安全法》及其实施条例，制定本规定。

第二条　本规定由农业（农业机械）主管部门负责实施。

直辖市农业（农业机械）主管部门农机安全监理机构，设区的市或者相当于同级的农业（农业机械）主管部门农机安全监理机构（以下简称“农机监理机构”）负责办理本行政辖区内拖拉机登记业务。

县级农业（农业机械）主管部门农机安全监理机构在上级农业（农业机械）主管部门农机安全监理机构的指导下，承办拖拉机登记申请的受理，拖拉机检验等具体工作。

第三条 农机监理机构办理拖拉机登记，应当遵循公开、公正、便民的原则。

农机监理机构在受理拖拉机登记申请时，对申请材料齐全并符合法律，行政法规和本规定的，应当在规定的期限内办结，对申请材料不全或者其他不符合法定形式的，应当一次告知申请人需要补正的全部内容，对不符合规定的，应当书面告知不予受理，登记的理由。

农机监理机构应当将拖拉机登记的事项、条件、依据、程序、期限以及收费标准，需要提交的材料和申请表示范文本等在办理登记的场所公示。

省级农机监理机构应当在互联网上建立主页，发布信息，便于群众查阅拖拉机登记的有关规定，下载、使用有关表格。

第四条 农机监理机构应当使用计算机管理系统办理拖拉机登记，打印拖拉机行驶证和拖拉机登记证书。

计算机管理系统的数据库标准和软件全国统一，数据库应当完整、准确记录登记内容，记录办理过程和经办人员信息，并能够及时将有关登记内容传送到全国农机监理信息系统。

第二章 登 记

第一节 注册登记

第五条 初次申领拖拉机号牌，行驶证的，应当在申请注册

登记前，对拖拉机进行安全技术检验，取得安全技术检验合格证明。

属于经国务院拖拉机产品主管部门，依据拖拉机国家安全技术标准认定的企业生产的拖拉机机型，其新机在出厂时经检验获得合格证的，免予安全技术检验。

第六条　拖拉机所有人应当向住所地的农机监理机构申请注册登记，填写《拖拉机注册登记/转入申请表》，提交法定证明、凭证，并交验拖拉机。

农机监理机构应当自受理之日起5日内，确认拖拉机的类型，厂牌型号，颜色，发动机号码，机身（底盘）号码或者挂车架号码，主要特征和技术参数，核对发动机号码和拖拉机机身（底盘）或者挂车架号码的拓印膜，审查提交的证明，凭证，对符合条件的，核发拖拉机登记证书、号牌、行驶证和检验合格标志。

第七条　办理注册登记，应当登记下列内容。

（一）拖拉机登记编号，拖拉机登记证书编号；

（二）拖拉机所有人的姓名或者单位名称，身份证明名称与号码，住所地址，联系电话和邮政编码；

（三）拖拉机的类型，制造厂，品牌，型号，发动机号码，机身（底盘）号码或者挂车架号码，出厂日期，机身颜色；

（四）拖拉机的有关技术数据；

（五）拖拉机获得方式；

（六）拖拉机来历证明的名称，编号或进口拖拉机进口凭证的名称，编号；

（七）拖拉机办理第三者责任强制保险的日期和保险公司的名称；

（八）注册登记的日期；

（九）法律，行政法规规定登记的其他事项。

拖拉机登记后，对拖拉机来历证明，出厂合格证明应签注已登记标志，收存来历证明和身份证明复印件。

第八条 有下列情形之一的，不予办理注册登记。

（一）拖拉机所有人提交的证明，凭证无效的；

（二）拖拉机来历证明涂改的，或者拖拉机来历证明记载的拖拉机所有人与身份证明不符的；

（三）拖拉机所有人提交的证明，凭证与拖拉机不符的；

（四）拖拉机达到国家规定的强制报废标准的；

（五）拖拉机属于被盗抢的；

（六）其他不符合法律，行政法规规定的情形。

第二节　变更登记

第九条 申请变更拖拉机机身颜色，更换机身（底盘）或者挂车的，应当填写《拖拉机变更登记申请表》，提交法定证明，凭证。

农机监理机构应当自受理之日起1日内做出准予或不予变更的决定。

准予变更的，拖拉机所有人应当在变更后10日内向农机监理机构交验拖拉机。农机监理机构应当自受理之日起1日内确认拖拉机，收回原行驶证，重新核发行驶证。属于更换机身（底盘）或者挂车的，还应当核对拖拉机机身（底盘）或者挂车架号码的拓印膜，对机身（底盘）或者挂车的来历证明签注已登记标志，收存来历证明复印件。

第十条 更换发动机的，拖拉机所有人应当于变更后10日内向农机监理机构申请变更登记，填写《拖拉机变更登记申请表》，提交法定证明、凭证，并交验拖拉机。

农机监理机构应当自受理之日起1日内确认拖拉机，收回原行驶证，重新核发行驶证。对发动机的来历证明签注已登记标志，收存来历证明复印件。

第十一条　拖拉机因质量问题，由制造厂更换整机的，拖拉机所有人应当于更换整机后向农机监理机构申请变更登记，填写《拖拉机变更登记申请表》，提交法定证明、凭证，并交验拖拉机。

农机监理机构应当自受理之日起3日内确认拖拉机，收回原行驶证，重新核发行驶证。对拖拉机整机出厂合格证明或者进口拖拉机进口凭证签注已登记标志，收存来历证明复印件。不属于国务院拖拉机产品主管部门认定免予检验的机型，还应当查验拖拉机安全技术检验合格证明。

第十二条　拖拉机所有人的住所迁出农机监理机构管辖区的，应当向迁出地农机监理机构申请变更登记，提交法定证明、凭证。

迁出地农机监理机构应当收回号牌和行驶证，核发临时行驶号牌，将拖拉机档案密封交由拖拉机所有人携带，于90日内到迁入地农机监理机构申请拖拉机转入。

第十三条　申请拖拉机转入的，应当填写《拖拉机注册登记/转入申请表》，交验拖拉机，并提交下列证明、凭证。

（一）拖拉机所有人的身份证明；

（二）拖拉机登记证书。

农机监理机构应当自受理之日起3日内，查验并收存拖拉机档案，确认拖拉机，核发号牌，行驶证和检验合格标志。

第十四条　拖拉机为两人以上共同财产，需要将拖拉机所有人姓名变更的，变更双方应当共同到农机监理机构，填写《拖拉机变更登记申请表》，提交以下证明、凭证。

（一）变更前和变更后拖拉机所有人的身份证明；

（二）拖拉机登记证书；

（三）拖拉机行驶证；

（四）共同所有的证明。

农机监理机构应当自受理之日起1日内查验申请事项发生变更的证明，收回原行驶证，重新核发行驶证。需要改变拖拉机登记编号的，收回原号牌，行驶证，确定新的拖拉机登记编号，重新核发号牌，行驶证和检验合格标志。

变更后拖拉机所有人的住所不在农机监理机构管辖区的，农机监理机构应当按照本规定第十二条第二款和第十三条规定办理变更登记。

第十五条 农机监理机构办理变更登记，应当分别登记下列内容。

（一）变更后的机身颜色；

（二）变更后的发动机号码；

（三）变更后的机身（底盘）或者挂车架号码；

（四）发动机，机身（底盘）或者挂车来历证明的名称，编号；

（五）发动机，机身（底盘）或者挂车出厂合格证明或者进口凭证编号，出厂日期，注册登记日期；

（六）变更后的拖拉机所有人姓名或者单位名称；

（七）需要办理拖拉机档案转出的，登记转入地农机监理机构的名称；

（八）变更登记的日期。

第十六条 已注册登记的拖拉机，拖拉机所有人住所地址在农机监理机构管辖区域内迁移，拖拉机所有人姓名（单位名称）或者联系方式变更的，应当填写《拖拉机变更备案表》，可通过邮寄、传真、电子邮件等方式向农机监理机构备案。

第三节 转移登记

第十七条 拖拉机所有权发生转移，申请转移登记的，转移后的拖拉机所有人应当于拖拉机交付之日起30日内，填写《拖拉机转移登记申请表》，提交法定证明，凭证，交验拖拉机。

农机监理机构应当自受理之日起3日内，确认拖拉机。

转移后的拖拉机所有人住所在原登记地农机监理机构管辖区内的，收回拖拉机行驶证，重新核发拖拉机行驶证。需要改变拖拉机登记编号的，收回原号牌，行驶证，确定新的拖拉机登记编号，重新核发拖拉机号牌，行驶证和检验合格标志。

转移后的拖拉机所有人住所不在原登记地农机监理机构管辖区内的，按照本规定第十二条第二款和第十三条规定办理。

第十八条　农机监理机构办理转移登记，应当登记下列内容。

（一）转移后的拖拉机所有人的姓名或者单位名称，身份证明名称与号码，住所地址，联系电话和邮政编码；

（二）拖拉机获得方式；

（三）拖拉机来历证明的名称，编号；

（四）转移登记的日期；

（五）改变拖拉机登记编号的，登记拖拉机登记编号；

（六）转移后的拖拉机所有人住所不在原登记地农机监理机构管辖区内的，登记转入地农机监理机构的名称。

第十九条　有下列情形之一的，不予办理转移登记。

（一）有本规定第八条规定情形的；

（二）拖拉机与该机的档案记载的内容不一致的；

（三）拖拉机在抵押期间的；

（四）拖拉机或者拖拉机档案被人民法院，人民检察院，行政执法部门依法查封，扣押的；

（五）拖拉机涉及未处理完毕的道路交通，农机安全违法行为或者交通，农机事故的。

第二十条　被司法机关和行政执法部门依法没收并拍卖，或者被仲裁机构依法仲裁裁决，或者被人民法院调解，裁定，判决拖拉机所有权转移时，原拖拉机所有人未向转移后的拖拉机所有人提供拖拉机登记证书和拖拉机行驶证的，转移后的拖拉机所有人在办理转移登记时，应当提交司法机关出具的《协助执行通知书》，或者行政执法部门出具的未得到拖拉机登记证书和拖拉机行驶证的证明，农机监理机构应当公告原拖拉机登记证书和行驶证作废，并在办理所有权转移登记的同时，发放拖拉机登记证书和行驶证。

第四节　抵押登记

第二十一条　申请抵押登记，应当由拖拉机所有人（抵押人）和抵押权人共同申请，填写《拖拉机抵押/注销抵押登记申请表》，提交下列证明、凭证。

（一）抵押人和抵押权人的身份证明；

（二）拖拉机登记证书；

（三）抵押人和抵押权人依法订立的主合同和抵押合同。

农机监理机构应当自受理之日起1日内，在拖拉机登记证书上记载抵押登记内容。

第二十二条　农机监理机构办理抵押登记，应当登记下列内容。

（一）抵押权人的姓名或者单位名称，身份证明名称与号码，住所地址，联系电话和邮政编码；

（二）抵押担保债权的数额；

（三）主合同和抵押合同号码；

（四）抵押登记的日期。

第二十三条　申请注销抵押的，应当由抵押人与抵押权人共同申请，填写《拖拉机抵押/注销抵押登记申请表》，提交下列证明、凭证。

（一）抵押人和抵押权人的身份证明；

（二）拖拉机登记证书。

农机监理机构应当自受理之日起1日内，在拖拉机登记证书

上记载注销抵押内容和注销抵押的日期。

第二十四条　拖拉机抵押登记内容和注销抵押日期可以供公众查询。

第五节　注销登记

第二十五条　已达到国家强制报废标准的拖拉机，拖拉机所有人申请报废注销时，应当填写《拖拉机停驶，复驶/注销登记申请表》，向农机监理机构提交拖拉机号牌，拖拉机行驶证，拖拉机登记证书。

农机监理机构应当自受理之日起1日内办理注销登记，在计算机管理系统内登记注销信息。

第二十六条　因拖拉机灭失，拖拉机所有人向农机监理机构申请注销登记的，应当填写《拖拉机停驶，复驶/注销登记申请表》．农机监理机构应当自受理之日起1日内办理注销登记，收回拖拉机号牌，拖拉机行驶证和拖拉机登记证书。

因拖拉机灭失无法交回号牌，拖拉机行驶证的，农机监理机构应当公告作废。

拖拉机所有人因其他原因申请注销登记的，填写《拖拉机停驶，复驶/注销登记申请表》，农机监理机构应当自受理之日起1日内办理注销登记，收回拖拉机号牌，拖拉机行驶证和拖拉机登记证书。

第三章　其他规定

第二十七条　已注册登记的拖拉机需要停驶或停驶后恢复行驶的，应当填写《拖拉机停驶，复驶/注销登记申请表》，提交下列材料。

（一）拖拉机所有人的身份证明；

（二）申请停驶的，交回拖拉机号牌和拖拉机行驶证。

拖拉机停驶，农机监理机构应当自受理之日起3日内，收回拖拉机号牌和行驶证，拖拉机复驶，农机监理机构应当自受理之日起 3 日内，发给拖拉机号牌和拖拉机行驶证。

第二十八条 拖拉机登记证书灭失，丢失或者损毁的，拖拉机所有人应当申请补领，换领拖拉机登记证书，填写《补领，换领拖拉机牌证申请表》，提交拖拉机所有人的身份证明。

对申请换领拖拉机登记证书的，农机监理机构应当自受理之日起 1 日内换发，收回原拖拉机登记证书，对申请补领拖拉机登记证书的，农机监理机构应当自受理之日起 15 日内确认拖拉机，并重新核发拖拉机登记证书，补发拖拉机登记证书期间应当停止办理该拖拉机的各项登记。

第二十九条 拖拉机号牌，拖拉机行驶证灭失，丢失或者损毁，拖拉机所有人应当申请补领，换领拖拉机号牌，行驶证，填写《补领，换领拖拉机牌证申请表》，并提交拖拉机所有人的身份证明。

农机监理机构应当自受理之日起 1 日内补发，换发拖拉机行驶证，自受理之日起 15 日内补发，换发号牌，原拖拉机登记编号不变。

办理补发拖拉机号牌期间应当给拖拉机所有人核发临时行驶号牌。

补发，换发拖拉机号牌或者拖拉机行驶证后，收回未灭失，丢失或者损坏的号牌，行驶证。

第三十条 未注册登记的拖拉机需要驶出本行政辖区的，拖拉机所有人应当到农机监理机构申请拖拉机临时行驶号牌，提交以下证明、凭证。

（一）拖拉机所有人的身份证明；

（二）拖拉机来历证明；

（三）拖拉机整机出厂合格证明；

（四）拖拉机第三者责任强制保险凭证。

农机监理机构应当自受理之日起1日内，核发拖拉机临时行驶号牌。

第三十一条　拖拉机所有人发现登记内容有错误的，应当及时要求农机监理机构更正。农机监理机构应当自受理之日起5日内予以确认，确属登记错误的，在拖拉机登记证书上更正相关内容，换发行驶证，需要改变拖拉机登记编号的，收回原号牌，行驶证，确定新的拖拉机登记编号，重新核发号牌，行驶证和检验合格标志。

第三十二条　已注册登记的拖拉机被盗抢，拖拉机所有人应当在向公安机关报案的同时，向登记地农机监理机构申请封存拖拉机档案。农机监理机构应当受理申请，在计算机管理系统内记录被盗抢信息，封存档案，停止办理该拖拉机的各项登记。被盗抢拖拉机发还后，拖拉机所有人应当向登记地农机监理机构申请解除封存，农机监理机构应当受理申请，恢复办理该拖拉机的各项登记。

拖拉机在被盗抢期间，发动机号码，机身（底盘）或者挂车架号码或者机身颜色被改变的，农机监理机构应当凭有关技术鉴定证明办理变更。

第三十三条　拖拉机应当从注册登记之日起每年检验1次，拖拉机所有人申领检验合格标志时，应当提交行驶证，拖拉机第三者责任强制保险凭证，拖拉机安全技术检验合格证明。

农机监理机构应当自受理之日起1日内，确认拖拉机，对涉及拖拉机的道路交通，农机安全违法行为和交通，农机事故处理情况进行核查后，在拖拉机行驶证上签注检验记录，核发拖拉机检验合格标志。

拖拉机涉及道路交通，农机安全违法行为或者交通，农机事故未处理完毕的，不予核发检验合格标志。

第三十四条　拖拉机因故不能在登记地检验的，拖拉机所有人应当向登记地农机监理机构申领委托核发检验合格标志。申请时，拖拉机所有人应当提交行驶证，拖拉机第三者责任强制保险凭证，农机监理机构应当自受理之日起1日内，对涉及拖拉机的道路交通，农机安全违法行为和交通，农机事故处理情况进行核查后，出具核发检验合格标志的委托书。

拖拉机在检验地检验合格后，拖拉机所有人应当按照本规定第三十三条第一款的规定向被委托地农机监理机构申请检验合格标志，并提交核发检验合格标志的委托书，被委托地农机监理机构应当自受理之日起1日内，按照本规定第三十三条第二款的规定，在拖拉机行驶证上签注检验记录，核发拖拉机检验合格标志。

拖拉机涉及道路交通，农机安全违法行为或者交通，农机事故未处理完毕的，不得委托核发检验合格标志。

第三十五条 拖拉机所有人可以委托代理人代理申请各项拖拉机登记和相关业务，但申请补发拖拉机登记证书的除外，代理人申请拖拉机登记和相关业务时，应当提交代理人的身份证明和拖拉机所有人与代理人共同签字的申请表。

农机监理机构应当记载代理人的姓名或者单位名称，身份证明名称与号码，住所地址，联系电话和邮政编码。

第四章　附　　则

第三十六条 拖拉机号牌，临时行驶号牌，拖拉机行驶证的式样，规格，按照中华人民共和国农业行业标准《拖拉机号牌》《中华人民共和国拖拉机行驶证证件》执行。拖拉机登记证书，检验合格标志的式样，以及各类登记表格式样等由农业部制定，拖拉机登记证书由农业部统一印制。

第三十七条 本规定下列用语的含义。

（一）拖拉机类型是指：

1. 大中型拖拉机；

2. 小型方向盘式拖拉机；

3. 手扶式拖拉机。

（二）拖拉机所有人是指拥有拖拉机所有权的个人或者单位。

（三）身份证明是指：

1. 机关，事业单位，企业和社会团体的身份证明，是组织机构代码证书，上述单位已注销、撤销或者破产的，已注销的企业单位的身份证明，是工商行政管理部门出具的注销证明；已撤销的机关，事业单位的身份证明，是上级主管机关出具的有关证明；已破产的企业单位的身份证明，是依法成立的财产清算机构出具的有关证明；

2. 居民的身份证明，是居民身份证或者居民户口簿，在暂住地居住的内地居民，其身份证明是居民身份证和公安机关核发的居住，暂住证明。

（四）住所是指：

1. 单位的住所为其主要办事机构所在地；

2. 个人的住所为其户籍所在地或者暂住地。

（五）住所地址是指：

1. 单位住所地址为其身份证明记载的地址；

2. 个人住所地址为其申报的住所地址。

（六）拖拉机获得方式是指：购买，继承，赠予，中奖，协议抵偿债务，资产重组，资产整体买卖，调拨，人民法院调解，裁定，判决，仲裁机构仲裁裁决等。

（七）拖拉机来历证明是指：

1. 在国内购买的拖拉机，其来历证明是拖拉机销售发票；销售发票遗失的是销售商或者所在单位的证明；在国外购买的拖拉机，其来历证明是该机销售单位开具的销售发票和其翻译文本；

2. 人民法院调解，裁定或者判决所有权转移的拖拉机，其来历证明是人民法院出具的已经生效的调解书，裁定书或者判决书以及相应的协助执行通知书；

3. 仲裁机构仲裁裁决所有权转移的拖拉机，其来历证明是仲裁裁决书和人民法院出具的协助执行通知书；

4. 继承，赠予，中奖和协议抵偿债务的拖拉机，其来历证明是继承，赠予，中奖和协议抵偿债务的相关文书；

5. 经公安机关破案发还的被盗抢且已向原拖拉机所有人理赔完毕的拖拉机，其来历证明是保险公司出具的权益转让证明书；

6. 更换发动机，机身（底盘），挂车的来历证明，是销售单位开具的发票或者修理单位开具的发票；

7. 其他能够证明合法来历的书面证明。

第三十八条 本规定自 2004 年 10 月 1 日起施行，农业部 1998 年 1 月 5 日发布的《农用拖拉机及驾驶员安全监理规定》同时废止。

Ⅱ 《拖拉机驾驶证申领和使用规定》

中华人民共和国农业部令第 42 号《拖拉机驾驶证申领和使用规定》业经 2004 年 9 月 6 日农业部第 27 次常务会议审议通过，现予发布，自 2004 年 10 月 1 日起施行。后于 2010 年 10 月 26 日农业部令第 11 号修订。

第一章 总 则

第一条 为规范拖拉机驾驶证的申领和使用，根据《中华人民共和国农业机械化促进法》《中华人民共和国道路交通安全法》和《农业机械安全监督管理条例》等有关法律、法规，制

定本规定。

第二条　本规定由农业（农业机械）主管部门负责实施。

直辖市农业（农业机械）主管部门农机安全监理机构、设区的市或者相当于同级的农业（农业机械）主管部门农机安全监理机构（以下简称“农机监理机构”）负责办理本行政辖区内拖拉机驾驶证业务。

县级农业（农业机械）主管部门农机安全监理机构在上级农业（农业机械）主管部门农机安全监理机构的指导下，承办拖拉机驾驶证申请的受理、审查和考试等具体工作。

第三条　农机监理机构办理拖拉机驾驶证业务，应当遵循公开、公正、便民的原则。

第四条　农机监理机构办理拖拉机驾驶证业务，应当依法受理申请人的申请，审核申请人提交的资料，对符合条件的，按照规定程序和期限办理拖拉机驾驶证。

申领拖拉机驾驶证的人，应当如实向农机监理机构提交规定的有关资料，如实申告规定事项。

第五条　农机监理机构应当使用拖拉机驾驶证计算机管理系统核发、打印拖拉机驾驶证。

拖拉机驾驶证计算机管理系统的数据库标准和软件全国统一，能够完整、准确地记录和存储申请受理、科目考试、拖拉机驾驶证核发等全过程和经办人员信息，并能够及时将有关信息传送到全国农机监理信息系统。

第二章　拖拉机驾驶证的申领

第一节　拖拉机驾驶证

第六条　拖拉机驾驶证记载和签注以下内容。

（一）拖拉机驾驶人信息：姓名、性别、出生日期、住址、身份证明号码（拖拉机驾驶证号码）、照片；

（二）农机监理机构签注内容：初次领证日期、准驾机型代号、有效期起始日期、有效期限、核发机关印章、档案编号。

第七条 拖拉机驾驶人准予驾驶的机型分为：

（一）大中型拖拉机（发动机功率在14.7千瓦以上），驾驶证准驾机型代号为“G”；

（二）小型方向盘式拖拉机（发动机功率不足14.7千瓦），驾驶证准驾机型代号为“H”；

（三）手扶式拖拉机，驾驶证准驾机型代号为“K”。

第八条 持有准驾大中型拖拉机驾驶证的，准许驾驶大中型拖拉机、小型方向盘式拖拉机；持有准驾小型方向盘式拖拉机驾驶证的，只准许驾驶小型方向盘式拖拉机；持有准驾手扶式拖拉机驾驶证的，只准许驾驶手扶式拖拉机。

第九条 拖拉机驾驶证有效期分为6年、10年和长期。

拖拉机驾驶人初次获得拖拉机驾驶证后的12个月为实习期。

第二节 申请条件

第十条 申请拖拉机驾驶证的人，应当符合下列规定。

（一）年龄：18周岁以上，60周岁以下；

（二）身高：不低于150厘米；

（三）视力：两眼裸视力或者矫正视力达到对数视力表4.9以上；

（四）辨色力：无红绿色盲；

（五）听力：两耳分别距音叉50厘米能辨别声源方向；

（六）上肢：双手拇指健全，每只手其他手指必须有3指健全，肢体和手指运动功能正常；

（七）下肢：运动功能正常。下肢不等长度不得大于5厘米；

（八）躯干、颈部：无运动功能障碍。

第十一条 有下列情形之一的，不得申请拖拉机驾驶证。

（一）有器质性心脏病、癫痫、美尼尔氏症、眩晕症、癔

病、震颤麻痹、精神病、痴呆以及影响肢体活动的神经系统疾病等妨碍安全驾驶疾病的；

（二）吸食、注射毒品，长期服用依赖性精神药品成瘾尚未戒除的；

（三）吊销拖拉机驾驶证或者机动车驾驶证未满 2 年的；

（四）造成交通事故后逃逸被吊销拖拉机驾驶证或者机动车驾驶证的；

（五）驾驶许可依法被撤销未满 3 年的；

（六）法律、行政法规规定的其他情形。

第三节　申请、考试和发证

第十二条　初次申领拖拉机驾驶证，应当向户籍地或者暂住地农机监理机构提出申请，填写《拖拉机驾驶证申请表》，并提交以下证明。

（一）申请人的身份证明及其复印件；

（二）县级或者部队团级以上医疗机构出具的有关身体条件的证明。

第十三条　申请增加准驾机型的，应当向所持拖拉机驾驶证核发地农机监理机构提出申请，除填写《拖拉机驾驶证申请表》，提交第十二条规定的证明外，还应当提交所持拖拉机驾驶证。

第十四条　农机监理机构对符合拖拉机驾驶证申请条件的，应当受理，并在申请人预约考试后 30 日内安排考试。

第十五条　拖拉机驾驶人考试科目分为：

（一）科目一：道路交通安全、农机安全法律法规和机械常识、操作规程等相关知识考试；

（二）科目二：场地驾驶技能考试；

（三）科目三：挂接机具和田间作业技能考试；

（四）科目四：道路驾驶技能考试。

第十六条 考试顺序按照科目一、科目二、科目三、科目四依次进行，前一科目考试合格后，方准参加后一科目考试。其中科目三的挂接机具和田间作业技能考试，可根据机型实际选考1项。

第十七条 考试科目内容和合格标准全国统一。其中，科目一考试试题库的结构和基本题型由农业部制定，省级农机监理机构可结合本地实际情况建立本省（自治区、直辖市）的考试题库。

第十八条 初次申请拖拉机驾驶证或者申请增加准驾机型的，科目一考试合格后，农机监理机构应当在2个工作日内核发拖拉机驾驶技能准考证明。

拖拉机驾驶技能准考证明的有效期为2年。申领人应当在有效期内完成科目二、科目三、科目四考试。

第十九条 初次申请拖拉机驾驶证或者申请增加准驾机型的，申请人在取得拖拉机驾驶技能准考证明后预约科目二、科目三和科目四考试。

第二十条 每个科目考试1次，可以补考1次。补考仍不合格的，本科目考试终止。申请人可以重新申请考试，但科目二、科目三和科目四的考试日期应当在10日后预约。

在拖拉机驾驶技能准考证明有效期内，已考试合格的科目成绩有效。

第二十一条 增考项目

（一）持有准驾大中型拖拉机或小型方向盘式拖拉机驾驶证申请增驾手扶式拖拉机的，考试项目为：科目二、科目四；

（二）持有准驾小型方向盘式拖拉机驾驶证申请增驾大中型拖拉机的，考试项目为：科目三、科目四；

（三）持有准驾手扶式拖拉机驾驶证申请增驾大中型拖拉机或小型方向盘式拖拉机的，考试项目为：科目二、科目三、科

目四。

增考的考试方法和评分标准与初考相同。

第二十二条　初次申请拖拉机驾驶证或者申请增加准驾机型的申请人全部考试科目合格后，农机监理机构应当在2个工作日内核发拖拉机驾驶证。获准增加准驾机型的，应当收回原拖拉机驾驶证。

第二十三条　各考试科目结果应当公布，并出示成绩单。成绩单应当有考试员的签名，未签名的不得核发拖拉机驾驶证。

考试不合格的，应当说明不合格原因。

第二十四条　申请人在考试过程中有舞弊行为的，取消本次考试资格，已经通过考试的其他科目成绩无效。

第三章　换证、补证和注销

第二十五条　拖拉机驾驶人应当于拖拉机驾驶证有效期满前90日内，向拖拉机驾驶证核发地农机监理机构申请换证。申请换证时应当填写拖拉机驾驶证申请表，并提交以下证明、凭证。

（一）拖拉机驾驶人的身份证明及其复印件；

（二）拖拉机驾驶证；

（三）县级或者部队团级以上医疗机构出具的有关身体条件的证明。

第二十六条　拖拉机驾驶人户籍迁出驾驶证核发地农机监理机构管辖区的，应当向迁入地农机监理机构申请换证；拖拉机驾驶人在驾驶证核发地农机监理机构管辖区以外居住的，可以向居住地农机监理机构申请换证。

申请换证时应当向驾驶证核发地农机监理机构提取档案资料，转送申请换证地农机监理机构，并填写《拖拉机驾驶证申请表》，提交拖拉机驾驶人的身份证明和拖拉机驾驶证。

第二十七条　有下列情形之一的，拖拉机驾驶人应当在30

日内到拖拉机驾驶证核发地农机监理机构申请换证。

（一）在农机监理机构管辖区域内，拖拉机驾驶证记载的拖拉机驾驶人信息发生变化的；

（二）拖拉机驾驶证损毁无法辨认的。

申请时应当填写拖拉机驾驶证申请表，并提交拖拉机驾驶人的身份证明和拖拉机驾驶证。

第二十八条 农机监理机构对符合第二十五条、第二十六条、第二十七条规定的，应当在2个工作日内换发拖拉机驾驶证；对符合第二十六条、第二十七条规定的，还应当收回原拖拉机驾驶证。

第二十九条 拖拉机驾驶证遗失的，驾驶人应当向拖拉机驾驶证核发地农机监理机构申请补发。申请时应当填写拖拉机驾驶证申请表，并提交以下证明、凭证。

（一）拖拉机驾驶人的身份证明；

（二）拖拉机驾驶证遗失的书面声明。

符合规定的，农机监理机构应当在2个工作日内补发拖拉机驾驶证。

第三十条 拖拉机驾驶人可以委托代理人办理拖拉机驾驶证的换证、补证业务。代理人申请办理拖拉机驾驶证业务时，应当提交代理人的身份证明和拖拉机驾驶人与代理人共同签字的《拖拉机驾驶证申请表》。

农机监理机构应当记载代理人的姓名、单位名称、身份证明名称、身份证明号码、住所地址、邮政编码、联系电话。

第三十一条 拖拉机驾驶人有下列情形之一的，农机监理机构应当注销其拖拉机驾驶证。

（一）死亡的；

（二）身体条件不适合驾驶拖拉机的；

（三）提出注销申请的；

（四）丧失民事行为能力，监护人提出注销申请的；

（五）超过拖拉机驾驶证有效期1年以上未换证的；

（六）年龄在60周岁以上，2年内未提交身体条件证明的；

（七）年龄在70周岁以上的；

（八）拖拉机驾驶证依法被吊销或者驾驶许可依法被撤销的。

有前款第（五）项至第（八）项情形之一，未收回拖拉机驾驶证的，应当公告拖拉机驾驶证作废。

第四章　审　　验

第三十二条　拖拉机驾驶人在一个记分周期内累积记分达到12分的，农机监理机构接到公安机关交通管理部门通报后，应当通知拖拉机驾驶人在15日内到拖拉机驾驶证核发地农机监理机构接受为期7日的道路交通安全法律、法规和相关知识的教育。拖拉机驾驶人接受教育后，农机监理机构应当在20日内对其进行科目一考试。

拖拉机驾驶人在一个记分周期内两次以上达到12分的，农机监理机构还应当在科目一考试合格后10日内对其进行科目四考试。

第三十三条　拖拉机驾驶人在拖拉机驾驶证的6年有效期内，每个记分周期均未达到12分的，换发10年有效期的拖拉机驾驶证；在拖拉机驾驶证的10年有效期内，每个记分周期均未达到12分的，换发长期有效的拖拉机驾驶证。

换发拖拉机驾驶证时，农机监理机构应当对拖拉机驾驶证进行审验。

第三十四条　拖拉机驾驶人年龄在60周岁以上的，应当每年进行1次身体检查，按拖拉机驾驶证初次领取月的日期，30日内提交县级或者部队团级以上医疗机构出具的有关身体条件的证明。

身体条件合格的，农机监理机构应当签注驾驶证。

第五章 附 则

第三十五条 拖拉机驾驶证的式样、规格与中华人民共和国公共安全行业标准《中华人民共和国机动车驾驶证》一致，按照中华人民共和国农业行业标准《中华人民共和国拖拉机驾驶证》执行。

拖拉机驾驶技能准考证明的式样由农业部规定。

第三十六条 本规定下列用语的含义。

（一）居民的身份证明，是居民身份证；在暂住地居住的居民的身份证明，是居民身份证和公安机关核发的居住、暂住证明；

（二）居民的住址，是指居民身份证记载的住址；

（三）本规定所称“以上”、“以下”均包括本数在内。

第三十七条 本规定自2004年10月1日起施行。

Ⅲ 拖拉机驾驶人各科目考试内容与评定标准

一、科目一

（一）考试内容

1. 道路交通安全法律、法规和农机安全监理法规、规章；

2. 拖拉机及常用配套农具的总体构造，主要组成结构和功用，维护保养知识，常见故障的判断和排除方法，操作规程等安全驾驶相关知识。

（二）考试要求

试题分为选择题与判断题，试题量为100题，每题1分。其中，全国统一试题不低于80%；交通、农机安全法规与机械常

识、操作规程试题各占50%。采用笔试或计算机考试，考试时间为90分钟。

（三）合格标准

成绩在80分以上的为合格。

二、科目二

（一）方向盘式拖拉机场地驾驶考试

1. 图形

（略）。

2. 图例

○桩位，一边线，前进线，倒车线。

3. 尺寸

（1）起点：距甲库外边线1.5倍机长；

（2）路宽：机长的1.5倍；

（3）库长：机长的2倍；

（4）库宽：大中型拖拉机为机宽加60厘米，小型拖拉机为机宽加50厘米。

4. 操作要求

采用单机进行，从起点倒车入乙库停正，然后两进两退移位到甲库停正，前进穿过乙库至路上，倒入甲库停正，前进返回起点。

5. 考试内容

（1）在规定场地内，按照规定的行驶路线和操作要求完成驾驶拖拉机的情况；

（2）对拖拉机前、后、左、右空间位置的判断能力；

（3）对拖拉机基本驾驶技能的掌握情况。

6. 合格标准

未出现下列情形的，考试合格：

（1）不按规定路线、顺序行驶；

(2) 碰擦桩杆；

(3) 机身出线；

(4) 移库不入；

(5) 在不准许停机的行驶过程中停机 2 次以上；

(6) 发动机熄火；

(7) 原地打方向；

(8) 使用半联动离合器或者单边制动器；

(9) 违反考场纪律。

(二) 手扶式拖拉机场地驾驶考试

1. 图形

(略)。

2. 图例

○桩位，一边线，前进线，倒车线。

3. 尺寸

(1) 桩间距：机长加 40 厘米；

(2) 桩与边线间距：机宽加 30 厘米。

4. 操作要求

手扶式拖拉机考试应挂接挂车进行。按考试图规定的路线行驶，从起点按虚线绕桩倒车行驶，再按实线绕桩前进驶出。

5. 考试内容

(1) 在规定场地内，按照规定的行驶路线和操作要求完成驾驶拖拉机的情况；

(2) 对拖拉机前、后、左、右空间位置的判断能力；

(3) 对拖拉机基本驾驶技能的掌握情况。

6. 合格标准

未出现下列情形的，考试合格：

(1) 不按规定路线、顺序行驶；

(2) 碰擦桩杆；

（3）除扶手把外机身出线；

（4）在不准许停机的行驶过程中停机2次以上；

（5）原地推把或转向时脚触地；

（6）发动机熄火；

（7）违反考场纪律。

三、科目三

（一）拖拉机挂接农具考试

1. 图形

（略）。

2. 图例

○桩位，一边线，前进线，倒车线。

3. 图形尺寸

（1）路长：机长的1.5倍；

（2）路宽：机长的1.5倍；

（3）库长：机长加农具长加30厘米；

（4）库宽：机宽加60厘米。

4. 操作要求

采用实物挂接或者设置挂接点的方法进行，从起点前进，一次完成倒进机库，允许再1进1倒挂上农具。

5. 考试内容

（1）在规定的机库内，按照规定的行驶路线和操作要求完成进库挂接农具的情况；

（2）对拖拉机悬挂点和农具挂接点前、后、左、右空间位置的判断能力；

（3）对拖拉机基本驾驶技能的掌握情况。

6. 合格标准

未出现下列情形的，考试合格。

（1）不按规定路线、顺序行驶；

（2）碰擦桩杆；

（3）机身出线；

（4）拖拉机悬挂点与农具挂接点距离大于 10 厘米；

（5）在不准许停机的行驶过程中停机 2 次以上；

（6）发动机熄火；

（7）违反考场纪律。

（二）拖拉机田间作业考试

1. 图形

（略）。

2. 图例

○桩位，地头线，前进线，一地边线

3. 尺寸

（1）地宽：机宽的 3 倍；

（2）地长：方向盘式拖拉机为 60 米；手扶式拖拉机为 40 米；

（3）有效地段：方向盘式拖拉机为 50 米；手扶式拖拉机为 30 米。

4. 操作要求

采用拖拉机悬挂（牵引）农机具实地作业或者在模拟图形上驾驶拖拉机划印方式进行。用正常作业挡，从起点驶入，入地时正确降下农具，直线行驶作业到地头，升起农具掉头，回程农具入地，出地时升起农具。

5. 考试内容

（1）在规定的田间，按照规定的行驶路线和操作要求正确升降农具的情况；

（2）对拖拉机地头掉头靠行作业的掌握情况；

（3）对拖拉机回程行驶偏差的掌握情况。

6. 合格标准

未出现下列情形的，考试合格。

（1）不按规定路线、顺序行驶；

（2）机组掉头靠行与规定位置偏差大于30厘米；

（3）机组回程行驶过程中平行偏差大于15厘米；

（4）在不准许停机的行驶过程中停机2次以上；

（5）发动机熄火；

（6）违反考场纪律。

四、科目四

（一）考试内容

在模拟道路或者实际道路上，驾驶拖拉机机组进行起步前的准备、起步、通过路口、通过信号灯、按照道路标志标线驾驶、变换车道、会车、超车、定点停车等正确驾驶拖拉机的能力，观察、判断道路和行驶环境以及综合控制拖拉机的能力，在夜间和低能见度情况下使用各种灯光的知识，遵守交通法规的意识和安全驾驶情况。

拖拉机考试距离不少于3千米。

（二）合格标准

考试满分为100分，设定不及格、扣20分、扣10分、扣5分的评判标准。达到70分以上的为及格。

（三）评判标准

1. 考试时出现下列情形之一的，道路驾驶考试不及格

（1）不按交通信号或民警指挥信号行驶；

（2）起步时拖拉机机组溜动距离大于30厘米；

（3）机组行驶方向把握不稳；

（4）当右手离开方向盘时，左手不能有效、平稳控制方向的；

（5）有双手同时离开方向盘或扶手把现象；

（6）换挡时低头看挡或两次换挡不进；

（7）行驶中使用空挡滑行；

（8）行驶速度超过限定标准；

（9）对机组前后、左右空间位置感觉差；

（10）不按考试员指令行驶；

（11）不能熟练掌握牵引挂车驾驶要领；

（12）对采用气制动结构的拖拉机，储气压力未达到一定数值而强行起步；

（13）方向转动频繁，导致挂车左右晃动；

（14）考试中，有吸烟、接打电话等妨碍安全驾驶行为；

（15）争道抢行或违反路口行驶规定；

（16）窄路会车时，不减速靠右边行驶或会车困难时，应让行而不让；

（17）行驶中不能正确使用各种灯光；

（18）在禁止停车的地方停车；

（19）发现危险情况未及时采取措施。

2. 考试时出现下列情形之一的，扣 20 分

（1）拖拉机有异常情况起步；

（2）起步挂错挡；

（3）不放松手制动器或停车锁起步，未能及时纠正；

（4）起步时机组溜动小于 30 厘米；

（5）起步时发动机熄火 1 次；

（6）换挡时有齿轮撞击声；

（7）控制行驶速度不稳；

（8）路口转弯角度过大、过小或打、回轮过早、过晚；

（9）掉头方式选择不当；

（10）掉头不注意观察交通情况；

（11）停车未拉手制动或停车锁之前机组后溜。

3. 考试时出现下列情形之一的，扣 10 分

（1）起步前未检查仪表；

（2）起步时机组有闯动及行驶无力的情形；

（3）起步及行驶时驾驶姿势不正确；

（4）掌握方向盘或扶手把手法不合理；

（5）行驶制动不平顺，出现机组闯动；

（6）挡位使用不当或速度控制不稳；

（7）换挡掌握变速杆手法不对；

（8）换挡时机掌握太差；

（9）换挡时手脚配合不熟练；

（10）错挡但能及时纠正；

（11）不按规定出入非机动车道；

（12）变换车道之前，未查看交通情况；

（13）制动停车过程不平顺。

4. 考试时出现下列情形之一的，扣 5 分

（1）起步前未调整好后视镜；

（2）起步前未检查挡位或停车制动器；

（3）发动机启动后仍未放开启动开关；

（4）不放停车制动器起步，但及时纠正；

（5）起步油门过大，致使发动机转速过高；

（6）换挡时机掌握稍差；

（7）路口转弯角度稍大、稍小或打、回轮稍早、稍晚；

（8）停车时未拉手制动或停车锁，检查挡位，抬离合器前先抬脚制动。

Ⅳ　联合收割机及驾驶人安全监理规定

《联合收割机及驾驶人安全监理规定》业经 2006 年 10 月 26

日农业部27次常务会议审议通过，现予发布，自2007年5月1日起施行。

第一章　总　　则

第一条　为加强对联合收割机及驾驶人的安全监督管理，保障人民生命和财产安全，促进农业生产发展，根据《国务院对确需保留的行政审批项目设定行政许可的决定》（国务院第412号令），制定本规定。

第二条　本规定所称联合收割机，是指各类自走式联合收割机和悬挂式联合收割机。

拥有、使用联合收割机的单位和个人应当遵守本规定。

第三条　县级以上人民政府农业机械化主管部门负责联合收割机及驾驶人的安全监理工作。

直辖市农业机械化主管部门农机安全监理机构、设区的市或者相当于同级的农业机械化主管部门农机安全监理机构（以下简称“农机监理机构”）承担本行政区域内联合收割机登记和驾驶证核发等工作。

县级农机监理机构承办联合收割机登记申请的受理、联合收割机检验及驾驶证申请的受理、审查和考试等具体工作。

第四条　联合收割机及驾驶人安全监理工作，应当坚持安全第一、预防为主、综合治理的方针，遵循公开、公正、便民的原则。

第五条　县级以上人民政府农业机械化主管部门及农机监理机构应当加强联合收割机安全生产的法律、法规和安全知识的宣传教育。

农业生产经营组织应当对联合收割机驾驶操作及相关人员进行安全教育，提高安全生产意识。

第二章　登记注册

第六条　联合收割机应当经农机监理机构登记并领取号牌、行驶证后，方可投入使用。

联合收割机登记机型分为：

（一）方向盘自走式联合收割机；

（二）操纵杆自走式联合收割机。

悬挂式联合收割机配套的拖拉机已领有号牌、行驶证的，持有效的拖拉机号牌、行驶证准予投入使用。

第七条　初次申领联合收割机号牌、行驶证的，应当取得农机监理机构的安全技术检验合格证明。

联合收割机的安全技术检验按照国家相关标准执行。

第八条　联合收割机所有人应当向住所地的农机监理机构申请注册登记，提交下列材料。

（一）联合收割机登记申请表；

（二）所有人身份证明；

（三）联合收割机来历凭证；

（四）产品合格证明；

（五）安全技术检验合格证明。

农机监理机构应当自受理之日起5日内，确认联合收割机的类型、厂牌型号、颜色、发动机号码、机身号码，核对发动机号码和机身号码的拓印膜，审查提交的证明、凭证，符合条件的，核发联合收割机号牌和行驶证。不符合条件的，不予登记，并书面通知申请人，说明理由。

第九条　有下列情形之一的，应当向登记地农机监理机构申请变更登记。

（一）改变机身颜色的；

（二）更换发动机的；

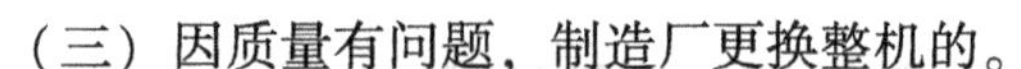

（三）因质量有问题，制造厂更换整机的。

申请变更登记，应当提交下列材料。

（一）联合收割机变更登记申请表；

（二）所有人身份证明；

（三）行驶证；

（四）更换的发动机或者整机的来历凭证，以及联合收割机安全技术检验合格证明。

农机监理机构应当自受理之日起3日内查验相关证明，收回原行驶证，重新核发行驶证。

第十条 联合收割机所有人住所迁出农机监理机构管辖区域的，应当向登记地农机监理机构申请变更登记，并提交行驶证和身份证明。迁出地农机监理机构应当自受理之日起3日内核发临时行驶号牌，收回原号牌、行驶证，将档案密封交所有人。

联合收割机所有人应当携带档案，于90日内到迁入地农机监理机构申请转入，并提交身份证明，交验联合收割机。迁入地农机监理机构应当自受理之日起3日内重新核发号牌、行驶证。

第十一条 联合收割机所有权发生转移的，应当向登记地的农机监理机构申请转移登记，交验联合收割机，提交以下材料。

（一）联合收割机转移登记申请表；

（二）所有人身份证明；

（三）所有权转移的证明、凭证；

（四）行驶证。

农机监理机构应当自受理之日起3日内办理转移手续。转移后的联合收割机所有人住所在原登记地农机监理机构管辖区内的，收回原行驶证，核发新行驶证；转移后的联合收割机所有人住所不在原登记地农机监理机构管辖区内的，按照本规定第十条办理。

第十二条 联合收割机报废或者灭失的，应当向登记地的农

机监理机构申请注销登记，提交身份证明，并交回号牌、行驶证。无法交回号牌、行驶证的，由农机监理机构公告作废。

第十三条　登记的联合收割机应当每年进行1次安全技术检验。安全技术检验合格的，农机监理机构应当在联合收割机行驶证上签注检验合格记录。

联合收割机因故不能在登记地检验的，所有人可以向登记地农机监理机构申请委托检验。

未参加年度检验或者年度检验不合格的联合收割机，不得继续使用。

第十四条　联合收割机号牌、行驶证灭失、丢失或者损毁申请补领、换领的，所有人应当向登记地农机监理机构提交申请表、身份证明和相关证明材料。

经审查，属于补发、换发号牌的，农机监理机构应当自收到申请之日起15日内补、换发；属于补发、换发行驶证的，自收到申请之日起1日内补、换发。

办理补发、换发联合收割机号牌期间，应当给所有人核发临时行驶号牌。补发、换发联合收割机号牌或者行驶证后，应当收回未灭失、丢失或者损坏的号牌或者行驶证。

第十五条　联合收割机所有人可以委托代理人代理申请联合收割机登记等相关业务。代理人申请时，应当提交代理人的身份证明和所有人与代理人共同签字的申请表。

第三章　驾驶证申领和使用

第十六条　联合收割机驾驶人应当经农机监理机构考试合格，领取联合收割机驾驶证。

联合收割机驾驶证准予驾驶的机型分为：

（一）方向盘自走式联合收割机，代号为“R”；

（二）操纵杆自走式联合收割机，代号为“S”；

（三）悬挂式联合收割机，代号为“T”。

第十七条 申请联合收割机驾驶证，应当符合下列规定。

（一）年龄：18周岁以上，60周岁以下；

（二）身高：不低于150厘米；

（三）视力：两眼裸视力或者矫正视力达到对数视力表4.9以上；

（四）辨色力：无红绿色盲；

（五）听力：两耳分别距音叉50厘米能辨别声源方向；

（六）上肢：双手拇指健全，每只手其他手指必须有3指健全，肢体和手指运动功能正常；

（七）下肢：运动功能正常，下肢不等长度不得大于5厘米；

（八）躯干、颈部：无运动功能障碍。

第十八条 有下列情形之一的，不得申请联合收割机驾驶证。

（一）有器质性心脏病、癫痫、美尼尔氏症、眩晕症、癔病、震颤麻痹、精神病、痴呆以及影响肢体活动的神经系统疾病等妨碍安全驾驶疾病的；

（二）吸食、注射毒品，长期服用依赖性精神药品成瘾尚未戒除的；

（三）吊销拖拉机或者机动车驾驶证未满2年的；

（四）造成交通事故后逃逸被吊销拖拉机或者机动车驾驶证的；

（五）驾驶许可依法被撤销未满3年的；

（六）法律、行政法规规定的其他情形。

第十九条 初次申领联合收割机驾驶证，应当向户籍地或者暂住地农机监理机构提出申请，提交以下材料。

（一）联合收割机驾驶证申请表；

（二）身份证明；

（三）县级或者部队团级以上医疗机构出具的有关身体条件证明。

第二十条　申请增加准驾机型的，应当向所持联合收割机驾驶证核发地农机监理机构提交第十九条规定的材料及联合收割机驾驶证。

第二十一条　联合收割机驾驶人考试科目分为：

（一）科目一：理论知识考试；

（二）科目二：场地驾驶技能考试；

（三）科目三：田间（模拟）作业驾驶技能考试；

（四）科目四：方向盘自走式联合收割机道路驾驶技能考试。

考试科目内容和合格标准全国统一。其中，科目一考试题库的结构和基本题型由农业部制定，省级农机监理机构可结合本地实际情况建立本省（自治区、直辖市）的考试题库。

第二十二条　农机监理机构对符合联合收割机驾驶证申请条件的，在申请人预约后30日内安排考试。考试顺序按照科目一、科目二、科目三、科目四依次进行，前一科目考试合格后，方可参加后一科目考试。

第二十三条　初次申请联合收割机驾驶证或者申请增加准驾机型的，科目一考试合格后，农机监理机构应当在3日内核发驾驶技能准考证明。

驾驶技能准考证明的有效期为2年。申领人应当在有效期内完成科目二、科目三、科目四考试。

第二十四条　每个科目考试一次，可以补考一次。补考仍不合格的，本科目考试终止，申请人可以重新申请考试，但科目二、科目三、科目四的考试日期应当在10日后预约。

驾驶技能准考证明有效期内，考试合格的科目成绩有效。

第二十五条　申请增加准驾机型驾驶技能考试项目。

（一）持有准驾大中型拖拉机驾驶证申请增驾方向盘自走式或者悬挂式联合收割机的，考试项目为科目三；

（二）持有准驾悬挂式联合收割机驾驶证申请增驾方向盘自走式联合收割机的，考试项目为科目三；

（三）持有准驾大中型拖拉机、小型方向盘式拖拉机、手扶式拖拉机或者方向盘自走式联合收割机驾驶证申请增驾操纵杆自走式联合收割机的，考试项目为科目二、科目三；

（四）持有准驾小型方向盘式拖拉机、手扶式拖拉机或者操纵杆自走式联合收割机驾驶证申请增驾方向盘自走式联合收割机的，考试项目为科目二、科目三、科目四；

增驾的考试方法和评分标准与初考相同。

初次申领或者申请增驾悬挂式联合收割机驾驶证的，应当取得大中型拖拉机驾驶证。

第二十六条 考试成绩应当由考试员签名，并书面告知申请人。考试不合格的，应当说明理由。

第二十七条 申请人考试舞弊的，取消本次考试资格，已经通过考试的其他科目成绩无效。

第二十八条 申请人全部考试科目合格后，农机监理机构应当在 5 日内核发联合收割机驾驶证。准予增加准驾机型的，应当收回原驾驶证。

第二十九条 联合收割机驾驶证有效期为 6 年。驾驶人应当于驾驶证有效期满前 90 日内，向驾驶证核发地农机监理机构提交以下材料，申请换证。

（一）联合收割机驾驶证申请表；

（二）身份证明；

（三）驾驶证；

（四）县级或者部队团级以上医疗机构出具的有关身体条件的证明。

农机监理机构应当对驾驶证进行审验，合格的，自受理之日起3日内予以换发；不予换发的，应当书面通知申请人，说明理由。

第三十条　驾驶人年龄在60周岁以上的，应当每年进行1次身体检查，按照驾驶证初次领取月的日期，30日内提交县级或者部队团级以上医疗机构出具的有关身体条件的证明。

身体条件合格的，农机监理机构应当签注驾驶证。

第三十一条　驾驶人户籍迁出驾驶证核发地农机监理机构管辖区的，应当向迁入地农机监理机构申请换证；驾驶人在驾驶证核发地农机监理机构管辖区以外居住的，可以向居住地农机监理机构申请换证。

申请换证时，申请人应当向驾驶证核发地农机监理机构提取档案资料，转送换证地农机监理机构，并提交申请表、身份证明和驾驶证。

第三十二条　联合收割机驾驶证记载的内容变化、损毁无法辨认或者遗失的，应当申请换发或者补发驾驶证。申请时，应当提交申请表和身份证明；遗失的，还应当提交遗失的书面声明。

农机监理机构经对驾驶人的违章和事故情况审查，符合条件的，应当在3日内换发驾驶证，并收回原驾驶证。

第三十三条　驾驶人有下列情形之一的，农机监理机构应当注销其驾驶证。

（一）申请注销的；

（二）丧失民事行为能力，监护人提出注销申请的；

（三）死亡的；

（四）身体条件不适合驾驶联合收割机的；

（五）驾驶证有效期超过1年以上未换证的；

（六）年龄在60周岁以上，2年内未提交身体条件证明的；

（七）年龄在70周岁以上的；

（八）驾驶证依法被吊销或者驾驶许可依法被撤销的。

有前款情形之一，未收回驾驶证的，应当公告驾驶证作废。

第四章　作业安全

第三十四条　联合收割机号牌应当分别安装在联合收割机前、后端明显位置。

第三十五条　联合收割机的传动和危险部位应有牢固可靠的安全防护装置，并有明显的安全警示标志。

第三十六条　联合收割机驾驶室不得超员，不得放置妨碍安全驾驶的物品，与作业有关的人员必须乘坐在规定的位置。

第三十七条　联合收割机启动前，应当将变速杆、动力输出轴操纵手柄置于空挡位置；起步时，应当鸣号或者发出信号，提醒有关作业人员注意安全。

第三十八条　联合收割机上、下坡不得曲线行驶、急转弯和横坡掉头；下陡坡不得空挡、熄火或分离离合器滑行；必须在坡路停留时，应当采取可靠的防滑措施。

第三十九条　联合收割机应当在停机或切断动力后保养、清除杂物和排除故障。禁止在排除故障时启动发动机或接合动力挡。禁止在未停机时直接将手伸入出粮口或排草口排除堵塞。

第四十条　联合收割机应当配备有效的消防器材，夜间作业照明设备应当齐全有效。

联合收割机作业区严禁烟火。检查和添加燃油及排除故障时，不得用明火照明。

第四十一条　与悬挂式联合收割机配套的拖拉机作业时，发动机排气管应当安装火星收集器，并按规定清理积炭。

第四十二条　联合收割机在道路行驶或转移时，应当遵守道路交通安全法律、法规，服从交通警察的指挥，并将左、右制动板锁住，收割台提升到最高位置并予以锁定，不得在起伏不平的

路上高速行驶。

第四十三条　联合收割机不得牵引其他机械，不得用集草箱运载货物。

第四十四条　联合收割机停机后，应当切断作业离合器，锁定停车制动装置，收割台放到可靠的支承物上。

第四十五条　联合收割机驾驶人不得有下列行为。

（一）未携带驾驶证和行驶证驾驶联合收割机；

（二）转借、涂改或伪造驾驶证和行驶证；

（三）将联合收割机交由未取得联合收割机驾驶证或者驾驶证准驾机型不相符合的人驾驶；

（四）驾驶未按规定检验或检验不合格的联合收割机；

（五）饮酒后驾驶联合收割机；

（六）驾驶安全设施不全或机件失效的联合收割机；

（七）在服用国家管制的精神药品或者麻醉品、患有妨碍安全驾驶疾病或过度疲劳时驾驶联合收割机；

（八）驾驶联合收割机时离开驾驶室；

（九）在作业区内躺卧或搭载不满十六周岁的未成年人上机作业；

（十）其他违反联合收割机安全管理规定的行为。

第四十六条　县级人民政府农业机械化主管部门应当对参加跨区作业的联合收割机驾驶操作人员进行安全教育，并免费发放跨区作业证。

第五章　事故处理

第四十七条　联合收割机在作业、转移过程中或者停放时，因过错或者意外造成人身伤亡或者财产损失事故，农机监理机构应当及时处理。

联合收割机发生交通事故，农机监理机构配合公安机关交通管理部门处理。

第四十八条 发生联合收割机事故，联合收割机驾驶人应当立即停机，保护现场；造成人身伤亡的，驾驶人应当立即抢救受伤人员，并迅速报告农机监理机构。因抢救受伤人员变动现场的，应当标明位置。作业地点的其他人员应当予以协助。

第四十九条 农机监理机构接到联合收割机事故报案后，应当立即派农机监理人员赶赴现场，组织抢救受伤人员，并对事故现场进行勘验、检查，收集证据；在证据可能灭失或者以后难以取得的情况下，可以暂行登记保存，但应当妥善保管，以备核查。

第五十条 农机监理机构应当依据事故现场勘验、检查、调查情况和有关的检验、鉴定结论，确定当事人的责任，及时制作事故认定书，载明事故的基本事实、成因和当事人的责任，并送达当事人。

第五十一条 联合收割机事故责任分为：全部责任、主要责任、同等责任、次要责任和无责任。

发生事故后当事人逃逸的，逃逸的当事人承担全部责任。但是，有证据证明对方当事人也有过错的，可以减轻责任。

当事人故意破坏、伪造现场、毁灭证据的，承担全部责任。

第五十二条 当事人对损害赔偿有争议的，可以在收到事故认定书之日起 10 日内共同向农机监理机构提出书面调解申请，也可以直接向人民法院提起民事诉讼。

农机监理机构调解的期限为 10 日。调解达成协议的，应当制作调解书，经当事人共同签字后生效；调解未达成协议的，应当制作调解终结书送达当事人。

当事人未达成协议或者调解书生效后不履行的，可以向人民法院提起民事诉讼。

第六章　罚　　则

第五十三条　驾驶人有下列行为之一的，给予警告，可并处20元以上50元以下罚款。

（一）未携带驾驶证、行驶证驾驶的；

（二）故意遮挡、污损或者不按规定安装号牌的；

（三）不按规定办理变更、转移、注销登记和补换牌证的；

（四）联合收割机运转时，驾驶人离开驾驶室的；

（五）在作业区内躺卧或者搭载不满16周岁的未成年人上机作业的。

第五十四条　驾驶人有下列行为之一的，给予警告，可并处50元以上200元以下罚款。

（一）驾驶未经检验或检验不合格的联合收割机的；

（二）驾驶机型与准驾机型不符的；

（三）饮酒后驾驶的；

（四）驾驶室超员或者放置妨碍安全驾驶的物品的；

（五）与作业有关的人员不按规定乘坐的；

（六）用联合收割机牵引其他机械，或者用集草箱运载货物的。

第五十五条　驾驶人有下列行为之一的，给予警告，并处200元以上500元以下罚款，对涂改、伪造或者失效的牌证同时予以收缴。

（一）驾驶未经登记的联合收割机作业的；

（二）未取得驾驶证驾驶联合收割机的；

（三）使用涂改、伪造及失效牌证的；

（四）醉酒后驾驶联合收割机的。

第五十六条　农机监理人员玩忽职守、滥用职权、徇私舞弊的，由其所在单位或者上级主管机关依法给予处分。

第七章　附　　则

第五十七条　联合收割机号牌、行驶证、驾驶证的式样和规格按农业行业标准执行。驾驶技能准考证明、相关表格的式样和规格由农业部规定。

联合收割机行驶证和驾驶证应当使用计算机管理系统核发、打印。

第五十八条　本规定自2007年5月1日起施行，1999年4月30日农业部发布的《联合收割机及驾驶员安全监理规定》(农业部令第10号) 同时废止。

第三篇　省级农机安全生产监督条例、办法

I　河北省农业机械安全监督管理办法

《河北省农业机械安全监督管理办法》（河北省人民政府令〔2013〕第9号）已经2013年9月16日省政府第9次常务会议通过，现予公布，自2013年11月1日起施行。

第一章　总　　则

第一条　为加强对农业机械及其驾驶、操作人员的安全监督管理，预防和减少农业机械事故，保障公民人身和财产安全，促进农业机械化事业和农村经济发展，依据国务院《农业机械安全监督管理条例》《河北省农业机械管理条例》等法律法规，制定本办法。

第二条　在本省行政区域内从事农业机械使用操作及安全监督管理等活动，应当遵守本办法。

第三条　县级以上人民政府应当加强对农业机械安全监督管理工作的领导，完善农业机械安全监督管理体系，加强农业机械安全监督管理队伍、基础设施和装备建设，建立健全农业机械安全生产责任制，保障农业机械安全生产。

第四条　县级以上人民政府应当保障农业机械安全监督管理的财政投入，按国家及本省有关规定，将农业机械安全监督管理工作各项经费纳入同级政府财政预算。

第五条 县级以上人民政府农业机械化、公安和交通运输等有关部门负责本行政区域内的农业机械安全监督管理工作。农业机械化主管部门所属的农业机械安全监理机构（以下简称农机安全监理机构）具体负责农业机械使用操作的安全监督管理工作。

第六条 各级人民政府和县级以上人民政府农业机械化、广播电影电视、新闻出版等有关部门应当加强农业机械安全法律、法规、规章等安全知识的宣传教育。

第七条 农机安全监理机构应当根据农业生产需要及国家和本省有关规定，对农业机械实施监督检查，纠正和处理违反有关法律、法规、规章的行为。

第八条 除法律、法规、规章和本办法另有规定的外，任何单位和个人不得扣留农业机械及其牌证和驾驶操作人员的驾驶操作证件。

第二章 使用管理

第九条 拖拉机、联合收割机按国家规定实行登记制度。

设区的市农机安全监理机构负责办理本行政区域内拖拉机、联合收割机的登记业务。县（市、区）农机安全监理机构在上级农机安全监理机构的指导下，承办拖拉机、联合收割机登记申请的受理、安全技术检验等具体工作。

第十条 拖拉机、联合收割机投入使用前，其所有人应当持本人身份证明和机具来源等证明、凭证，其中进口机具需持进口许可等凭证，专营运输和兼营运输的拖拉机还需持交通事故责任强制保险凭证，向所在地县（市、区）农机安全监理机构申请注册登记，领取号牌和有关证件后，方可使用。拖拉机、联合收割机经安全检验合格的，农机安全监理机构应当在 2 个工作日内予以登记并核发相应的证书和牌照。

拖拉机、联合收割机使用期间，登记事项发生变更、所有权

转移、用作抵押或者报废的，其所有人应当到原登记机构办理变更、注销等相关手续。

第十一条　拖拉机、联合收割机因办理注册登记、转移登记需要临时上道路行驶的，拖拉机、联合收割机补领牌照期间需要临时行驶、使用的，应当到其住所地或者购买地农机安全监理机构办理临时号牌，并按有关规定驾驶操作。

第十二条　拖拉机、联合收割机证书、牌照灭失、丢失或者损毁的，其所有人应当到原证照核发机构办理补、换领证照手续。

第十三条　拖拉机、联合收割机牌照应当悬挂于指定位置，保持清晰、完整，不得故意遮挡、污损。拖拉机挂车车厢后部应当喷涂字体规范的放大牌号，并保持清晰。

专营运输和兼营运输的拖拉机应当在机组指定位置上贴反光标识，参加跨区作业的联合收割机应当在其机身指定位置上贴反光标识。

拖拉机、联合收割机证书、牌照不得转借、涂改、伪造和变造。

第十四条　拖拉机、联合收割机由农机安全监理机构按国家有关规定进行年度安全技术检验；未经检验或者经检验不合格的，不得继续作业。

第十五条　农业机械从事田间作业应当遵守下列规定。

（一）农业机械作业前，驾驶操作人员对农业机械、作业场地及周边环境进行安全查验，排除安全隐患，清理作业区域内的闲杂人员，在有危险的部位和作业现场设置防护装置或者警示标志，确认农业机械、作业场地及周边环境符合安全作业要求；

（二）驾驶员与操作员之间有联系信号；

（三）操作员在规定的位置上操作，不得超员；

（四）清理杂物或者排除故障时，在停机或者切断动力后进行；

（五）悬挂式作业机械升起后，不得对其进行保养、调整和故障排除；

（六）喷洒农药时采取安全防护和防污染措施。

第十六条 农业机械应当采取下列安全防护措施。

（一）配备安全防护装置、警示标志；

（二）禁止烟火和存放易燃易爆物品；

（三）禁止漏油、漏电、漏气的农业机械作业；

（四）禁止改装、拆除安全设施。

第十七条 拖拉机作业时，只准牵引一辆挂车或者一组作业机具。

禁止使用联合收割机拖带其他农业机械。

联合收割机被牵引时，时速不得超过10千米。

第十八条 不得继续使用因存在事故隐患而被农机安全监理机构责令停止使用的农业机械。

第三章 操作管理

第十九条 驾驶操作拖拉机、联合收割机的人员应当按国家有关规定，取得驾驶操作证件。未取得驾驶操作证件的，不得驾驶操作拖拉机、联合收割机。

拖拉机、联合收割机驾驶操作证件有效期为6年；有效期满，拖拉机、联合收割机操作人员可以向原发证机关续展。

第二十条 拖拉机、联合收割机驾驶操作证件灭失、丢失或者损毁，其持有人或者委托代理人应当到原发证机构办理补、换证手续。

第二十一条 换发拖拉机、联合收割机驾驶操作证件时，农机安全监理机构应当对证件进行审验。未经审验或者经审验不合格的证件，不得继续使用。

第二十二条　设区的市和县（市、区）农机安全监理机构应当在农业机械年度安全技术检验期间组织驾驶操作人员进行安全培训。

农业生产经营组织、农业机械作业组织和农业机械所有人应当对驾驶操作人员进行农业机械安全使用教育，提高其遵纪守法、安全作业的自觉性，并建立健全班组、机组安全生产责任制，保障农业机械安全作业。

第二十三条　持有驾驶操作证件的人员及与农业机械作业有关的人员必须遵守下列规定。

（一）不得驾驶操作与驾驶操作证件内容不符合的农业机械；

（二）不得驾驶操作未按规定登记检验或者经检验不合格、安全设施不全、机件失效的农业机械；

（三）不得将拖拉机、联合收割机交给没有驾驶操作证件的人员驾驶操作；

（四）饮酒后不得驾驶操作农业机械；

（五）使用国家管制的精神药品、麻醉品后，不得驾驶操作农业机械；

（六）患有妨碍安全作业的疾病或者过度疲劳的，不得驾驶操作农业机械；

（七）不得驾驶操作农业机械违章载人；

（八）不得强迫他人违章作业。

第四章　事故处理

第二十四条　在道路以外发生的农业机械事故，由农机安全监理机构依照农业机械管理法律、法规、规章处理。

农业机械在道路上发生的交通事故，由公安机关交通管理部门依照道路交通安全法律、法规处理。拖拉机在道路以外发生的事故，公安机关交通管理部门接到报案的，参照道路交通安全法律、法规处理。农业机械事故造成公路及其附属设施损坏的，由交通运输主管部门依照公路管理法律、法规处理。

第二十五条 在道路以外发生农业机械事故，驾驶操作人员和现场其他人员必须立即停止作业，保护现场，抢救伤者和财产，并及时报告事故发生地县（市、区）农机安全监理机构。造成人员死亡的，还应当向事故发生地公安机关报案。变动现场的，应当标明位置。

农机安全监理机构接到农业机械事故报案后，应当及时派人赶赴现场处理。

发生农业机械事故，未造成人身伤亡，当事人对事实及成因无争议的，可以在当事各方达成协议后即行撤离现场。

第二十六条 发生事故后当事人逃逸的，现场目击者和其他知情人应当向事故发生地县（市、区）农机安全监理机构和公安机关举报。接到举报的农机安全监理机构应当协助公安机关追查。

第二十七条 调查事故过程中，农机安全监理机构发现当事人涉嫌犯罪的，应当依法移送公安机关处理，对肇事农业机械可以依照《中华人民共和国行政处罚法》的规定，先行登记保存。

第二十八条 抢救治疗事故受伤人员的费用，由肇事嫌疑人和肇事农业机械所有人先行预付。

肇事拖拉机已投保交通事故责任强制保险的，事故发生地的农机安全监理机构应当书面通知保险公司依法支付抢救费用。需要道路交通事故社会救助基金垫付费用的，事故发生地农机安全监理机构应当通知该基金的管理机构及时垫付，并协助其向事故责任人追偿。

第二十九条 对经过现场勘验、检查的农业机械事故，农机安全监理机构应当按规定制作农业机械事故认定书并送达当

事人。

需要进行农业机械鉴定的，农机安全监理机构应当自收到农业机械鉴定机构出具的鉴定结论之日起5个工作日内制作农业机械事故认定书，并在制作完成农业机械事故认定书之日起3个工作日内送达当事人。

第三十条　当事人对事故认定有异议的，可以自事故认定书送达之日起3日内，向上一级农机安全监理机构提出书面复核申请。

上一级农机安全监理机构应当在受理复核申请30日内作出复核结论，并在作出复核结论3日内送达复核申请人。

第三十一条　因农业机械事故造成的经济损失，由责任者按所承担的责任大小，原则上一次性支付损害赔偿费用。

第三十二条　农业机械事故当事人之间发生经济损害赔偿争议的，应当及时协商解决。协商不成的，当事人可以向农机安全监理机构申请调解，也可以向人民法院起诉。

当事人向农机安全监理机构申请调解，应当在收到事故认定书之日起10个工作日内提出。

第三十三条　损害赔偿经过农机安全监理机构调解达成协议的，应当制作调解书，由当事人、有关人员和调解人签名，加盖农机事故处理专用章后即行生效。农机安全监理机构应当将调解书送交当事人和有关人员。

未达成协议的，应当制作调解终结书，由调解人签名，加盖农机事故处理专用章，分别送交当事人和有关人员。

第三十四条　农机安全监理机构应当为当事人处理农业机械事故损害赔偿等后续事宜提供帮助和便利。

第三十五条　县级以上人民政府应当鼓励和支持农业机械所有人和驾驶操作人依照法律、法规的规定，建立农业机械安全互助组织，完善农业机械事故救助机制，提高农业机械安全操作水平，降低农业机械事故损害风险。

第五章　服务与监督

第三十六条　省农机安全监理机构负责指导、组织实施全省农业机械牌证管理、安全技术检验、安全宣传教育、安全监督检查、作业秩序管理，参与重大农业机械事故调查处理等工作。拖拉机、联合收割机牌证和有关驾驶操作证件由省农机安全监理机构按国家有关规定统一制作和发放。

第三十七条　设区的市和县（市、区）农机安全监理机构应当对除拖拉机、联合收割机以外的其他危及人身财产安全的农业机械进行免费实地安全技术检验。

在安全技术检验中发现农业机械存在事故隐患的，应当告知其所有人停止使用，及时排除隐患，并建立农业机械安全监督管理档案。

第三十八条　公安机关交通管理部门、农机安全监理机构应当健全道路交通秩序管理与农业机械牌证管理衔接联动机制和信息互通机制，支持农业机械牌证管理，促进农业机械和乡、村道路交通安全监督管理。

第三十九条　县级以上人民政府及其农业机械化、公安、交通运输、能源、保险等有关部门和单位，应当为农业机械跨行政区域作业提供便利和服务，并依法实施安全监督管理。

农业机械跨行政区域作业前，设区的市和县（市、区）农机安全监理机构应当会同有关部门，对跨行政区域作业的农业机械进行必要的安全技术检查，并对驾驶操作人员进行安全教育。

第四十条　建立和完善农业机械保险制度，对参加保险的农业机械可以给予保费补贴。

专营运输和兼营运输的拖拉机应当到保险机构办理交通事故责任强制保险。承办机动车强制保险业务的保险机构应当按规定

保费标准开展专营运输、兼营运输拖拉机保险业务，不得拒保或者变相拒保。

第四十一条　危及人身财产安全的农业机械达到报废条件的，应当停止使用，予以报废。

设区的市和县（市、区）农机安全监理机构负责将达到国家和本省规定报废条件的农业机械，书面告知其所有人。

设区的市和县（市、区）人民政府农业机械化主管部门负责监督报废或者国家明令淘汰的农业机械的回收、解体或者销毁。

第四十二条　农机安全监理执法人员进行农业机械安全监督检查时，可以采取下列措施。

（一）向有关单位和个人了解情况，查阅、复制有关材料；

（二）查验拖拉机、联合收割机证书、牌照及有关驾驶操作证件；

（三）检查危及人身财产安全的农业机械的安全情况，对存在重大事故隐患的农业机械，责令当事人立即停止作业或者停止农业机械的转移，并进行维修；

（四）责令农业机械驾驶操作人员改正违章操作行为；

（五）依法扣押存在事故隐患的农业机械。

第四十三条　农机安全监理执法人员进行安全监督检查时，应当佩戴统一标志，出示行政执法证件。农业机械安全检查和事故勘察车辆应当在车身上喷涂统一标识。

第六章　法律责任

第四十四条　农机安全监理机构和其他相关部门工作人员有不依法履行农业机械安全监督管理职责及其他违反相关法律法规行为的，对直接负责的主管人员和其他直接责任人员依法给予处分；构成犯罪的，由司法机关依法处理。

第四十五条 农业机械所有人、驾驶操作人员违反本办法第十条、第十四条、第十八条、第十九条、第二十三条规定，由设区的市和县（市、区）农机安全监理机构依照国务院《农业机械安全监督管理条例》《河北省农业机械管理条例》的有关规定处罚。

第七章 附 则

第四十六条 本办法自2013年11月1日起施行。1994年9月20日河北省人民政府公布施行的《河北省农业机械安全监督管理办法》同时废止。

Ⅱ 黑龙江省农业机械事故处理规定

《黑龙江省人民政府关于修改〈黑龙江省农业机械事故处理规定〉等20部省政府规章的决定》业经2011年12月31日省政府第65次常务会议讨论通过，现予公布，自公布之日起施行。

省长王宪魁

二○一二年一月十六日

第一章 总 则

第一条 为了正确处理农业机械事故，维护当事人的合法权益，依据国家及省的有关规定，制定本规定。

第二条 本规定适用于农业机械在田间、固定场所及乡级（不含乡级）以下道路发生的事故（以下简称农机事故）的处理。

农业机械在道路上发生的道路交通事故和在企业生产劳动过程中发生的职工伤亡事故的处理，不适用本规定。

第三条　省、市（行署）、县农业机械安全监理主管部门（以下简称农机安全监理部门）主管所辖范围内的农机事故处理工作。省国营农场总局系统的农机安全监理机构负责处理发生在本系统内的农机事故。

第四条　农机安全监理部门（含省农垦总局系统的农机安全监理机构，下同）处理农机事故的职责是：处理农机事故现场；认定农机事故性质及当事人责任；对损害赔偿进行调解。对农机事故责任者由县级以上农业机械行政主管部门（含农垦行政主管部门）给予处罚。

第五条　农机事故按性质分为意外事故、技术事故、破坏事故和责任事故。

（一）意外事故：由于不能预见、不可避免并不能克服的客观情况造成的事故。

（二）技术事故：因农业机械的设计、制造和修理质量问题引起的事故。

（三）破坏事故：有意图、有预谋造成的事故。

（四）责任事故：违反国家、省有关农机安全管理规定和《黑龙江省农业机械安全操作规则》引起的事故。

意外事故、技术事故经认定后，法律、法规有处理规定的，从其规定；没有规定的，由农机安全监理部门会同有关部门参照本规定和国家有关规定处理。破坏事故经认定后，交由公安部门处理，责任事故经认定后，由事故发生地农机安全监理部门依照本规定处理。

第六条　农机事故按人身伤亡或财产损失程度，分为小事故、一般事故、大事故、重大事故。

（一）小事故：轻伤一至二人；直接经济损失二百元以下。

（二）一般事故：重伤一至二人，轻伤三人以上；直接经济损失二百元以上五千元以下。

（三）大事故：死亡一至二人；重伤三至十人；直接经济损失五千元以上五万元以下。

（四）重大事故：死亡三人以上；重伤十人以上；直接经济损失五万元以上。

第七条 一次死亡三至四人的农机责任事故，市（行署）农机安全监理部门派人参加处理；一次死亡五人以上的农机责任事故，省农机安全监理部门派人参加处理。

第八条 处理农机事故，必须以事实为依据，以法律为准绳，做到定性准确，责任分明，处理得当。

第二章 现场处理

第九条 发生农机事故时，当事人必须立即停车（停机），保护现场，抢救伤者和财产（必须移动时应标明位置），并迅速报告当地农机安全监理部门或所在地农机安全监理员，听候处理。

第十条 农机安全监理部门接到报案后应立即派员赶赴现场，抢救伤者和财产，勘察现场，收集证据，采取措施，尽量减少损失。在场群众和有关单位应当予以协助。

第十一条 当事人应当如实向农机安全监理部门陈述农机事故的经过，不得隐瞒农机事故的真实情况。其他知情者有义务向农机安全监理部门提供有关情况。

第十二条 对与农机事故有关的机具、物品、尸体、当事人的生理和精神状态及事故现场状况，农机安全监理部门应当根据需要，及时指派专业人员或者请有关部门派人进行检验或者鉴定，做出书面结论。

第十三条 医疗单位应当及时抢救治疗农故事故的伤者，并如实向农机安全监理部门提供医疗单据和诊断证明。

殡葬服务单位和有条件的医疗单位，对农机安全监理部门决

定暂存的尸体应当接受存放。

上述单位收取抢救治疗费用和尸体存放费用有困难的，由农机安全监理部门负责收回。

第十四条 农机事故的尸体经检验或者鉴定后，死者家属或所在单位应当在接到农机安全监理部门通知之日起十日内办理丧葬事宜，逾期拒不办理的，存放尸体的费用自理。

第三章 责任认定

第十五条 农机安全监理部门在查明农机事故原因后，应当根据当事人是否有违章行为，违章行为与农机事故的关系以及在农机事故中的作用，认定事故性质和当事人的事故责任。

当事人有违章行为，其违章行为与农机事故有因果关系的，应当负农机事故责任。当事人没有违章行为或者虽有违章行为，但违章行为与农机事故无因果关系的，不负农机事故责任。

第十六条 农机事故责任分为全部责任、主要责任、同等责任、次要责任和一定责任。

（一）全部责任：完全因一方责任造成的农机事故，责任方负全部责任，另方无责任。

（二）主要责任和次要责任：主要因一方责任，另一方也有责任造成的农机事故，主要责任方负主要责任，另方负次要责任。负主要责任方承担农机事故责任的百分之七十至百分之八十；次要责任方承担农机事故责任的百分之二十至百分之三十。

（三）同等责任：双方责任相同，各负同等责任。

（四）一定责任：农机事故涉及多方，其中一方或几方有一定责任，负一定责任。首先确定负一定责任方承担农机事故责任的比例，其余份额作为百分之百，由其他方按责任分别承担。

第十七条 当事人逃逸或者破坏现场、伪造现场、毁灭证据，使农机事故责任无法认定的，应当负全部责任。

第十八条 当事人一方有条件报案而未报案或者未及时报案，又未提供充分证据，使农机事故责任无法认定的，应当负全部责任。

当事人各方有条件报案而均未报案或者未及时报案，使农机事故责任无法认定的，应当负同等责任。但拖拉机、联合收割机及其他自走式农业机械与非机动车、其他人员发生农机事故的，拖拉机、联合收割机及其他自走式农业机械一方应当负主要责任，非机动车、其他人员一方负次要责任。

第十九条 当事人对农机事故责任的认定不服的，可以在接到农机事故责任认定书之日起十五日内，向上一级农机安全监理部门申请重新认定；上一级农机安全监理部门在接到重新认定申请书之日起三十日内，应当做出维持、变更或者撤消的决定。

第四章 处 罚

第二十条 发生农机事故后，农机驾驶（操作）人员有下列行为之一的，吊销驾驶（操作）证，并处一百五十元以上二百元以下罚款；情节严重，应当给予治安处罚的，交由公安部门处理；构成犯罪的，依法追究刑事责任：

（一）逃逸；

（二）破坏、伪造现场，毁灭证据；

（三）隐瞒事故真相；

（四）嫁祸于人；

（五）其他恶劣行为。

第二十一条 农机驾驶（操作）人员造成农机责任事故尚不够刑事处罚的，除对其违章行为依照省有关规定予以处罚外，并视其造成的后果和责任大小给予以下处罚：

（一）造成一般事故，负主要责任以上，或者造成大事故，负次要责任以下的，处记证警告。

（二）造成大事故，负同等责任以上，或者造成重大事故，负次要责任以上的，处吊销驾驶（操作）证。

第二十二条　造成农机责任事故，死亡一人以上或者重伤三人以上或者给国家、集体造成直接经济损失五万元以上的，对负有主要责任以上的人员，依法交由检察机关处理。

迫使、指挥他人违章，造成农机责任事故的，根据违章肇事者的违章行为从严处罚。

第二十三条　借发生事故或处理事故之机寻衅滋事，毁坏、哄抢公私财物，扰乱正常工作秩序，无理取闹，阻碍农机事故处理部门依法执行公务的，交由公安部门处理；构成犯罪的，依法追究刑事责任。

第二十四条　当事人对处罚决定不服的，可以依法提起行政复议或者向人民法院提起诉讼。当事人逾期不申请复议，也不向人民法院起诉，又不履行处罚决定的，农业机械行政主管部门可以申请人民法院强制执行。

第五章　调　　解

第二十五条　农机安全监理部门处理农机事故，应当在认定农机事故责任，确定农机事故造成的损失情况后，召集当事人和有关人员对损害赔偿进行调解。

第二十六条　损害赔偿的调解期限为三十日，农机安全监理部门认为必要时可延长十五日。对农机事故致伤的，调解从治疗终结或者定残之日起开始；对农机事故致死的，调解从规定的办理丧葬事宜结束之日起开始；对农机事故仅造成财产损失的，调解从确定损失之日起开始。

第二十七条　经调解达成协议的，农机安全监理部门应当填写调解书，由当事人和有关人员、调解人签字，加盖农机安全监理部门印章后即行生效。农机安全监理部门应当将调解书分别送达当事人和有关人员。

调解期满未达成协议的，农机安全监理部门应当填写调解终结书，由调解人签字，加盖农机安全监理部门印章，分别送达当事人和有关人员。

第二十八条 经调解未达成协议或调解书生效后任何一方不履行的，农机安全监理部门不再调解，当事人可以依法向人民法院提起民事诉讼。

第六章 损害赔偿

第二十九条 因农机事故造成人身伤害和财物损失的责任者应当按照所负事故责任承担相应的损害赔偿责任。暂时无能力赔偿的，由驾驶（操作）人员所在单位或农业机械的所有人垫付。

第三十条 损害赔偿项目包括：伤者医疗费、误工费、住院伙食补助费、护理费；残疾者生活补助费、残疾用具费；尸体存放费、丧葬费、死亡补偿费；被扶养人生活费；事故处理期间实际必需的交通费、住宿费、电报电话费，现场抢救（险）费；财物直接损失。

第三十一条 事故损害赔偿标准按下列规定计算：

（一）医疗费：按照医院对当事人的农机事故创伤治疗所必须费用计算，凭据支付。

（二）误工费：当事人有固定收入的，按本人因误工减少的实际收入计算；无固定收入的，按全省农村劳动力人均年纯收入计算。

（三）住院伙食补助费（不含护理人员）：按我省机关一般工作人员出差补助标准计算。

（四）护理费：伤者住院期间护理人员（限一人，情况特殊的，经医院和农机事故处理部门同意可增加一人）有收入的，按本条第（二）项规定的误工费的标准计算；无收入的，按全省

农村人均生活费计算。

（五）残疾者生活补助费：以全省农村人均生活费为标准，按其伤残等级给予相应比例的补助。完全丧失劳动能力的，从定残之日起补偿20年。50岁以上的其补偿费每增加一岁减少一年，最低不少于10年；70岁以上的按五年计算。

（六）残疾用具费：因残疾需要配制补偿功能的器具的，凭医院证明按照普及型器具的费用计算。

（七）尸体存放费：凭据支付，但存放时间以农机安全监理部门认可的日期为限。

（八）丧葬费：每人五百元。

（九）死亡补偿费：按照我省农村人均生活费计算，补偿十年。对不满十六周岁的，年龄每小一岁减少一年；对七十周岁以上的，年龄每增加一岁减少一年。最低均不少于五年。

（十）被抚养人生活费：以死者生前或者残者丧失劳动能力前实际抚养的、没有其他生活来源的人为限，按照被抚养人居住地居民生活困难补助标准计算。对不满十六周岁的抚养到十六周岁；已超过十六周岁，正在初、高中读书的学生，抚养到初、高中毕业；对无劳动能力的人抚养二十年，但五十周岁以上的，年龄每增加一岁减少一年，最低不少于十年；七十周岁以上的按五年计算。

（十一）交通费、电报电话费：凭据支付，但乘坐的交通工具最高不超过我省国家机关一般工作人员的标准。

（十二）住宿费：凭据支付，但最高不超过我省县级国家机关一般工作人员的出差住宿标准。

第三十二条　参加农机事故处理的当事人亲属或代理人所需的交通费、电报电话费、误工费、住宿费，参照第三十三条的规定计算，但计算费用的人合计不得超过三人。

第三十三条　农机事故受伤人员可就近抢救治疗。需要住院

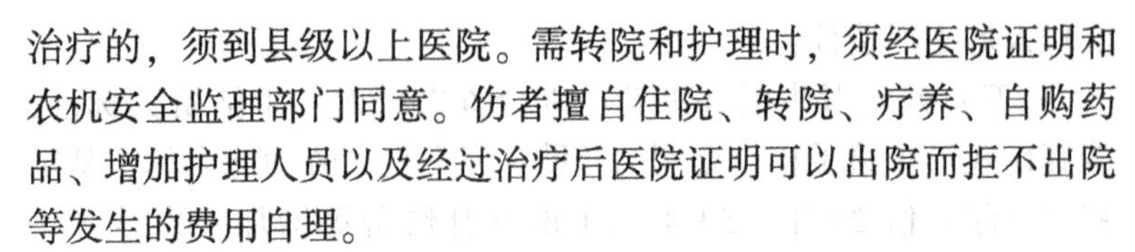

治疗的，须到县级以上医院。需转院和护理时，须经医院证明和农机安全监理部门同意。伤者擅自住院、转院、疗养、自购药品、增加护理人员以及经过治疗后医院证明可以出院而拒不出院等发生的费用自理。

第三十四条 对致残人员的残疾程度，在治疗终结后，由医疗鉴定委员会按照有关标准加以确定，并出具诊断证明。

第三十五条 对农机事故损坏机具及物品，能够修复的，应以修复为主；不能修复的，按质折价赔偿。造成牲畜伤、残、死亡的，酌情折价赔偿。

第三十六条 农机事故的各项损害赔偿费，由事故责任方按责任比例承担，一次性偿付。

第七章 附 则

第三十七条 本规定下列用语的含义：

（一）农业机械，是指用于农业生产、加工和农业工程的动力机械及作业机械。

（二）“农业机械事故”，是指农业机械在行驶、作业、停放的过程中发生碰撞、碾压、翻车、落水、失火等，造成人、畜伤亡，机具损坏，财产损失等事故。

（三）“道路”，是指公路（包括国道、省道、县道、乡道）、城市街道和胡同（里巷），以及公共广场、公共停车场等供车辆、行人通行的地方。

（四）“有固定收入的”，包括非农业人口中有固定收入的和农业人口中有固定收入的。非农业人口中有固定收入的，是指在国家机关、企事业组织、社会团体等单位按期得到收入的，其收入包括工资、奖金及国家规定的补贴、津贴。奖金以农机事故发生时上一年度本单位人均奖金计算，超出奖金税计征起点的，以计征起点为限。农业人口中有固定收入的，是指直接从事农、

林、牧、副、渔业的在业人员，其收入按照我省农村上年度劳动力人均年纯收入计算。

（五）“无固定收入的”，是指有街道办事处、乡镇人民政府证明或者有关凭证，在农机事故发生前从事某种劳动，其收入能维持本人正常生活的，包括城乡个体工商户、家庭劳动服务人员等。

（六）“无收入的”，是指本人生活来源主要或者全部依靠他人供给，或者偶然有少量收入，但不足以维持本人正常生活的。

（七）“农村劳动力人均年纯收入”、“农村人均生活费”，均指省统计部门公布的上一年度数额。

（八）“以上”、“以下”，均含本数在内。

第三十八条 其他机动车辆与农业机械发生的农机事故，由农机安全监理部门会同公安部门按本规定处理；军车与农业机械发生农机事故，由农机安全监理部门会同军队或有关部门按本规定处理；本规定第二条第二款所称的职工伤亡事故，需要依照本规定对农机驾驶（操作）人员给予处罚的，由劳动部门移交农机安全监理部门处理。

因火灾引发的农机事故，由有关部门处理。

第三十九条 发生在森工、劳改系统的农机事故，由各该系统的有关机构依照本规定处理，涉及森工、劳改系统以外的农业机械和人员时，会同有关农机安全监理部门共同处理。

第四十条 本规定由黑龙江省农业机械行政主管部门负责解释。

第四十一条 本规定自发布之日起施行。本规定施行以前已经处理结案的农机事故不再重新处理。

第四篇　农机安全监理规范和办法、规定

Ⅰ　农机安全监理人员管理规范

第一章　总　　则

第一条　为规范农机安全监理人员的管理，建设高素质的农机安全监理人员队伍，制定本规范。

第二条　本办法所称农机安全监理人员，是指各级农机安全监理机构依法履行农机安全监理工作职责，在编、在岗的工作人员，包括检验员、考试员、事故处理员和其他管理人员。

第三条　各级农机安全监理机构配备的农机安全监理人员应当满足岗位设置要求，与所承担的工作任务相适应。

第二章　职责和条件

第四条　检验员执行《拖拉机登记规定》《联合收割机及驾驶人安全监理规定》及其规范性文件的规定，按照国家、行业标准的要求，负责农业机械的安全技术检验，签署检验报告并对检验结果负责。应当具备下列条件。

（一）熟悉农机安全生产方面的法律、法规和规章；

（二）熟练掌握农业机械安全技术检验标准；

（三）掌握正确使用安全技术检验装备（设备）的方法；

（四）具备农机安全生产基本常识；

（五）具有大专以上文化程度，从事农机安全监理工作 2 年以上；

（六）持有拖拉机、联合收割机驾驶证，并有 2 年以上安全驾驶经历。

第五条　考试员按照《拖拉机驾驶证申领和使用规定》《联合收割机及驾驶人安全监理规定》和有关规范性文件的规定和要求，负责农业机械驾驶（操作）人的考试，签署考试成绩单。应当具备下列条件。

（一）熟悉农机安全生产方面的法律、法规和规章；

（二）熟练操作农业机械驾驶人考试系统软件及考试设备；

（三）熟悉农业机械常识和农机安全操作规程；

（四）具备农机安全生产基本常识；

（五）具有大专以上文化程度，从事农机安全监理工作 2 年以上；

（六）持有拖拉机、联合收割机驾驶证，并有 3 年以上安全驾驶经历。

第六条　事故处理员按照农机事故处理规章的规定和要求，负责农机事故的报案受理、现场勘察、调查取证、责任认定和损害赔偿调解，签署农机事故处理文书。应当具备下列条件。

（一）熟悉农机安全生产方面的法律、法规和规章；

（二）熟练操作农机事故勘察设备；

（三）熟悉农业机械常识和农机安全操作规程；

（四）熟悉农机安全生产隐患排查与事故防范措施；

（五）熟悉农机事故应急救援及预案程序；

（六）熟悉农机事故统计、报告制度；

（七）具有大专以上文化程度，从事农机安全监理工作 2 年以上；

（八）持有拖拉机、联合收割机驾驶证，并有 2 年以上安全驾驶经历。

第七条 其他管理人员应当具备下列条件。

（一）熟悉农机安全生产方面的法律、法规、规章和规范性文件；

（二）熟悉农机安全监理业务知识；

（三）掌握农业机械常识和农机安全生产基本常识；

（四）掌握农机安全操作规程和农业机械驾驶操作技能；

（五）法律、法规和规章规定的其他条件。

第八条 农机安全监理人员应当经省级农机安全监理机构培训考试合格，领取农机安全监理证（以下简称监理证）后，上岗从事相关监理业务工作。监理证应当载明可从事的业务岗位。

从事农机行政执法的人员必须持有行政执法证。

第三章 考　　核

第九条 农业部制定统一的农机安全监理人员培训考核大纲、考核办法。

第十条 省级农机安全监理机构负责组织本辖区农机安全监理人员培训、考试和监理证核发。

第十一条 农业部农机监理总站负责编制培训教材，组织省级农机安全监理机构的师资培训。

第十二条 各级农机安全监理机构应当组织农机安全监理人员参加业务培训，更新业务知识，提高工作能力。

第四章 证　　件

第十三条 监理证式样和规格按农业行业标准执行，由省级农机安全监理机构组织制作、核发、审验。

第十四条 农机安全监理人员申请办理监理证应当填写《农机安全监理证审批表》（附表），经本级农机安全监理机构审核

同意后，逐级报至省级农机安全监理机构审查。

省级农机安全监理机构应当建立农机监理人员管理档案。

第十五条　考试员、检验员、事故处理员所持监理证，每4年审验一次。审验内容包括：工作考核情况、违法违纪或重大工作过失情况等。

第十六条　持证人应妥善保管监理证，不得损毁或者转借他人。监理证遗失的，应及时向发证机构申请补证；监理证严重损坏或者载明信息发生变化的，应向发证机构申请换证，发证机构在办理换证时收回原证件。

第十七条　持证人有下列情形之一的，所在单位应收回监理证，并逐级上缴发证机构注销。

（一）调离农机安全监理机构的；

（二）辞去公职或者被开除公职的；

（三）审验不合格的。

第五章　监　督

第十八条　农机安全监理人员在执行公务时，应着装整齐、佩戴标志、持证上岗，规范执法，文明执法。

第十九条　农机安全监理人员不得有下列行为。

（一）违规发放农业机械登记证书、号牌、行驶证、检验合格标志；

（二）为不符合驾驶许可条件、未经考试或考试不合格人员发放农业机械驾驶证；

（三）迟报、漏报、谎报或者瞒报农机事故；

（四）不公正处理农机事故；

（五）违法扣留拖拉机、联合收割机及其号牌、行驶证、驾驶证；

（六）依法收取农机监理费或实施罚款时，不开具统一收费

或罚没票据；

（七）利用职务上的便利收受他人财物或者谋取其他利益；

（八）推诿刁难、态度恶劣；

（九）伪造、变造、倒卖牌证；

（十）不履行农机安全监理职责的其他行为。

有第（一）、（二）、（三）、（四）、（十）项行为，情节严重的，依法予以行政处分并吊销监理证；有第（五）、（六）、（七）、（八）项行为，予以吊销监理证，给当事人造成损失的，依法承担赔偿责任；有第（九）项行为，涉嫌犯罪的，吊销监理证并依法追究刑事责任。

第二十条 遇到可能影响公正执行公务的情况，农机安全监理人员应当执行国家有关的回避制度。

第二十一条 各级农机化主管部门应当加强对农机安全监理人员的管理、监督，定期了解辖区内农机安全监理人员的变动情况，对在农机安全生产工作中表现突出、成绩显著的农机安全监理人员，依照国家有关规定进行表彰奖励。

第六章 附 则

第二十二条 本规范自公布之日起施行，1992 年 11 月 13 日农业部农机化管理司颁布的《农机监理员管理办法》同时废止。

Ⅱ 农机安全监理机构建设规范

第一章 总 则

第一条 为加强农业机械安全监督管理工作，进一步推进农机安全监理机构规范化建设，提高农机安全监督管理水平，根据有关法律法规的规定，制定本规范。

第二条　本规范适用于县级以上农业机械安全监督管理机构（以下简称农机安全监理机构）。

第三条　农机安全监理机构规范建设应当坚持依法行政、公正廉洁、高效便民、层级管理的原则。

第四条　农机安全监理机构规范建设的总体要求：机构体系健全，队伍建设规范，装备设施齐全，业务管理科学，执法公正文明，监管严格高效，服务热情周到，依法履行农机安全监管职责，确保农机安全生产，保障农民群众生命财产安全，促进农业机械化又好又快发展。

第二章　机构建设

第五条　各级农机安全监理机构是农机化主管部门所属的承担农机安全宣传教育、农业机械牌证核发审验、农机安全生产检查、农机事故处理等公共安全管理职责的执法单位，接受同级农机主管部门领导和上级农机安全监理机构的业务指导和监督。

第六条　农机安全监理机构按照法律、法规和规章的要求，开展以下工作。

（一）贯彻落实国家有关农机安全生产的法律法规和政策。

（二）农业机械的登记和备案；

（三）农业机械的安全技术检验；

（四）驾驶操作人员的考试证件核发和审验；

（五）农机安全生产法律、法规和安全知识宣传教育；

（六）农机安全生产隐患排查治理、违法违规行为查处；

（七）农机事故统计、报告、调查处理；

（八）国家和地方法律法规授权的其他事项。

第七条　各地农机安全监理机构名称应规范，岗位设置应科学合理、分工明确，既相互配合、相互制约，又高效运转、方便群众。

第八条 具体承担农业机械登记和驾驶证核发业务的农机安全监理机构一般应设置以下岗位：业务领导、登记审核、安全技术检验、驾驶人考试、牌证管理、档案管理以及安全检查、事故处理、统计分析、安全宣传教育等。

农业机械登记和驾驶证核发工作流程的相邻岗位不能兼任。安全技术检验、驾驶人考试、安全检查、行政处罚、事故现场勘察、事故责任认定、损害赔偿调解等工作至少由2人共同完成。

第三章 人员队伍

第九条 各级农机安全监理机构的人员配备根据本地拖拉机、联合收割机等农业机械保有量和驾驶操作人员数量合理确定，应当满足岗位设置的要求，与所承担的职责和工作任务相适应。

第十条 各级农机安全监理机构要严格执行《农机安全监理人员管理规范》，加强对农机安全监理人员的管理。

第十一条 各级农机安全监理机构要明确其工作人员的岗位职责，做到责任到人、持证上岗，并在工作场所或以适当方式向社会公示。

第四章 设施装备

第十二条 农机安全监理机构应具有适应农机安全监理工作需要的办公场所，配备宣传教育、信息化管理和办公自动化等仪器设备，并按照农机安全监理行业标识规范设置相关标识标志。

第十三条 承担牌证核发业务的农机安全监理机构应设有方便群众、满足业务工作需要的办证场所，办证场所环境卫生整洁，配置桌椅、饮用水、笔墨、胶水等用品。

第十四条 农机安全监理机构应当具有满足需要的考试场地、考试机具及配套设施，逐步实现无纸化考试和电子桩考。

第十五条　县级及设区的市级农机安全监理机构应配备固定式或移动式安全技术检测设备，以配备移动式安全技术检测设备为主。

第十六条　农机安全监理机构应配备安全检查、事故处理、应急救援、移动检测等专用车辆并统一行业标识，安全检查、应急救援车辆应装备扩音、通信等设备，事故处理车辆应装备事故勘察仪器。

第五章　业务规范

第十七条　办理拖拉机、联合收割机登记业务，按照《拖拉机登记规定》《联合收割机及驾驶人安全监理规定》及其工作规范执行。对不符合标准要求、检验不合格、不按规定检验的不得办理登记业务；严禁跨行政区域发牌发证。

第十八条　办理拖拉机、联合收割机驾驶证申领业务，按照《拖拉机驾驶证申领和使用规定》《联合收割机及驾驶人安全监理规定》及其工作规范执行。对未提供身份证明原件、医院体检证明和申请人情况与所提供资料不一致的不予受理。

第十九条　拖拉机、联合收割机号牌、行驶证、驾驶证、登记证书等牌证制作，按照《拖拉机联合收割机牌证制发监督管理办法》执行。

第二十条　办理拖拉机、联合收割机登记和驾驶证核发等业务应使用全国统一的计算机管理软件。

第二十一条　拖拉机、联合收割机安全技术检验应执行《农业机械运行安全技术条件》（GB16151. 1. 5. 12—2008）等国家和行业标准。

第二十二条　农机安全监理机构应当制定农机安全宣传教育计划，开展经常性的农机安全宣传教育活动，普及农机安全生产知识。

第二十三条 农机安全检查应当在法律、法规和规章设定的职责范围内开展，并严格按照法定程序进行检查和处罚。

第二十四条 农机安全监理机构应按照农机事故处理相关法规的规定，进行事故的报案登记、受理、立案、现场调查、责任认定、损害赔偿调解等工作。

第二十五条 农机安全监理机构应当制定重特大农机事故应急预案，建立值班和农机事故快速报告制度，公布事故报案电话。

第二十六条 农机安全监理机构应按照农业机械化管理统计制度的要求，及时、准确、全面地做好农机安全监理业务统计和农机事故统计分析工作。

第二十七条 农业机械安全监理工作业务档案应按规定立卷归档，符合档案管理标准和要求，执行档案保管期限和借阅制度。拖拉机、联合收割机及驾驶人的档案应专库存放，且具备防潮、防火、防盗、防蛀等功能，各类档案排列有序，完整规范，便于查找。重要电子档案应做好备份。

第二十八条 农机安全监理机构应建立健全业务印章使用保管、牌证物资管理、设备管理、财务管理等制度。

第六章 服务标准

第二十九条 各级农机安全监理人员应牢固树立“以民为本、为民服务、帮民解困、助民增收、保民平安”的观念，做到纪律严明、举止端庄、语言文明、行为规范。

第三十条 农机安全监理机构应当公开行政审批事项及办事依据、办事程序、收费项目及标准、办事人员及监督投诉电话，接受社会监督。

第三十一条 农机安全监理人员在岗工作和执行公务时，应着装整洁，佩戴统一标识标志；开展农机安全检查等执法活动，

应主动出示执法证件，严格按照执法程序，规范执法，文明执法。

第三十二条　农机安全监理机构办理业务实行“首问负责制”，严格执行限时办结的规定。对符合法律规定、手续齐全的，应当场办结；材料不全的，应一次告知需要补正的材料；对依法不能办理的，应向申请人说明原因。

第三十三条　农机安全监理机构实行服务承诺制，推行“一站式”办公、进村入户、预约服务，简化审批程序，减少办事环节，缩短办事周期，提高效率，方便群众。

第七章　监督考核

第三十四条　农机安全生产按照国家有关规定纳入各级政府安全生产目标管理考核体系和农机化管理工作考核内容，建立农机安全生产责任制，层层签订安全生产责任书。

第三十五条　农机安全监理机构应建立健全内部监督、岗位制约机制，执行行政执法过错责任追究制度。

第三十六条　上级农机安全监理机构应加强对下级农机安全监理机构的业务指导和监督检查，不断完善层级监督长效机制，建立通报、督办、暂停业务、责令整改等制度。

第三十七条　农机安全监理机构应设立行风举报电话和意见箱，听取群众意见和建议；对群众反映的问题，应安排人员负责调查落实，及时处理。

第三十八条　各级农机化主管部门应建立健全农机安全监理机构公用经费保障机制，加强对农机安全监理机构经费收支情况的监督。

第八章　附　　则

第三十九条　各地可依据本规范，结合实际，制定实施细则。

第四十条　本规范自公布之日起施行。

第五篇　拖拉机、联合收割机安全操作规程

Ⅰ　拖拉机安全操作规程

拖拉机安全操作规程和联合收割机安全操作规程是国家有关部门组织农机行业有关方面的专家制定的，是理论和实践的结合，农机管理人员和广大农机手都要认真学习，确保农机安全生产。

一、拖拉机安全操作规程

1. 范围

1.1　本标准规定了驾驶操作拖拉机的人员资质和拖拉机在行驶、作业、维护保养中的安全操作要求。

1.2　本标准适用于拖拉机驾驶操作人员和作业辅助人员驾驶操作拖拉机，也适用于县级以上农机安全监理机构对拖拉机进行安全监督管理。

2. 规范性引用文件

下列文件对于本文件的应用是必不可少的。凡是注日期的引用文件，仅所注日期的版本适用于本文件。凡是不注日期的引用文件，其最新版本（包括所有的修改单）适用于本文件。

GB 16151.1　农业机械运行安全技术条件　第 1 部分：拖拉机

3. 术语和定义

下列术语和定义适用于本标准。

3.1　拖拉机

本标准所指拖拉机是指用于牵引、推动、携带和/或驱动配套机具进行作业的自走式动力机械。包括轮式拖拉机、履带拖拉机、手扶拖拉机和拖拉机运输机组。

3.2　拖拉机驾驶操作人

负责驾驶操作拖拉机的人员。

3.3　拖拉机辅助作业人员。

除拖拉机驾驶操作人外，负责作业引导、挂接机具等辅助作业的其他人员。

3.4　拖拉机作业人员

拖拉机驾驶操作人和辅助作业人员的总称。

4. 作业资格

4.1　作业人员

4.1.1　拖拉机作业人员，应经过由生产、销售或有关主管部门组织的技能培训和安全教育。

4.1.2　拖拉机驾驶操作人，应取得农机安全监理机构核发的相应机型拖拉机驾驶证，驾驶证应当在有效期内。

4.2　作业拖拉机

4.2.1　拖拉机应按规定在农机安全监理机构办理注册登记，领取拖拉机号牌、行驶证，并按规定悬挂号牌，随机携带行驶证。

4.2.2　领有号牌、行驶证的拖拉机应按规定参加定期检验并合格。

5. 作业前准备

5.1　作业人员

5.1.1　应详细阅读产品使用说明书，熟悉安全注意事项和安全警示标记的含义。

5.1.2　拖拉机投入作业前，应按使用说明书进行检查和保养，确保机械技术状态完好，符合 GB16151.1 的规定。

5.1.3　衣着不得妨碍驾驶操作，衣扣须系紧，不准赤足、穿拖鞋，女性驾驶人发辫不应外露；

5.1.4　作业前应勘察道路和作业场地、清除障碍，必要时应在障碍、危险处设置明显标志。

5.1.5　非作业人员不应进入作业区。

5.2　驾驶操作人禁止行为

5.2.1　驾驶操作与驾驶证规定不相符的拖拉机；

5.2.2　驾驶操作未按规定审验或审验不合格的拖拉机；

5.2.3　驾驶操作未按照规定登记、检验或者检验不合格的拖拉机

5.2.4　将拖拉机交给无证人员驾驶操作；

5.2.5　携带不满十六周岁的未成年人上机作业；

5.2.6　饮酒或服用国家管制的精神药品、麻醉药品后驾驶操作拖拉机；

5.2.7　患有妨碍安全驾驶的疾病驾驶操作拖拉机；

5.2.8　驾驶操作拖拉机时吸烟、饮食、闲谈、接打电话或有其他妨碍安全驾驶操作的行为。

5.3　拖拉机禁用

5.3.1　封存、报废和技术状态达不到安全要求的；

5.3.2　非法制造、拼装、改型或国家实行安全认证的拖拉机没有通过安全认证的；

5.3.3　安全销、安全链、防护网、防护罩等安全设施不全或不可靠的；

5.3.4　转向与制动系统工作不良的；

5.3.5　离合器结合与分离不良的；

5.3.6　发动机、传动部分有明显杂音或其他不正常现象的；

5.3.7　各部件联结松动、损坏的；

5.3.8　配套机具缺件、变形以及工作部件安装不正确及调节装置失灵的；

5.3.9　未配备有效的消防器材，夜间无安全可靠的照明设备的。

6. 启动

6.1　启动时，必须将变速器置于空挡位置；动力机组离合器手柄置于分离位置；

6.2　手摇启动，要紧握摇把，站立位置和姿势要正确，发动机启动后，应立即取出摇把；

6.3　绳索启动，绳索不准缠在手上，身后不准站人；人体应避开启动轮回转面。启动机启动后，空转时间不得超过 5 分钟，满负荷时间不得超过 15 分钟；

6.4　电动机启动，每次连续启动时间不超过 5 秒，一次不能启动发动机时，应间隔 2～3 分钟再启动，启动 3 次仍不能启动，要查明原因，排除故障后方可再启动。

6.5　严禁用金属件直接搭火启动。

6.6　严禁用溜坡或向进气管道中注入汽油等非正常方式启动。

6.7　严冬季节启动前应加热水预热，不可骤加沸水，严禁无水启动和明火烤车。

6.8　主机启动后要低速运转 3～5 分钟，观察各仪表读数是否正常，检查有无漏水、漏油、漏电、漏气现象，倾听有无异常声音。

7. 起步

7.1　拖拉机发动机启动后必须空转预热，达到规定的水温和油温，待运转正常后方可起步和逐渐增加负荷；

7.2　起步或者传递动力前，必须观察周围情况，及时发出信号，确认安全后方可进行；

7.3 起步或传递动力时，必须缓慢结合离合器，逐渐加大油门；

7.4 手扶拖拉机起步时，不准在松放离合器手柄的同时，分离一侧转向手柄；

7.5 驾驶室内不准超员乘坐，不准放置有碍作业的物品。手扶拖拉机驾驶座位以及脚踏板上严禁乘座或站立其他人员；

7.6 拖拉机挂接农具上除设有工作座位（或踏板）供额定的操作人员在田间作业时乘座（站）外，其他任何部位和任何情况下，严禁乘座（站）人员，也不得擅自增设座位或踏板；

7.7 驾驶操作人与辅助作业人员之间必须设置联系信号。

Ⅱ 谷物联合收割机安全操作规程

1. 范围

本标准规定了谷物联合收割机作业资格、作业前准备、起步、行驶、收获作业、技术维护的安全操作要求。

本标准适用于我国谷物联合收割机的安全使用、安全监督管理。

2. 规范性引用文件

下列文件中的条款通过本标准的引用而成为本标准的条款。凡是注日期的引用文件，其随后所有的修改单（不包括勘误的内容）或修订版均不适用于本标准，然而，鼓励根据本标准达成协议的各方研究是否可使用这些文件的最新版本。凡是不注日期的引用文件，其最新版本适用于本标准。

GB16151.12 农业机械运行安全技术条件 第12部分：谷物联合收割机。

3. 术语和定义

下列术语和定义适用于本标准。

3.1　谷物联合收割机　grain combine harvesters

一次完成谷类作物的收割/捡拾、脱粒、分离清选、清除杂余、秸秆切碎等工序，从田间直接获得谷粒的收获机械（以下简称“联合收割机”）。按结构形式分为：自走式、悬挂式联合收割机；按喂入方式分为：全喂入、半喂入联合收割机；按操纵方式分为：方向盘自走式、操纵杆自走式联合收割机；按行走方式分为：轮式、履带式联合收割机。

3.2　联合收割机驾驶员 combine harvester drivers

负责掌握联合收割机行驶和收获作业的人员。

3.3　联合收割机辅助作业人员 assistant personnel of combine harvester

除联合收割机驾驶员外，负责作业引导、接粮等辅助作业的其他人员。

3.4　联合收割机作业人员 combine the operating personnel

联合收割机驾驶员和辅助作业人员的总称。

4. 作业资格

4.1　作业人员

4.1.1　联合收割机作业人员，应经过由生产、销售或有关主管部门组织的技能培训和安全教育。

4.1.2　联合收割机驾驶员，应取得农机安全监理机构核发的有效的相应机型联合收割机驾驶证。

4.2　作业机械

4.2.1　方向盘自走式、操纵杆自走式联合收割机应按规定在农机安全监理机构办理注册登记，领取联合收割机号牌、行驶证，并按规定悬挂号牌，随机携带行驶证。

4.2.2　领有号牌、行驶证的联合收割机应按规定参加定期检验并合格。

4.2.3　参加跨区作业的联合收割机，应按规定到农机化主管部门领取《跨区作业证》。

5. 作业前准备

5.1 作业前，应根据作物及田间的状态，判断是否可以进行作业。

5.2 联合收割机作业人员应详细阅读产品使用说明书，熟悉安全注意事项和安全警示标记的含义。

5.3 有下列情况之一的，不应驾驶操作联合收割机：

5.3.1 酒后、服食嗜睡及含有醇类药（食）品或使用国家管制的精神药品、麻醉品后；

5.3.2 睡眠不足、过度疲劳的；

5.3.3 患病未愈、怀孕的；

5.3.4 未满18周岁以及有妨碍安全作业病残缺陷的。

5.4 非作业人员不应进入作业区。

5.5 不应在作业区内躺卧、睡觉。

5.6 从事联合收割机作业应戴工作帽，发辫不应外露，穿着适宜的服装，扣紧钮扣，扎紧衣袖；不应赤脚、穿拖鞋。

5.7 联合收割机投入作业前，应按使用说明书进行检查和保养，确保机器技术状态完好，符合GB16151.12的规定。有下列情况之一的，不应投入使用：

5.7.1 自行拼装或改装的；

5.7.2 应报废、淘汰的；

5.7.3 危险部位未设有明显的安全警告标志，或安全警告标志破损、缺失、不清晰的；

5.7.4 安全防护板（罩、网）未按规定安装或缺损、变形的；

5.7.5 重点安全配套机械缺损、变形的；

5.7.6 发动机启动性能不正常，运转及怠速不平稳，并有异响，机油压力不正常，消声器有放炮现象的；

5.7.7　发动机停机装置失效的；

5.7.8　变速、传动、行走、转向、制动、挂接、液压升降、调节装置工作不良；

5.7.9　漏油、漏气、漏电的；

5.7.10　排气管未安装火星熄灭装置的；

5.7.11　照明、信号、仪表、指示器、刮水器、警示及报警设备不全或者工作失灵的；

5.7.12　皮带张紧轮、链轮等传动件与其他零部件有摩擦、卡阻的；

5.7.13　电气配线与其他零部件有接触或接线破损、松动的；

5.7.14　未配备有效的灭火器、故障警告标志牌、铁锹及木锨、随车工具的。

6. 起步

6.1　不应在密闭的室内运转发动机。

6.2　发动机、消声器和皮带轮传动部分不应有草屑、灰尘或油污等。

6.3　启动前应将主变速手柄置于“空挡”位置，各离合器置于“分离”位置，油门手柄放在中速位置。

6.4　不应用金属件直接搭火启动，不应用溜坡或向进气管道注入燃油等非正常方式启动。

6.5　驾驶员和辅助作业人员之间应设置联系信号，以便在作业中及时反馈信息。

6.6　机器运转及起步前，应观察周围情况，鸣喇叭或发出信号，确认安全。

6.7　机器运转时，驾驶员不得离开岗位。

6.8　不得使用联合收割机牵引其他机具。

7. 行驶

7.1　道路行驶或由道路进入田间时，应事先确认道路、堤坝、便桥、涵洞等是否适宜通行，上、下坡和通过桥梁、繁华地段时应有人护行。

7.2　道路行驶中应遵守道路交通安全规定。

7.3　进入田块、跨越沟渠、田埂以及通过松软地带，必要时应使用具有适当宽度、长度和承载强度的跳板。

7.4　驾驶室内乘坐人员不应超过核准的人数，不应放置有碍安全驾驶操作的物品。

7.5　在道路行驶或长距离转移时，应脱开动力挡或分离工作离合器，将左、右制动踏板连锁，卸掉分禾器；应卸完粮仓内的谷物，收起接粮踏板或卸粮搅龙；收割台应提升到最高位置，并予以锁定。

7.6　行驶中不应有下列行为：

7.6.1　用半离合控制行进速度，长时间分离离合器停车；

7.6.2　坡路上倾斜行驶、空挡或发动机熄火溜坡，下坡时换挡，坡道停车；

7.6.3　不平道路上高挡行驶；

7.6.4　高挡行驶过程中急转弯；

7.6.5　饮食、闲谈、吸烟、使用手机等有碍安全行驶的行为。

7.7　在雾天或泥泞的坡道上，同方向行驶的方向盘自走式联合收割机，前后之间应保持足够的安全距离。

7.8　履带式联合收割机长距离转移时，应用机动车运载。装卸板应具有足够长度、宽度和承载质量（装卸板的技术要求见表1)，且具有防滑装置并带挂钩。引导装卸时，机器正前方和正后方不应站人。应用绳索将联合收割机与机动车厢板固定，收割台降至最低位置，发动机熄火，踩下制动器并锁定踏板。

表1　装卸板的技术要求

长 度	不小于机动车货箱底板高度的4倍
宽 度	不小于50厘米
数 量	2块
承载质量	每块不低于2 000千克

7.9　道路行驶或田块转移中，不应追随、攀爬或跳车。

7.10　倒车前，应观察周围情况，确认安全，鸣喇叭或发出信号，必要时应有人指挥。

7.11　在道路上发生故障或事故时，应开启危险报警闪光灯并在联合收割机后100米处设置警告标志，夜间还应同时开启示廓灯和后位灯。

8. 收获作业

8.1　作业人员不应靠近或接触运转部件。

8.2　发动机不应长时间怠速运转或超负荷作业。

8.3　辅助作业人员上、下接粮台应停车。

8.4　在同一纵向作业线上，两台联合收割机前后间距应不少于10m。

8.5　坡道作业，应慢上慢下；在收割机的前后、左右任意一个角度超出10度的地面倾斜处，应由辅助作业人员引导行驶。

8.6　作业中，发生下列情况之一的应立即停机。

8.6.1　发生机器故障及人员伤亡事故；

8.6.2　联合收割机发生堵塞；

8.6.3　转向、制动机构突然失效；

8.6.4　机组有异响、异味、机油压力异常；

8.6.5　夜间作业时照明设备发生故障。

8.7　停机后，应将变速杆置于低挡位置，踩下制动器并锁定踏板，割台下降至最低位置，取下发动机钥匙。

8.8 应经常清理喂入轮轴、滚筒轴、逐稿器轴、秸秆切碎装置的缠草，防止磨擦起火。

8.9 清理切割器时，不应转动滚筒。

8.10 应经常检查滚筒、行走装置等，按规定扭矩拧紧螺栓。

8.11 卸粮时，不应用手、脚或铁器等工具伸入粮仓推送清理粮食。接粮时，不应超载，踏板最大允许载重不应超过产品使用说明书核定的重量。

8.12 机器运转时，秸秆切碎装置后20米内不应站人。

9. 技术维护

9.1 应按使用说明书“技术保养规程”进行技术维护。

9.2 在室内进行技术维护时，应通风良好。

9.3 补充燃油、夜间保养及排除故障，不应用明火照明。

9.4 技术维护时，应关闭发动机，踩下制动器并锁定踏板，将各手柄放到“关”或“分离”位置。

9.5 发动机未冷却时，不应打开水箱盖；发动机未熄火时，不应注油或加燃油。

9.6 顶、升机器进行技术维护时，应用安全托架支撑固定。

9.7 技术维护完毕，应及时清点工具和零件，并试车检查全机技术状况。

第六篇　农机事故处理办法与处理文书

Ⅰ《农业机械事故处理办法》

《农业机械事故处理办法》已于2010年12月30日经农业部第12次常务会议审议通过，现予公布，自2011年3月1日起施行。

第一章　总　　则

第一条　为规范农业机械事故处理工作，维护农业机械安全生产秩序，保护农业机械事故当事人的合法权益，根据《农业机械安全监督管理条例》等法律、法规，制定本办法。

第二条　本办法所称农业机械事故（以下简称农机事故），是指农业机械在作业或转移等过程中造成人身伤亡、财产损失的事件。

农机事故分为特别重大农机事故、重大农机事故、较大农机事故和一般农机事故。

（一）特别重大农机事故，是指造成30人以上死亡，或者100人以上重伤的事故，或者1亿元以上直接经济损失的事故；

（二）重大农机事故，是指造成10人以上30人以下死亡，或者50人以上100人以下重伤的事故，或者5 000万元以上1亿元以下直接经济损失的事故；

（三）较大农机事故，是指造成3人以上10人以下死亡，或者 10 人以上 50 人以下重伤的事故，或者 1 000万元以上 5 000万元以下直接经济损失的事故；

（四）一般农机事故，是指造成 3 人以下死亡，或者 10 人以下重伤，或者 1 000万元以下直接经济损失的事故。

第三条 县级以上地方人民政府农业机械化主管部门负责农业机械事故责任的认定和调解处理。

县级以上地方人民政府农业机械化主管部门所属的农业机械安全监督管理机构（以下简称农机安全监理机构）承担本辖区农机事故处理的具体工作。法律、行政法规对农机事故的处理部门另有规定的，从其规定。

第四条 对特别重大、重大、较大农机事故，农业部、省级人民政府农业机械化主管部门和地（市）级人民政府农业机械化主管部门应当分别派员参与调查处理。

第五条 农机事故处理应当遵循公正、公开、便民、效率的原则。

第六条 农机安全监理机构应当按照农机事故处理规范化建设要求，配备必需的人员和事故勘查车辆、现场勘查设备、警示标志、取像设备、现场标划用具等装备。

县级以上地方人民政府农业机械化主管部门应当将农机事故处理装备建设和工作经费纳入本部门财政预算。

第七条 农机安全监理机构应当建立 24 小时值班制度，向社会公布值班电话，保持通讯畅通。

第八条 农机安全监理机构应当做好本辖区农机事故的报告工作，将农机事故情况及时、准确、完整地报送同级农业机械化主管部门和上级农机安全监理机构。

农业机械化主管部门应当定期将农业机械事故统计情况及说明材料报送上级农业机械化主管部门，并抄送同级安全生产监督管理部门。任何单位和个人不得迟报、漏报、谎报或者瞒报农机

事故。

第九条　农机安全监理机构应当建立健全农机事故档案管理制度，指定专人负责农机事故档案管理。

第二章　报案和受理

第十条　发生农机事故后，农机操作人员和现场其他人员应当立即停止农业机械作业或转移，保护现场，并向事故发生地县级农机安全监理机构报案；造成人身伤害的，还应当立即采取措施，抢救受伤人员；造成人员死亡的，还应当向事故发生地公安机关报案。因抢救受伤人员变动现场的，应当标明事故发生时机具和人员的位置。

发生农机事故，未造成人身伤亡，当事人对事实及成因无争议的，可以在就有关事项达成协议后即行撤离现场。

第十一条　发生农机事故后当事人逃逸的，农机事故现场目击者和其他知情人应当向事故发生地县级农机安全监理机构或公安机关举报。接到举报的农机安全监理机构应当协助公安机关开展追查工作。

第十二条　农机安全监理机构接到事故报案，应当记录下列内容：

（一）报案方式、报案时间、报案人姓名、联系方式，电话报案的还应当记录报案电话；

（二）农机事故发生的时间、地点；

（三）人员伤亡和财产损失情况；

（四）农业机械类型、号牌号码、装载物品等情况；

（五）是否存在肇事嫌疑人逃逸等情况。

第十三条　接到事故现场报案的，县级农机安全监理机构应当立即派人勘查现场，并自勘查现场之时起 24 小时内决定是否立案。

当事人未在事故现场报案，事故发生后请求农机安全监理机构处理的，农机安全监理机构应当按照本办法第十二条的规定予以记录，并在 3 日内作出是否立案的决定。

第十四条 经核查农机事故事实存在且在管辖范围内的，农机安全监理机构应当立案，并告知当事人。经核查无法证明农机事故事实存在，或不在管辖范围内的，不予立案，书面告知当事人并说明理由。

第十五条 农机安全监理机构对农机事故管辖权有争议的，应当报请共同的上级农机安全监理机构指定管辖。上级农机安全监理机构应当在 24 小时内作出决定，并通知争议各方。

第三章 勘查处理

第十六条 农机事故应当由 2 名以上农机事故处理员共同处理。农机事故处理员处理农机事故，应当佩戴统一标志，出示行政执法证件。

第十七条 农机事故处理员与事故当事人有利害关系、可能影响案件公正处理的，应当回避。

第十八条 农机事故处理员到达现场后，应当立即开展下列工作：

（一）组织抢救受伤人员；

（二）保护、勘查事故现场，拍摄现场照片，绘制现场图，采集、提取痕迹、物证，并制作现场勘查笔录；

（三）对涉及易燃、易爆、剧毒、易腐蚀等危险物品的农机事故，应当立即报告当地人民政府，并协助做好相关工作；

（四）对造成供电、通讯等设施损毁的农机事故，应当立即通知有关部门处理；

（五）确定农机事故当事人、肇事嫌疑人，查找证人，并制作询问笔录；

（六）登记和保护遗留物品。

第十九条　参加勘查的农机事故处理员、当事人或者见证人应当在现场图、勘查笔录和询问笔录上签名或捺印。当事人拒绝或者无法签名、捺印以及无见证人的，应当记录在案。

当事人应当如实陈述事故发生的经过，不得隐瞒。

第二十条　调查事故过程中，农机安全监理机构发现当事人涉嫌犯罪的，应当依法移送公安机关处理；对事故农业机械可以依照《中华人民共和国行政处罚法》的规定，先行登记保存。

发生农机事故后企图逃逸、拒不停止存在重大事故隐患农业机械的作业或者转移的，县级以上地方人民政府农业机械化主管部门可以依法扣押有关农业机械及证书、牌照、操作证件。

第二十一条　农机安全监理机构可以对事故农业机械进行检验，需要对事故当事人的生理、精神状况、人体损伤和事故农业机械行驶速度、痕迹等进行鉴定的，农机安全监理机构应当自现场勘查结束之日起3日内委托具有资质的鉴定机构进行鉴定。

当事人要求自行检验、鉴定的，农机安全监理机构应当向当事人介绍具有资质的检验、鉴定机构，由当事人自行选择。

第二十二条　农机事故处理员在现场勘查过程中，可以使用呼气式酒精测试仪或者唾液试纸，对农业机械操作人员进行酒精含量检测，检测结果应当在现场勘查笔录中载明。

发现当事人有饮酒或者服用国家管制的精神药品、麻醉药品嫌疑的，应当委托有资质的专门机构对当事人提取血样或者尿样，进行相关检测鉴定。检测鉴定结果应当书面告知当事人。

第二十三条　农机安全监理机构应当与检验、鉴定机构约定检验、鉴定的项目和完成的期限，约定的期限不得超过20日。超过20日的，应当报上一级农机安全监理机构批准，但最长不得超过60日。

第二十四条　农机安全监理机构应当自收到书面鉴定报告之

日起2日内，将检验、鉴定报告复印件送达当事人。当事人对检验、鉴定报告有异议的，可以在收到检验、鉴定报告之日起3日内申请重新检验、鉴定。县级农机安全监理机构批准重新检验、鉴定的，应当另行委托检验、鉴定机构或者由原检验、鉴定机构另行指派鉴定人。重新检验、鉴定以一次为限。

第二十五条 发生农机事故，需要抢救治疗受伤人员的，抢救治疗费用由肇事嫌疑人和肇事农业机械所有人先行预付。

投保机动车交通事故责任强制保险的拖拉机发生事故，因抢救受伤人员需要保险公司依法支付抢救费用的，事故发生地农业机械化主管部门应当书面通知保险公司。抢救受伤人员需要道路交通事故社会救助基金垫付费用的，事故发生地农业机械化主管部门应当通知道路交通事故社会救助基金管理机构，并协助救助基金管理机构向事故责任人追偿。

第二十六条 农机事故造成人员死亡的，由急救、医疗机构或者法医出具死亡证明。尸体应当存放在殡葬服务单位或者有停尸条件的医疗机构。

对农机事故死者尸体进行检验的，应当通知死者家属或代理人到场。需解剖鉴定的，应当征得死者家属或所在单位的同意。

无法确定死亡人身份的，移交公安机关处理。

第四章　事故认定及复核

第二十七条 农机安全监理机构应当依据以下情况确定当事人的责任：

（一）因一方当事人的过错导致农机事故的，该方当事人承担全部责任；

（二）因两方或者两方以上当事人的过错发生农机事故的，根据其行为对事故发生的作用以及过错的严重程度，分别承担主要责任、同等责任和次要责任；

（三）各方均无导致农机事故的过错，属于意外事故的，各方均无责任；

（四）一方当事人故意造成事故的，他方无责任。

第二十八条　农机安全监理机构在进行事故认定前，应当对证据进行审查：

（一）证据是否是原件、原物，复印件、复制品与原件、原物是否相符；

（二）证据的形式、取证程序是否符合法律规定；

（三）证据的内容是否真实；

（四）证人或者提供证据的人与当事人有无利害关系。

符合规定的证据，可以作为农机事故认定的依据，不符合规定的，不予采信。

第二十九条　农机安全监理机构应当自现场勘查之日起10日内，作出农机事故认定，并制作农机事故认定书。对肇事逃逸案件，应当自查获肇事机械和操作人后10日内制作农机事故认定书。对需要进行鉴定的，应当自收到鉴定结论之日起5日内，制作农机事故认定书。

第三十条　农机事故认定书应当载明以下内容：

（一）事故当事人、农业机械、作业场所的基本情况；

（二）事故发生的基本事实；

（三）事故证据及事故成因分析；

（四）当事人的过错及责任或意外原因；

（五）当事人向农机安全监理机构申请复核、调解和直接向人民法院提起民事诉讼的权利、期限；

（六）作出农机事故认定的农机安全监理机构名称和农机事故认定日期。

农机事故认定书应当由事故处理员签名或盖章，加盖农机事故处理专用章，并在制作完成之日起3日内送达当事人。

第三十一条 逃逸农机事故肇事者未查获，农机事故受害一方当事人要求出具农机事故认定书的，农机安全监理机构应当在接到当事人的书面申请后10日内制作农机事故认定书，并送达当事人。农机事故认定书应当载明农机事故发生的时间、地点、受害人情况及调查得到的事实，有证据证明受害人有过错的，确定受害人的责任；无证据证明受害人有过错的，确定受害人无责任。

第三十二条 农机事故成因无法查清的，农机安全监理机构应当出具农机事故证明，载明农机事故发生的时间、地点、当事人情况及调查得到的事实，分别送达当事人。

第三十三条 当事人对农机事故认定有异议的，可以自农机事故认定书送达之日起3日内，向上一级农机安全监理机构提出书面复核申请。

复核申请应当载明复核请求及其理由和主要证据。

第三十四条 上一级农机安全监理机构应当自收到当事人书面复核申请后5日内，做出是否受理决定。任何一方当事人向人民法院提起诉讼并经法院受理的或案件已进入刑事诉讼程序的，复核申请不予受理，并书面通知当事人。

上一级农机安全监理机构受理复核申请的，应当书面通知各方当事人，并通知原办案单位5日内提交案件材料。

第三十五条 上一级农机安全监理机构自受理复核申请之日起30日内，对下列内容进行审查，并作出复核结论：

（一）农机事故事实是否清楚，证据是否确实充分，适用法律是否正确；

（二）农机事故责任划分是否公正；

（三）农机事故调查及认定程序是否合法。

复核原则上采取书面审查的办法，但是当事人提出要求或者农机安全监理机构认为有必要时，可以召集各方当事人到场听取

意见。

复核期间，任何一方当事人就该事故向人民法院提起诉讼并经法院受理或案件已进入刑事诉讼程序的，农机安全监理机构应当终止复核。

第三十六条　上一级农机安全监理机构经复核认为农机事故认定符合规定的，应当作出维持农机事故认定的复核结论；经复核认为不符合规定的，应当作出撤销农机事故认定的复核结论，责令原办案单位重新调查、认定。

复核结论应当自作出之日起3日内送达当事人。

上一级农机安全监理机构复核以1次为限。

第三十七条　上一级农机安全监理机构作出责令重新认定的复核结论后，原办案单位应当在10日内依照本办法重新调查，重新制作编号不同的农机事故认定书，送达各方当事人，并报上一级农机安全监理机构备案。

第五章　赔偿调解

第三十八条　当事人对农机事故损害赔偿有争议的，可以在收到农机事故认定书或者上一级农机安全监理机构维持原农机事故认定的复核结论之日起10日内，共同向农机安全监理机构提出书面调解申请。

第三十九条　农机安全监理机构应当按照合法、公正、自愿、及时的原则，采取公开方式进行农机事故损害赔偿调解，但当事人一方要求不予公开的除外。

农机安全监理机构调解农机事故损害赔偿的期限为10日。对农机事故致死的，调解自办理丧葬事宜结束之日起开始；对农机事故致伤、致残的，调解自治疗终结或者定残之日起开始；对农机事故造成财产损失的，调解从确定损失之日起开始。

调解涉及保险赔偿的，农机安全监理机构应当提前3日将调解的时间、地点通报相关保险机构，保险机构可以派员以第三人的身份参加调解。经农机安全监理机构主持达成的调解协议，可以作为保险理赔的依据，被保险人据此申请赔偿保险金的，保险人应当按照法律规定和合同约定进行赔偿。

第四十条 事故调解参加人员包括：

（一）事故当事人及其代理人或损害赔偿的权利人、义务人；

（二）农业机械所有人或者管理人；

（三）农机安全监理机构认为有必要参加的其他人员。

委托代理人应当出具由委托人签名或者盖章的授权委托书。授权委托书应当载明委托事项和权限。

参加调解的当事人一方不得超过 3 人。

第四十一条 调解农机事故损害赔偿争议，按下列程序进行：

（一）告知各方当事人的权利、义务；

（二）听取各方当事人的请求；

（三）根据农机事故认定书的事实以及相关法律法规，调解达成损害赔偿协议。

第四十二条 调解达成协议的，农机安全监理机构应当制作农机事故损害赔偿调解书送达各方当事人，农机事故损害赔偿调解书经各方当事人共同签字后生效。调解达成协议后当事人反悔的，可以依法向人民法院提起民事诉讼。

农机事故损害赔偿调解书应当载明以下内容：

（一）调解的依据；

（二）农机事故简况和损失情况；

（三）各方的损害赔偿责任及比例；

（四）损害赔偿的项目和数额；

（五）当事人自愿协商达成一致的意见；

（六）赔偿方式和期限；

（七）调解终结日期。

赔付款由当事人自行交接，当事人要求农机安全监理机构转交的，农机安全监理机构可以转交，并在农机事故损害赔偿调解书上附记。

第四十三条　调解不能达成协议的，农机安全监理机构应当终止调解，并制作农机事故损害赔偿调解终结书送达各方当事人。农机事故损害赔偿调解终结书应当载明未达成协议的原因。

第四十四条　调解期间，当事人向人民法院提起民事诉讼、无正当理由不参加调解或者放弃调解的，农机安全监理机构应当终结调解。

第四十五条　农机事故损害赔偿费原则上应当一次性结算付清。对不明身份死者的人身损害赔偿，农机安全监理机构应当将赔偿费交付有关部门保存，待损害赔偿权利人确认后，通知有关部门交付损害赔偿权利人。

第六章　事故报告

第四十六条　省级农机安全监理机构应当按照农业机械化管理统计报表制度按月报送农机事故。农机事故月报的内容包括农机事故起数、伤亡情况、直接经济损失和事故发生的原因等情况。

第四十七条　发生较大以上的农机事故，事故发生地农机安全监理机构应当立即向农业机械化主管部门报告，并逐级上报至农业部农机监理总站。每级上报时间不得超过 2 小时。必要时，农机安全监理机构可以越级上报事故情况。

农机事故快报应当包括下列内容：

（一）事故发生的时间、地点、天气以及事故现场情况；

（二）操作人姓名、住址、持证等情况；

（三）事故造成的伤亡人数（包括下落不明的人数）及伤亡

人员的基本情况、初步估计的直接经济损失；

（四）发生事故的农业机械机型、牌证号、是否载有危险物品及危险物品的种类等；

（五）事故发生的简要经过；

（六）已经采取的措施；

（七）其他应当报告的情况。

农机事故发生之日起7日内，事故造成的伤亡人数发生变化的，应当及时补报。

第四十八条 农机安全监理机构应当每月对农机事故情况进行分析评估，向农业机械化主管部门提交事故情况和分析评估报告。

农业部每半年发布一次相关信息，通报典型的较大以上农机事故。省级农业机械化主管部门每季度发布一次相关信息，通报典型农机事故。

第七章 罚 则

第四十九条 农业机械化主管部门及其农机安全监理机构有下列行为之一的，对直接负责的主管人员和其他直接责任人员依法给予行政处分；构成犯罪的，依法移送司法机关追究刑事责任：

（一）不依法处理农机事故或者不依法出具农机事故认定书等有关材料的；

（二）迟报、漏报、谎报或者瞒报事故的；

（三）阻碍、干涉事故调查工作的；

（四）其他依法应当追究责任的行为。

第五十条 农机事故处理员有下列行为之一的，依法给予行政处分；构成犯罪的，依法移送司法机关追究刑事责任：

（一）不立即实施事故抢救的；

（二）在事故调查处理期间擅离职守的；

（三）利用职务之便，非法占有他人财产的；

（四）索取、收受贿赂的；

（五）故意或者过失造成认定事实错误、违反法定程序的；

（六）应当回避而未回避影响事故公正处理的；

（七）其他影响公正处理事故的。

第五十一条　当事人有农机安全违法行为的，农机安全监理机构应当在作出农机事故认定之日起5日内，依照《农业机械安全监督管理条例》作出处罚。

农机事故肇事人构成犯罪的，农机安全监理机构应当在人民法院作出的有罪判决生效后，依法吊销其操作证件；拖拉机驾驶人有逃逸情形的，应当同时依法作出终生不得重新取得拖拉机驾驶证的决定。

第八章　附　　则

第五十二条　农机事故处理文书表格格式、农机事故处理专用印章式样由农业部统一制定。

第五十三条　涉外农机事故应当按照本办法处理，并通知外事部门派员协助。国家另有规定的，从其规定。

第五十四条　本办法规定的“日”是指工作日，不含法定节假日。

第五十五条　本办法自2011年3月1日起施行。

Ⅱ　农业机械事故处理文书规范（试行）

第一章　总　　则

第一条　为规范农业机械事故（以下简称农机事故）处理，

提高农机事故处理文书制作水平，根据《农业机械事故处理办法》，结合农机事故处理工作实际，制定本规范。

第二条 本规范适用于农机事故处理文书的制作。

第三条 农机事故处理文书的内容应当符合有关法律、法规和规章的规定，做到格式统一、内容完整、表述清楚、用语规范。

第二章 文书制作基本要求

第四条 农机事故处理文书（以下简称文书）应当按照规定的格式制作。

文书应当使用蓝黑色或黑色笔填写，做到字迹清楚、文面整洁。

文书应当按照规定的格式印制后填写。农机事故认定书等叙述式文书宜打印制作。

第五条 文书设定的栏目，应当逐项填写，不得遗漏或随意修改。无需填写的，应当用斜线划去。

文书中除编号、证件号、数量等必须使用阿拉伯数字外，应当使用汉字。

第六条 文书应当使用公文语体，语言简练、严谨、平实，标点符号规范，避免产生歧义。

第七条 农机事故案件登记表、农机事故认定书（简易程序）、农机事故不予立案（调解）通知书、移送（交）案件通知书、农机事故立案登记表、扣押决定书、农机事故抢救费支付（垫付）通知书、农机事故认定书、农机事故认定复核受理通知书、农机事故认定复核不予受理通知书、农机事故认定复核结论、农机事故损害赔偿调解通知书和农机事故损害赔偿调解终结书等文书，应当编注案号。

第八条 文书中当事人姓名应当填写身份证或户口簿上的姓

名，住址应当填写住所地址或经常居住地址。

第九条　农机事故现场勘查笔录、询问笔录等文书，应当当场交当事人阅读或者向当事人宣读，并由事故处理人员和事故当事人逐页签章或捺指印确认。当事人拒绝签章或捺指印，拒不到场的，事故处理人员应当在笔录中注明，可以邀请在场的其他人员签章或捺指印。

记录有遗漏或者有差错的，可以补充和修改，并由当事人在改动处签章或捺指印确认。

第十条　文书首页不够记录时，可以附纸记录，但应当注明页码。

第十一条　文书中的审核或审批意见应当表述明确，没有歧义。

第十二条　需要交付当事人的文书中设有签收栏的，由当事人直接签收，也可以由其同住成年亲属代签收。

文书中没有设签收栏的，应当使用送达回证。

第十三条　文书中注明加盖印章的地方应当加盖公章，注明加盖专用章的地方应当加盖农机事故处理专用章，盖章应当清晰、端正，要“骑年盖月”。

农机事故处理专用章规格：直径 42 毫米。

字体：宋体。

内容：××省（自治区、直辖市）××县（市）农业机械化主管部门农机事故处理专用章。

农机事故处理专用章式样

第十四条 文书用纸幅面尺寸采用标准 A4 型纸，其成品幅面尺寸为：297 毫米×210 毫米。

文书页边与版心尺寸：

天头（上白边）为：37 毫米±1 毫米；

订口（左白边）为：28 毫米±1 毫米；

版心尺寸为：156 毫米×225 毫米（不含页码）。

第三章 具体文书制作

第十五条 农机事故案件登记表是农机安全监理机构接受农机事故当事人或其他公民报告农机事故时使用的文书。

“案由”应当填写农机事故类别，如拖拉机事故。

“案件来源”应当填写报案、举报、投案、有关单位移送或工作中检查发现。

“接报记录”应当写清接报案件的基本情况，包括事故发生时间、地点、农机名称牌号、人员伤亡和财产损失等相关内容。

“受案人意见”应当填写是否受理和进一步调查处理的意见。

“领导批示意见”应当填写农机安全监理机构负责人同意受理、不予受理或应当移交的决定。

第十六条 农机事故认定书（简易程序）是对未造成人身伤亡、当事人对事实及成因无争议的农机事故确定责任时使用的文书。

农机事故认定书（简易程序）应当由事故处理人员和事故当事人共同签名后交付当事人。当事人对事故认定有异议，或者拒绝在农机事故认定书（简易程序）上签名，或者不同意损害赔偿调解的，农机事故处理人员应当在农机事故认定书（简易程序）上予以记录，并告知当事人可以向人民法院提起民事诉讼；当事人拒绝接收的，农机事故处理人员应当在农机事故认定书

(简易程序) 上予以记录。

第十七条　农机事故不予立案（调解）通知书是对农机事故不予立案、不予调解时使用的文书。

经核查无法证明农机事故事实存在，或不在管辖范围内的，农机安全监理机构应当制作农机事故不予立案（调解）通知书，注明理由，送达当事人。

当事人申请调解超过法定时限、对农机事故认定有异议或者各方当事人未共同申请调解的，农机安全监理机构应当制作农机事故不予调解通知书，说明不予调解的理由和依据，送达当事人。

第十八条　移送（交）案件通知书是农机安全监理机构经核查不属于农机事故或不属于管辖范围，以及需移送公安机关依法对肇事者追究刑事责任时，将案件或案件卷宗移送（交）相关部门时使用的文书。

第十九条　农机事故立案登记表是农机安全监理机构决定对农机事故进行立案调查时使用的文书。

“事故地点”应当填写发生事故的地理方位或农田、场院的正式名称。

“报案内容”应当填写报案人报案的方式和报案的基本情况。

“初步调查内容”应当填写办案人根据现场勘查及现场调查，初步查明事故的基本情况。

“办案人意见”应当填写办案人根据初步调查情况，提出是否立案的意见。

“领导批示意见”应当填写农机安全监理机构负责人是否同意立案的决定。

第二十条　农机事故现场勘查笔录是农机事故处理人员对农机事故现场进行勘查时，记录事故现场有关情况时使用的文书。

现场勘查笔录主要载明：现场伤亡人员基本情况及救援简要过程，现场事故农业机械基本情况，现场痕迹、物证采集和提取情况，农机事故处理人员认为应当记录的其他情况。

补充勘查事故现场的，应当制作农机事故现场勘查笔录，并在“备注”栏中注明“补充勘查笔录”。

第二十一条 农机事故现场图是利用正投影原理，将事故现场与事故有关的农业机械、人畜尸体、遗留痕迹、物体以及田间场院、作业设施、库棚等，按照《农业机械事故现场图形符号》等标准绘制在平面上的图形。

现场图应当用绘图笔绘制，数据完整、尺寸精确、标注清楚。

第二十二条 农机事故勘查照片是利用照相设备对现场环境、痕迹物证、农业机械和伤亡人员等进行固定、记录的图片资料。

农机事故勘查照片应当客观、真实、全面反映被摄对象，不得有艺术夸张，一般使用标准镜头拍摄。

第二十三条 农机事故当事人陈述材料是经当事人请求或应农机事故处理人员的要求，对事故经过进行陈述的书面材料。

内容包括：事故发生的时间、地点以及事故经过，操作情况，事故主要原因，当事人违法违规行为，造成伤亡及损失情况等。

当事人应当在“当事人”处签章或捺指印。办案人员应当在右上角签名并填写收到日期。

当事人提交陈述材料时，农机事故处理人员应当查验是否确由本人书写，由他人代笔的，应当注明。

第二十四条 询问笔录是农机事故处理人员向事故当事人、证人调查了解案件情况时制作的问答实录。

被询问人对询问笔录核对无误后，应当在笔录末尾写明“以

上笔录情况属实，与我说的相符”的字样。

第二十五条　农机事故视听材料目录是农机事故处理人员在事故处理过程中，对事故现场、调查取证等情况进行录像、录音后，进行清点、登记时使用的文书。

第二十六条　扣押决定书和扣押物品清单是农业机械化主管部门对肇事后企图逃逸的、拒不停止存在重大事故隐患农业机械的作业或者转移的当事人，扣押农业机械及证书、牌照、操作证件等时使用的文书。

“驾驶（所有）的”后横线填写农业机械名称；“及”后横线填写证书、牌照、操作证件等；“扣押期限为”后横线填写扣押的具体期限，扣押期限不超过30日；情况复杂的，经农业机械化主管部门负责人批准，可延长最多不超过30个工作日。扣押期限不包括检验或鉴定的时间。扣押决定书加盖负责事故处理的农业机械化主管部门公章。

扣押物品清单应当对物品的名称、规格、数量等作清楚记录，必要时应当对登记物品拍照。当事人领取扣押物品应当签名并签注日期。

扣押物品清单一式两份，经当事人和两名事故处理人员共同签名后，由当事人和行政机关分别保存。当事人拒绝签名的，应当注明。

第二十七条　证据登记保存清单是农机安全监理机构在调查处理与农机事故有关的涉嫌违法行为时，对不符合扣押条件而又可能灭失或以后难以取得的证据，依法进行登记保存时使用的文书。

第二十八条　农机事故抢救费支付（垫付）通知书是农业机械化主管部门根据投保情况通知保险公司、道路交通事故社会救助基金管理机构先行支付（垫付）农机事故受伤人员抢救费用的文书。

事故农业机械参加保险的，通知投保的保险公司支付抢救费用；抢救费用超过保险公司责任限额的、未参加交通事故责任强制保险或者肇事后逃逸的上道路行驶拖拉机事故，通知道路交通事故社会救助基金管理机构垫付抢救费用。

第二十九条 检验、鉴定委托书是农机安全监理机构对需要检验、鉴定的与农机事故有关的农业机械、物品、尸体、当事人的生理和精神状态等，委托具备资质的有关单位进行检验、鉴定时使用的文书。

“委托内容”应当填写需要检验、鉴定的项目，并明确检验、鉴定时限。

第三十条 农机事故调查报告书是农机事故处理人员在事故事实已调查清楚，具备事故认定条件时，向本部门负责人提交的调查报告。

正文应当填写：农机事故案由，当事人、农业机械、作业环境等基本情况，事故发生经过，调查过程，农机事故证据及事故形成原因的分析，适用法律、法规及责任划分意见等。

第三十一条 农机事故认定书是农机安全监理机构适用一般程序认定农机事故责任时使用的文书。

“农机事故证据及事故形成原因分析”栏中农机事故形成原因描述应当全面、客观，阐明事故的基本事实；“当事人导致农机事故的过错及责任或者意外原因”栏中责任认定要写明依据的法律、法规和规章全称，列明适用的条、款、项、目，明确认定的责任。

农机事故认定书由 2 名农机事故处理人员签章，加盖专用章后分别送达当事人，并告知当事人申请复核、调解和直接向人民法院提起民事诉讼的权利、期限。

第三十二条 农机事故认定复核受理通知书是上一级农机安全监理机构同意受理事故认定复核申请，通知各方当事人时使用

的文书。

第三十三条　农机事故认定复核不予受理通知书是上一级农机安全监理机构不受理事故认定复核申请，通知各方当事人时使用的文书。

第三十四条　农机事故认定复核结论是上一级农机安全监理机构做出维持原农机事故认定或者撤销原农机事故认定结论时使用的文书。

第三十五条　委托书是当事人依法委托他人作为代理人时，向农机安全监理机构提交的写明委托事项和委托权限的文书。

第三十六条　农机事故损害赔偿调解申请书是农机事故各方当事人共同申请由农机安全监理机构调解损害赔偿时使用的文书。

农机事故各方当事人在收到农机事故认定书之日起 10 日内，一致请求农机安全监理机构调解的，农机安全监理机构应当给予调解。

“请求事项”应当填写请求调解的内容。

第三十七条　农机事故损害赔偿调解通知书是农机安全监理机构决定对农机事故案件进行调解，通知各方当事人时使用的文书。

通知书抬头下方横线处填写被通知人，即对农机事故损害赔偿有争议的各方当事人。

第三十八条　农机事故损害赔偿调解记录是农机安全监理机构对调解过程及当事人在调解过程中提出解决农机事故损害赔偿纠纷意见的记录。

调解记录是对调解过程的客观记录，不应当在记录上作出任何主观的判断。

调解记录是农机安全监理机构制作调解书的依据，应当存入案卷。

第三十九条 农机事故损害赔偿调解书是农机安全监理机构对经调解达成损害赔偿协议时制作的文书。

农机事故损害赔偿调解书应当经各方当事人共同签字后生效。

当事人要求农机安全监理机构帮助转交赔付款的，农机安全监理机构应当在农机事故损害赔偿调解书上附记。

第四十条 农机事故损害赔偿调解终结书是农机事故各方当事人未达成协议，或者一方当事人无正当理由不参加调解，或者放弃调解，或者在调解期间一方当事人向人民法院提起民事诉讼时，农机安全监理机构终止调解使用的文书。

农机事故损害赔偿调解终结书应当载明未达成协议的原因并送达各方当事人。

第四十一条 送达回证是农机安全监理机构将有关文书送达农机事故当事人或其他受送达人的回执证明文书。

送达回证应当直接送交受送达人；本人不在的，交其同住成年亲属签收；已向农机安全监理机构指定代收的，交代收人签收。文书送达后，应当由受送达人在送达回证上签章，受送达人在送达回证上的签收日期为送达日期。受送达人拒绝签收的，应当在送达回证上注明。

第四十二条 农机事故遗留物品清单是农机安全监理机构在农机事故现场勘查完毕后，对事故现场遗留物品暂予保存时使用的文书。

文书中应当对遗留物品的名称、规格、数量等做清楚记录，必要时应当对登记物品拍照。

农机事故遗留物品清单，应有见证人签名，无见证人或见证人拒绝签名的，应当记录清楚，并有两名事故处理人员签名。

第四十三条 农机事故相关材料粘贴纸是粘贴与农机事故处理工作相关、大小不一或者破损不能装订的材料时使用的纸张。

第四章　文书归档及管理

第四十四条　适用简易程序处理的农机事故，可根据具体情况定期归为一个案卷。适用一般程序处理的农机事故分别立卷，结案后随时归档。

第四十五条　案卷应当制作封面、卷内目录和备考表。

封面题名应当为农机事故案卷。

卷内目录应当包括序号、名称、日期、页号和备注等内容，按卷内文书材料排列顺序逐件填写。

备考表应当填写卷中需要说明的情况，并由立卷人、检查人签名。

第四十六条　卷内文书材料应当齐全完整，无重份或多余材料。

第四十七条　适用简易程序处理的农机事故案件归档文书为农机事故认定书（简易程序）。

适用一般程序处理的农机事故案件文书材料按照下列顺序整理归档：

（一）农机事故案件登记表

（二）农机事故不予立案（调解）通知书

（三）移送（交）案件通知书

（四）农机事故立案登记表

（五）农机事故现场勘查笔录

（六）农机事故现场图

（七）农机事故勘查照片

（八）农机事故当事人陈述材料

（九）询问笔录

（十）农机事故视听材料目录

（十一）扣押决定书

（十二）扣押物品清单

（十三）证据登记保存清单

（十四）农机事故抢救费支付（垫付）通知书

（十五）检验、鉴定委托书

（十六）农机事故调查报告书

（十七）农机事故认定书

（十八）农机事故认定复核受理通知书

（十九）农机事故认定复核不予受理通知书

（二十）农机事故认定复核结论

（二十一）委托书

（二十二）农机事故损害赔偿调解申请书

（二十三）农机事故损害赔偿调解通知书

（二十四）农机事故损害赔偿调解记录

（二十五）农机事故损害赔偿调解书

（二十六）农机事故损害赔偿调解终结书

（二十七）送达回证

（二十八）农机事故遗留物品清单

（二十九）农机事故相关材料粘贴纸

（三十）其他与农机事故处理有关的材料。

第四十八条 不能随文书装订立卷的录音、录像等证据材料应当放入证据袋中，并注明录制内容、数量、时间、地点、制作人等，随卷归档。

第四十九条 当事人申请行政复议和提起行政诉讼的案件，可以在案件办结后附入原卷归档。

第五十条 卷内文件材料应当用阿拉伯数字从“1”开始依次用铅笔编写页号；页号编写在有字迹页面正面的右上角和背面的左上角；大张材料折叠后应当在有字迹页面的右上角编写页号；A4 横印材料应当字头朝装订线摆放好再编写页号。

第五十一条　案件装订前要做好文书材料的检查。文书材料上的订书钉等金属物应当去掉，对破损的文书应当进行修补或复制。

第五十二条　案卷应当整齐美观，不松散，不压字迹、不掉页、便于翻阅。

第五十三条　办案人员完成立卷后，应当及时向档案室移交，进行归档。

第五十四条　案卷归档后，不得私自增加或者抽取案卷材料，不得修改案卷内容。

第五十五条　本规范自2011年10月1日起实施。

附件：

1. 农机事故案卷封面
2. 卷内目录
3. 农机事故案件登记表
4. 农机事故认定书（简易程序）
5. 农机事故不予立案（调解）通知书
6. 移送（交）案件通知书
7. 农机事故立案登记表
8. 农机事故现场勘查笔录
9. 农机事故现场图
10. 农机事故勘查照片
11. 农机事故当事人陈述材料
12. 询问笔录
13. 农机事故视听材料目录
14. 扣押决定书
15. 扣押物品清单
16. 证据登记保存清单
17. 农机事故抢救费支付（垫付）通知书

18. 检验、鉴定委托书
19. 农机事故调查报告书
20. 农机事故认定书
21. 农机事故认定复核受理通知书
22. 农机事故认定复核不予受理通知书
23. 农机事故认定复核结论
24. 委托书
25. 农机事故损害赔偿调解申请书
26. 农机事故损害赔偿调解通知书
27. 农机事故损害赔偿调解记录
28. 农机事故损害赔偿调解书
29. 农机事故损害赔偿调解终结书
30. 送达回证
31. 农机事故遗留物品清单
32. 农机事故相关材料粘贴纸

附件 1

装

订

线

年　第　号

农机事故案卷

事故类别＿＿＿＿＿＿＿＿
肇 事 人＿＿＿＿＿＿＿＿
肇事机械＿＿＿＿＿＿＿＿
肇事时间＿＿＿＿＿＿＿＿
肇事地点＿＿＿＿＿＿＿＿
伤亡人数＿＿＿＿＿＿＿＿

经 办 人＿＿＿＿＿＿＿＿
立案单位＿＿＿＿＿＿＿＿
立卷时间＿＿＿＿＿＿＿＿

中华人民共和国农业部制

附件2

卷内目录

序号	名称	日期	页号	备注
1				
2				
3				
4				
5				
6				
7				
8				
9				
10				
11				
12				
13				
14				
15				
16				
17				
18				
19				
20				

附件 3

农机事故案件登记表

第　　　号

<table>
<tr><td>案　由</td><td colspan="7"></td></tr>
<tr><td>案件来源</td><td colspan="7"></td></tr>
<tr><td>接报时间</td><td colspan="7"></td></tr>
<tr><td>接报方式</td><td colspan="7"></td></tr>
<tr><td>农机名称</td><td colspan="2"></td><td>型号</td><td colspan="2"></td><td>号牌</td><td></td></tr>
<tr><td rowspan="3">报案人</td><td>姓名
（名称）</td><td></td><td>性别</td><td></td><td colspan="2">报案（联系）电话</td><td></td></tr>
<tr><td>住址
（或单位）</td><td colspan="6"></td></tr>
<tr><td>附注</td><td colspan="6"></td></tr>
<tr><td colspan="8">接报记录：</td></tr>
<tr><td>受案人意见</td><td colspan="7">签 名：　　　　　　　　年　　月　　日</td></tr>
<tr><td>领导批示
意见</td><td colspan="7">签 名：　　　　　　　　年　　月　　日</td></tr>
</table>

附件4

农机事故认定书（简易程序）

第　　　号

事故时间：　　　年　月　日　时　分　事故地点：			
当事人姓名	联系方式	驾驶证号	农机名称及号牌

农机事故事实	当事人：
责任及调解结果	当事人：　　　（专用章） 事故处理人员：　　　年　月　日

注：有下列情形之一或者调解未达成协议及调解生效后当事人不履行的，当事人可以向人民法院提起民事诉讼：

1. 当事人对农机事故认定有异议的；
2. 当事人拒绝在事故认定书上签名的；
3. 当事人不同意由农机事故处理人员调解的。

附件 5

农机事故不予立案（调解）通知书

第　　　号

__________________：

对你（单位）提出的__________________________________

一案，经本机关审查认为：______________________________

____。

根据《农业机械事故处理办法》第______条的规定，决定不予立案（调解）。

特此通知。

（专用章）

年　月　日

附件 6

移送（交）案件通知书

第　　　号

____________________：

本机关接到报案/受理的________________一案，经核查，不属于农机事故/不属于本机关管辖范围/涉嫌犯罪，根据有关规定，现将该案件移送（交）你机关处理。随函附送以下材料和物品，请查收。

1. 现场勘查笔录；
2. 询问笔录；
3. 扣押物品、清单。

（移送单位印章）

年　　月　　日

移送（交）案件通知书（回执）

____________________：

你机关移送（交）的______________________一案的以下材料和物品，已收到：

1. 现场勘查笔录；
2. 询问笔录；
3. 扣押物品、清单。

（案件接收单位印章）

年　　月　　日

附件 7

农机事故立案登记表

×农机立字［20××］第××××××号

事故时间	年　　月　　日　　时　　分				
事故地点					
农机名称		型号		号牌	
报案内容					
初步调查内容					
办案人意见	事故处理人员：　　年　　月　　日				
领导批示意见	签名：　　年　　月　　日				

附件 8

农机事故现场勘查笔录

事故时间	年 月 日 时 分			天气：	
事故地点					
农机名称		型号		号牌	
勘查时间	年 月 日 时 分 至 年 月 日 时 分				

勘查人员单位：
勘查人员姓名：

现场勘查人员：	记录人：
当事人或见证人：	
备注：	

第 页 共 页

农机事故现场勘查笔录（续页）

现场勘查人员：　　　　　　　　　　　　　　　　记录人：

当事人或见证人：

备注：

第　　页　共　　页

附件 9

农机事故现场图

农机事故名称：

事故时间	年　月　日　时　分	绘图时间	年　月　日　时　分
事故地点		天气	

说明：

勘查人员：　　　　　　　　　　绘图人员：

当事人或见证人：

附件 10

农机事故勘查照片

事故时间：_____年______月______日______时______分
天气：____
地点：____
摄影人员：_____________________________________
摄影时间：_____年________月______日______时______分

附件 11

于_____年____月____日收到

农机事故处理人员：

农机事故当事人陈述材料

姓名：______ 性别：____ 民族：____ 出生日期：________

身份证号码：_______________ 籍贯：____ 文化程度：______

农机名称/机型：________/________ 登记日期：__________

号牌号码：__________

驾驶证名称/号码：________/________ 领证日期：__________

保险凭证号：__________

户籍所在地：____

现住址：____

联系方式：____

经我自行请求（应农机事故处理人员的要求），现将农机事故经过陈述如下：

____

____

____

____

____

____

当事人：

年　　月　　日

附件 12

询问笔录

第　　次询问

时间：____年__月__日__时__分至____年__月__日__时__分

地点：________________________________

询问人：____________　工作单位：________________

记录人：____________　工作单位：________________

被询问人姓名：__________　曾用名：________　性别：______

民族：______　出生日期：________　文化程度：________

户籍所在地：________________________

现住址：____________________________

被询问人身份证件名称及号码：____________

联系方式：__________________________

问：我们是________省______县农机安全监理机构的事故处理人员（出示证件），现对你进行询问。对我们的提问，你有如实回答的义务和陈述、申辩的权利；与本案无关的问题，有权拒绝回答，有要求我们办案人员和负责人回避的权利，对以上告知你听清楚了吗？

答：________________________________

问：你提出回避申请吗？

答：________________________________

问：我们对你做的本次笔录，是否要求保密？

答：________________________________

被询问人：

年　月　日

第　页共　页

询问笔录（续页）

询问人：　　　　　　　　　　　　　　被询问人：

记录人：　　　　　　　　　　　　　　年　月　日

第　页共　页

附件 13

农机事故视听材料目录

序号	内容摘要	录音、录像承办人及制作时间

附件 14

扣押决定书

×农机扣字［20××］第××××××号

当事人		联系方式	
地　址			

鉴于当事人肇事后企图逃逸\拒不停止存在重大事故隐患农业机械的作业或者转移，依据《农业机械安全监督管理条例》第四十一条规定，本机关决定对当事人驾驶（所有）的＿＿＿＿＿＿及＿＿＿＿＿＿＿＿＿＿＿＿＿＿＿＿＿＿进行扣押，扣押期限为＿＿＿＿日。

当事人对本决定不服的，可以自收到本决定之日起 60 日内，向＿＿＿＿局（委员会）或＿＿＿＿人民政府申请行政复议，或者自收到本决定之日起 3 个月内，向＿＿＿＿人民法院提起行政诉讼。

事故处理人员：

当事人签名或盖章：

（农业机械化主管部门印章）

年　月　日

注：1. 决定书中应注明扣押物品数量。

2. 此决定书一式两份（存档、当事人各一份）。

附件 15

扣押物品清单

扣押时间：　　　年　　月　　日　　时　　分

扣押地点：

编号	物品名称	数量	规格	领取人签名	领取时间	备　注

当事人：　　　　　　　　　　　　　　事故处理人员：

注：此清单一式两份（存档、当事人各一份）。

附件 16

证据登记保存清单

当事人：______________________ 时　间：__________________

地　点：____

因你（单位）涉嫌__________一案，依据《中华人民共和国行政处罚法》第三十七条第二款规定，本机关需要对你（单位）的下列物品先行登记保存：

序号	物品名称	数量	规格	领取人签名	领取时间	备　注

事故处理人员：

当事人签名或盖章：

（印章）

年　月　日

注：此清单一式两份（存档、收件人各一份）。

附件 17

农机事故抢救费支付（垫付）通知书

第　　号

____________________：

农业机械驾驶操作人________________驾驶操作的____________________，在______________发生农机事故。根据有关规定，请你单位在接到本通知后为受伤人员________________________向________________医院支付（垫付）____________________费用。收据由你单位暂存。

特此通知。

（印章）

年　　月　　日

农机事故处理人员：

电话或通讯地址：

附件 18

检验、鉴定委托书

被委托单位			
联系人		联系电话	

委托内容：

(印章)

年　月　日

附件 19

领导批示	

农机事故调查报告书

事故处理人员：

年　　月　　日

注：本文书不局限于一页。

附件 20

农机事故认定书

×农机认字［20××］第××××××号

农机事故发生时间：　　　　　　　　　　　　　　　　天气：

农机事故发生地点：

当事人、事故机械、事故现场等基本情况：

农机事故发生经过：

农机事故证据及事故形成原因分析：

当事人导致农机事故的过错及责任或者意外原因：

（专用章）

事故处理人员：　　　　　　　　　　　　　　　　年　　月　　日

当事人对农机事故认定有异议的，可以自农机事故认定书送达之日起 3 个工作日内，向上一级农机安全监理机构提出书面复核申请。复核申请应当载明复核请求及其理由和主要证据。对农机事故损害赔偿的争议，当事人可以请求农机安全监理机构调解，也可以直接向人民法院提起民事诉讼。各方当事人一致请求农机安全监理机构调解的，应当在收到农机事故认定书或者上一级农机安全监理机构维持原农机事故认定的复核结论之日起 10 个工作日内向农机安全监理机构共同提出书面调解申请。

附件 21

农机事故认定复核受理通知书

×农机受字［20××］第××××××号

____________________：

因当事人____

对____

____

农机事故一案，提出农机事故认定复核申请，依据《农业机械事故处理办法》第三十四条规定，决定予以受理。自即日起三十日内对该案作出复核结论。复核审查期间，任何一方当事人就该事故向人民法院提起诉讼并经人民法院受理或案件已进入刑事诉讼程序的，复核终止。

特此通知。

（印章）

年 月 日

注：本通知书一式多份，交各方当事人各一份，一份附卷。

附件 22

农机事故认定复核不予受理通知书

×农机受字［20××］第××××××号

____________________：

对你（单位）提出复核申请的____

____

农机事故一案，经本机关审查认为：________________________________

____

____

____

______________________。依据《农业机械事故处理办法》第三十四条规定，决定不予受理。

特此通知。

（印章）
年 月 日

注：本通知书一式多份，交申请人各一份，一份附卷。

附件 23

农机事故认定复核结论

×农机复字［20××］第××××××号

复核申请人基本情况：

申请的基本事实、理由：

经本机关复核认为：

（印章）

年 月 日

注：本复核结论一式多份，交各方当事人各一份，一份附卷。

附件 24

委 托 书

委托人：

姓名：________ 性别：____ 年龄：____ 身份证号：__________

住址：____________________ 联系方式：____________________

受委托人：

姓名：________ 性别：____ 年龄：____ 身份证号：__________

住址：____________________ 联系方式：____________________

姓名：________ 性别：____ 年龄：____ 身份证号：__________

住址：____________________ 联系方式：____________________

现委托上述受委托人代表我方参与__________________________农机事故一案处理工作。

代理人：__________ 代理事项及权限为：____________________

____

代理人：__________ 代理事项及权限为：____________________

____

委托人： 受委托人：

年 月 日

附件 25

农机事故损害赔偿调解申请书

＿＿＿＿＿＿＿＿＿＿：

当事人姓名：＿＿＿性别：＿＿年龄：＿＿身份证号：＿＿＿＿

农业机械名称：＿＿＿＿＿＿型号：＿＿＿号牌号码：＿＿＿＿

现住址：＿＿＿＿＿＿＿＿＿＿＿＿＿ 联系电话：＿＿＿＿＿＿

当事人姓名：＿＿＿性别：＿＿年龄：＿＿身份证号：＿＿＿＿

农业机械名称：＿＿＿＿＿＿型号：＿＿＿号牌号码：＿＿＿＿

现住址：＿＿＿＿＿＿＿＿＿＿＿＿＿ 联系电话：＿＿＿＿＿＿

我们于＿＿＿＿年＿＿月＿＿日＿＿时在＿＿＿＿＿＿＿＿＿＿＿发生农机事故。未向人民法院提起民事诉讼，现请求农机安全监理机构对事故损害赔偿进行调解。

请求事项：

＿＿＿＿＿＿＿＿＿＿＿＿＿＿＿＿＿＿＿＿＿＿＿＿＿＿＿＿＿＿

＿＿＿＿＿＿＿＿＿＿＿＿＿＿＿＿＿＿＿＿＿＿＿＿＿＿＿＿＿＿

＿＿＿＿＿＿＿＿＿＿＿＿＿＿＿＿＿＿＿＿＿＿＿＿＿＿＿＿＿＿

＿＿＿＿＿＿＿＿＿＿＿＿＿＿＿＿＿＿＿＿＿＿＿＿＿＿＿＿＿＿

＿＿＿＿＿＿＿＿＿＿＿＿＿＿＿＿＿＿＿＿＿＿＿＿＿＿＿＿＿＿

＿＿＿＿＿＿＿＿＿＿＿＿＿＿＿＿＿＿＿＿＿＿＿＿＿＿＿＿＿＿

＿＿＿＿＿＿＿＿＿＿＿＿＿＿＿＿＿＿＿＿＿＿＿＿＿＿＿＿＿＿

＿＿＿＿＿＿＿＿＿＿＿＿＿＿＿＿＿＿＿＿＿＿＿＿＿＿＿＿＿＿

＿＿＿＿＿＿＿＿＿＿＿＿＿＿＿＿＿＿＿＿＿＿＿＿＿＿＿＿＿＿

申请人：

年　　月　　日

附件 26

农机事故损害赔偿调解通知书

第　　　　号

____________________：

你们申请调解的______________________________农机事故损害赔偿纠纷，本机关决定予以调解。请你们于______年　　　月　　　日　　　时到______________________________参加调解。

无正当理由未参加调解的，本机关将终结调解。

特此通知。

（专用章）

年　　月　　日

附件 27

农机事故损害赔偿调解记录

开始时间：______年____月____日____时____分

结束时间：______年____月____日____时____分

调解地点：________________________________

农机安全监理机构调解人员：________________

（1）当事人（或代理人）：姓名：________ 性别：________

年龄：______ 身份证号：____________________

联系方式：________________ 现住址或单位：____________

（2）当事人（或代理人）：姓名：________ 性别：________

年龄：______ 身份证号：____________________

联系方式：________________ 现住址或单位：____________

（3）当事人（或代理人）：姓名：________ 性别：________

年龄：________ 身份证号：____________________

联系方式：________________ 现住址或单位：____________

各方意见、调解过程及调解结果：

____

____

____

____

____

____

（本文书可续页）

附件 28

农机事故损害赔偿调解书

<table>
<tr><td>事故时间</td><td colspan="5">年　　月　　日　　时</td></tr>
<tr><td>事故地点</td><td colspan="5"></td></tr>
<tr><td>农机名称</td><td colspan="2"></td><td>型号</td><td></td><td>号牌</td></tr>
<tr><td>当事人姓名</td><td>性别</td><td>年龄</td><td colspan="3">住址或单位</td></tr>
<tr><td></td><td></td><td></td><td colspan="3"></td></tr>
<tr><td></td><td></td><td></td><td colspan="3"></td></tr>
<tr><td></td><td></td><td></td><td colspan="3"></td></tr>
<tr><td colspan="6">一、农机事故事实及责任情况详见事故认定书</td></tr>
<tr><td colspan="6">二、经调解，双方达成如下协议：</td></tr>
<tr><td colspan="6">经农机安全监理机构主持调解达成协议，各方签字生效后，任何一方不履行的，当事人可以向人民法院提起民事诉讼。</td></tr>
<tr><td colspan="3">当事人或代理人：

主持调解人员：</td><td colspan="3">（专用章）
年　月　日</td></tr>
</table>

附件 29

农机事故损害赔偿调解终结书

第　　　号

事故时间：_____ 年___月___日，事故地点：__________

当事人 _________ 与 _______ 发生农机事故，经本机关调解，因____

____

____

未能达成协议。依据《农业机械事故处理办法》第四十三、四十四条规定，本机关于_____ 年____月____日终止调解。对于损害赔偿争议，当事人可以依法向人民法院提起民事诉讼。

（专用章）

年　　月　　日

附件 30

送达回证

<table>
<tr><td>案　由</td><td colspan="4"></td></tr>
<tr><td>受送达人
姓名或名称</td><td colspan="4"></td></tr>
<tr><td>送达单位</td><td colspan="4"></td></tr>
<tr><td>送达地点</td><td colspan="4"></td></tr>
<tr><td colspan="2">送达文书及文号</td><td>送达人签章</td><td>收到日期</td><td>收件人签章</td></tr>
<tr><td colspan="2"></td><td></td><td></td><td></td></tr>
<tr><td colspan="2"></td><td></td><td></td><td></td></tr>
<tr><td colspan="2"></td><td></td><td></td><td></td></tr>
<tr><td>备注</td><td colspan="4"></td></tr>
</table>

附件 31

农机事故遗留物品清单

事故时间：　　　年　　月　　日　　时　　分

事故地点：

编号	物品名称	数量	规格	领取人签名	领取时间	备　注

见证人：　　　　　　　　　　　　　　事故处理人员：

附件 32

农机事故相关材料粘贴纸

第七篇　农机事故具体案例分析、责任认定与赔偿

第一章　全国农机事故处理综述

一、农机事故处理相关法律法规综述

伴随着国家加快法律体系建设的步伐，我国农机体系立法已初见成效，与农业机械化相关的法律法规逐步健全。如《中华人民共和国农业机械化促进法》《中华人民共和国道路交通安全法》《农业机械安全监督管理条例》《农业机械事故处理办法》《机动车交通事故责任强制保险条例》等。在农机执法实践当中，除了全国人大颁布的有关农机的法律法规外，国家有关部委和省级人大、政府依据国家有关法律和条例，根据全国和本省实际制定施行了省（部）级的条例、办法和规定等，为农机安全执法人员提供了操作性更强的执法依据。省级条例、办法、规定如《江苏省农业机械安全监督管理条例》《河北省农业机械安全监督管理办法》《黑龙江省农业机械事故处理规定》等。在国务院颁布的《农业机械安全监督管理条例》和农业部部长令《农业机械事故处理办法》中明确了农业机械在道路以外发生农机事故由农机主管部门勘验、检查、收集证据、组织抢救、责任认定、赔偿调解等职责，有的省（市）的农机安全监理部门依法依规，能够正确处理农业机械事故，维护了当事人的合法权益，并且与公安交警密切配合，农机事故处理工作开展得有声有色，

有的地方由于受农机执法队伍人员、装备、体系等方面的制约，农机执法特别是农机事故处理还是空白，急需培训专门的农机事故处理人员，加强执法队伍建设，争取财政支持，装备必要的农机事故处理设备和交通工具，使农机安全监理部门能够实施法定职责。下面通过一些真实的农机事故案例分析、责任认定、赔偿等介绍，为农机安全监理执法人员执法实践提供参考，同时通过这些真实的事故案例为农机手敲响警钟。

二、全国近几年发生农机事故综述

根据国家农业部和公安部事故统计资料显示：2012 年，全国累计接报拖拉机肇事导致人员伤亡的道路交通事故和道路外农机事故共 5 461起，死亡 1 989人，受伤 4 284人。2013 年，全国累计接报拖拉机肇事导致人员伤亡的道路交通事故和农机道路外事故 4 826起，死亡 1 691人，受伤 3 464人。2014 年，全国累计接报拖拉机肇事导致人员伤亡的道路交通事故和道路外农机事故共 4 202起，死亡 1 318人，受伤 2 816人。农机事故统计数据显示全国农机事故呈现四大特点：一是无牌照拖拉机肇事突出；二是无证驾驶拖拉机事故突出；三是未参加年度安全检验“带病”运行事故突出；四是不按规程作业，操作失误事故突出。

不管是哪类农机事故一旦发生，特别是造成死亡和重伤事故的，对一个家庭的打击是巨大的，不管事故伤及的是社会中的什么人，事故发生后对死伤家人造成的伤痛都是无法挽回的。许多农机手本是村里的致富能手，是家里的顶梁柱，但是发生死亡事故后，一个美满的家庭因农机事故致贫，老人丧子，子女丧父，人间生离死别这种悲剧时常上演，教训是惨痛的。但许多农机手安全意识淡薄，总以为上牌照、考驾驶证、参加年检没有必要，上保险更是白花钱，没有安全意识、更没有隐患意识，总以为农机事故离自己很远，却不知道农机事故就在你身边。下面简述部

分农机事故案例，以此给农机监理系统的干部职工和广大的农机驾驶员敲响警钟，监理人员严格执法，农机手遵章守法按安全操作规程作业，就会预防和减少农机事故发生，让农机事故造成的悲剧不再上演！

三、近几年较大农机事故简述

根据国家农业部和公安部事故统计资料显示：下面我们将近3年发生的较大农机事故简述如下。农机事故的教训是惨痛的，以此警示农机系统的干部职工，严格执法是对农机手的爱护。警示广大的农机驾驶员们，农机事故无小事，一定要依法依规安全驾驶、规范操作，警钟长鸣。

2012年较大农机道路交通事故情况如下。

案例1

2012年2月15日19时10分，云南省丽江市古城区金安乡玉河村某村民无证驾驶“农友-13HZ”型拖拉机行驶在玉河路开往玉河中村路上，车上载有4人（含驾驶人），经玉河路800米处时，车辆从其顺行方向右侧翻下路基，造成3人当场死亡、1人受伤。

案例2

2012年5月16日晚17时12分，福建省光泽县华侨乡吴屯村某驾驶员驾驶牌照为江西号牌拖拉机装载一车石头从吴屯村下坑边石头山上往官冲巢方向行驶，向右侧翻，四轮朝上坠落到路边田埂，车厢上5人被压，事故造成4人当场死亡。

案例3

2012年6月9日7时18分，在内蒙古自治区（简称内蒙古，全书同）省际大通道化德县境内1 209千米处一辆箱式货车与小型拖拉机追尾，造成拖拉机上3人死亡，3人受伤。

案例4

2012年7月8日13时左右，云南省临沧市永德县康镇忙腊村忙忙寨二组某驾驶员驾驶东风15型手扶拖拉机，搭载9人，行驶至羊勐线K144+700米处翻坠路边，造成3人死亡，5人受伤的拖拉机道路交通事故。

2013年较大以上农业机械事故情况如下。

2013年，据农业部和公安部两部门统计，较大以上农业机械事故9起，其中农机道路交通事故8起，联合收割机事故1起，造成38人死亡，12人受伤。几起较大农业机械事故情况如下。

案例1

2013年2月7日3时，江西省上饶市一辆安徽号牌拖拉机在省道广丰县排山镇排山桥路段发生坠车事故，造成4人死亡，7人受伤。

案例2

2013年4月14日19时40分许，云南省普洱市景东县林街乡清河村某村民无证驾驶拖拉机（2009年4月登记注册，2012年未检验），载3人，由本村出发驶往芹漫线方向，行驶至芹漫线k+500米处时，翻下54米陡坡，造成2人当场死亡、1人经抢救无效死亡，1人受伤。

案例3

2013年5月19日22时许，黑龙江省哈尔滨市宾县宾安镇宾西路口，一辆驾驶人无证驾驶的农用四轮拖拉机与一辆武警牌照汽车相撞，造成拖拉机驾驶人及车上1男1女共3人当场死亡。

案例4

2013年8月25日12时许，新疆维吾尔自治区（简称新疆，全书同）阿合奇县哈拉布拉克乡麦尔开其村某村民驾驶一辆中型四轮拖拉机从哈拉布拉克乡麦尔开其村去哈拉奇乡赶巴扎，由西

向东行驶至省道S306线226公里+400米处时，因急转弯操作不当，车辆从左侧路基落入托什干河，3人（3男，其中1名儿童，分别为司机本人及其弟弟与侄子）被救起抢救，车上其余8人（其中4男4女，包括4名儿童）被洪水冲走死亡。

案例5

2013年8月26日17时20分许，广东省清远市胡某驾驶湖南号牌大中型拖拉机经过省道S347线98公里+460米处（望埠镇百段石路段）与湖北号牌中型自卸货车发生追尾碰撞事故，造成胡某一家三口3人当场死亡。

案例6

2013年9月22日17时许，黑龙江省齐齐哈尔市泰来县农民付某驾驶无号牌四轮拖拉机沿昂昂溪区昂榆路由东向西行驶，行至昂榆公路5千米500米处时，侧翻入北侧路基下，造成3人死亡。

案例7

2013年9月24日16时许，河北省邯郸市永年县曲陌乡尧子营村一辆玉米联合收割机在升高贮存仓翻倒玉米时，因操作不当触碰到收割机上方10千伏高压线，造成司机和2名操作员共3人当场触电死亡。

案例8

2013年11月22日21时20分许，江西省赣州市寻乌县文峰乡河岭村路段一辆拖拉机与机动车发生碰撞，造成4人死亡。

案例9

2013年11月26日8时20分许，广东省肇庆市广宁县省道S260线北市镇同文村委会霜头坳路段一辆悬挂广西号牌多功能拖拉机（低速载货汽车）发生侧翻，造成7人死亡，1人受伤。

2014年全国较大以上农业机械事故简述如下。

案例 1

2014 年 1 月 16 日 14 时许，广西壮族自治区柳州市融水苗族自治县村民潘某，驾驶小型多功能拖拉机，司乘人员共 10 人，在运沙途中，拖拉机从之字弯上方公路翻下约 20 米高的下方公路，造成 4 人（3 男 1 女）当场死亡，6 人（5 男 1 女）不同程度受伤，拖拉机严重损毁。

案例 2

2014 年 9 月 22 日 18 时许，福建省漳平市拱桥镇邓某驾驶拖拉机搭载 15 人，从山场返回时侧翻，造成 2 人当场死亡，2 人送医院抢救无效死亡，1 人受伤。

案例 3

2014 年 10 月 5 日 17 时许，云南省丽江市玉龙县李某驾驶拖拉机搭载 9 人，行驶途中坠入金沙江中，造成 8 人失踪、1 人受伤。

案例 4

2014 年 11 月 18 日 15 时许，云南省文山州一辆拉运水泥的拖拉机在下坡时翻下高约 50 米的悬崖，导致车上 4 人全部死亡。

四、全国农机道路外事故情况及原因分析

2014 年，全国累计报告在国家等级公路以外的农机事故 1744 起，死亡 300 人，受伤 556 人，直接经济损失 1 450. 04万元。与上年同期相比，事故起数上升了 0. 63%，死亡人数、受伤人数和直接经济损失分别下降了 30. 56%、11. 89% 和 15. 28%。其中：拖拉机事故 720 起、死亡 223 人、受伤 294 人，分别占事故起数、死亡人数和受伤人数的 41. 3%、74. 3% 和 52. 9%；联合收割机事故 843 起、死亡 50 人、受伤 193 人，分别占事故起数、死亡人数和受伤人数的 48. 3%、16. 7% 和 34. 7%；其他农业机械事故 181 起、死亡 27 人、受伤 69 人，分别占事故起数、死亡人

数和受伤人数的10.4%、9%和12.4%，农机安全生产形势持续好转。

造成农机道路外事故的主要原因有以下几点。

1. 操作失误

操作失误引发的事故1120起、死亡153人、受伤287人，分别占事故起数、死亡人数和受伤人数的64.2%、51%和51.6%。

2. 无证驾驶

无证驾驶引发的事故440起、死亡163人、受伤220人，分别占事故起数、死亡人数和受伤人数的25.2%、54.3%和39.6%。

3. 未年检

未年检引发的事故413起、死亡169人、受伤188人，分别占事故起数、死亡人数和受伤人数的23.7%、56.3%和33.8%。

4. 无牌行驶

无牌行驶引发的事故298起、死亡115人、受伤153人，分别占事故起数、死亡人数和受伤人数的17.1%、38.3%和27.5%。

五、农机道路交通事故情况及特点分析

据公安部门提供的资料，2014年全国接报拖拉机肇事导致人员伤亡的道路交通事故2 458起，造成1 018人死亡、2 260人受伤，直接财产损失656.5万元。与上年相比，事故起数减少635起，下降20.5%；死亡人数减少241人，下降19.1%；受伤人数减少573人，下降20.2%；直接财产损失减少208.4万元，下降24.1%。其中，导致较大以上道路交通事故5起，同比减少2起；未发生重大道路交通事故，同比持平。

拖拉机道路交通事故呈现两大特点：一是部分省份无牌拖拉

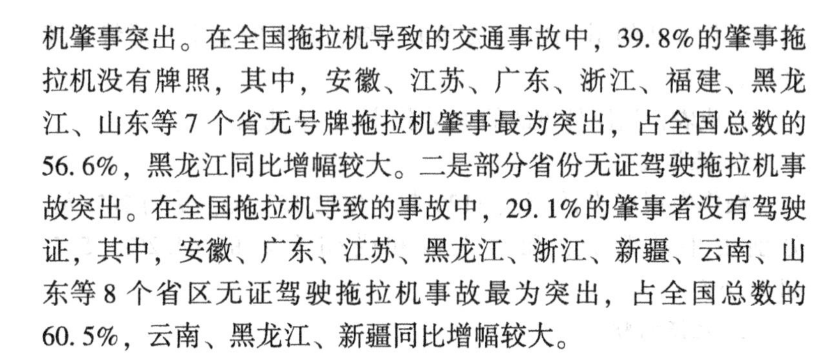
机肇事突出。在全国拖拉机导致的交通事故中，39.8%的肇事拖拉机没有牌照，其中，安徽、江苏、广东、浙江、福建、黑龙江、山东等7个省无号牌拖拉机肇事最为突出，占全国总数的56.6%，黑龙江同比增幅较大。二是部分省份无证驾驶拖拉机事故突出。在全国拖拉机导致的事故中，29.1%的肇事者没有驾驶证，其中，安徽、广东、江苏、黑龙江、浙江、新疆、云南、山东等8个省区无证驾驶拖拉机事故最为突出，占全国总数的60.5%，云南、黑龙江、新疆同比增幅较大。

第二章　拖拉机违法违章及事故处理知识

一、违法违章处理

1. 拖拉机、联合收割机驾驶员违法违章的含义

凡违反《中华人民共和国道路交通安全法》《农业机械安全监督管理条例》《拖拉机登记规定》《拖拉机驾驶证申领和使用规定》《联合收割机及驾驶员安全监理规定》和农机作业安全规程和其他安全生产规定的行为，无论造成事故与否，均属违法违章。

2. 拖拉机主要违法违章行为

（1）未按规定申领牌证或者未悬挂牌照使用的。

（2）未按规定参加年度检验或者年检不合格继续使用的。

（3）加大皮带盘或加大主传动齿轮提高速比，增加速度的。

（4）擅自改装、拼装、改型的。

（5）违法载人或人货混装的。

（6）超速超载的。

（7）车况不好（如灯具不全、灯光不亮、喇叭不响、污物遮挡号牌或放大字号）的。

（8）有规定禁行的地方未按规定行驶的。

（9）超过使用年限或主要技术参数超标，达到报废标准未报废的。

（10）上道路行驶的拖拉机未按规定购买机动车交通事故责任强制保险的。

3. 拖拉机驾驶人主要违法违章行为

（1）无驾驶证或持无效驾驶证驾驶的。

（2）准驾机型不符的。

（3）穿拖鞋驾驶、操作的。

（4）酒后或醉酒后驾驶的。

（5）闯红灯或闯禁区行驶的。

（6）违章停放车辆的。

4. 拖拉机驾驶人违法违章处罚种类及其主要参照依据

处罚种类。包括：警告、罚款、暂扣或者吊销驾照、拘留。其中轻微的违法违章行为，给予口头警告后放行；罚款处罚数额在20~2 000元；酒驾根据2013年1月1日起，新修订的《机动车驾驶证申领和使用规定》（公安部123号令）规定酒后驾驶分两种：酒精含量达到20毫克/100毫升但不足80毫克/100毫升，属于饮酒驾驶；酒精含量达到或超过80毫克/100毫升，属于醉酒驾驶。目前，饮酒驾驶属于违法行为，醉酒驾驶属于犯罪行为。饮酒驾驶机动车辆，罚款1 000~2 000元、记12分并暂扣驾照6个月；饮酒驾驶营运机动车，罚款5 000元，记12分，处以15日以下拘留，并且5年内不得重新获得驾照。醉酒驾驶机动车辆，吊销驾照，5年内不得重新获取驾照，经过判决后处以拘役，并处罚金；醉酒驾驶营运机动车辆，吊销驾照，10年内不得重新获取驾照，终生不得驾驶营运车辆，经过判决后处以拘役，并处罚金；无证驾驶没有造成事故和严重后果的情况下，罚200~2 000，同时7~15天行政拘留。国内已经有过无证驾驶造成严重交通事故（多人死亡）被判死刑的先例，无证驾驶是一种恶意，将公共安全置之不理的严重违法行为；发生重大事故或发生事故后逃逸或严重超速行驶，有可能被吊销驾照。《道路交通安全法》规定："造成交通事故后逃逸的，由公安机关交通管理部门吊销机动车驾驶证，且终生不得重新取得机动车驾驶证。"

除了上述4种处罚以外，对拖拉机驾驶人的违法违章行为还有一种辅助管理手段，即实行记分处理。记分共有记1分，2分，3分，6分，12分5种，根据违法违章行为的严重程度确定。从驾驶证初次领取之日起1年之内记满12分，就要按规定参加有关学习、考核。

主要参照依据：目前对违法违章行为的处罚主要是依照《中华人民共和国道路交通安全法》及其实施条例、《中华人民共和国农业机械促进法》《农业机械安全监督管理条例》《拖拉机驾驶证申领和使用规定》《农业机械事故处理办法》和省级的有关农机违法违章的条例、办法和规定等有关条款执行。

5. 拖拉机驾驶、操作人员在哪些情形下，处100元以上200以下罚款

（1）无证驾驶、操作的。

（2）持挪用、转借、冒领、涂改、伪造牌证或驾驶证、操作证的。

（3）驾驶、操作已封存、报废或者私自改造、拼装拖拉机的。

（4）用拖拉机从事客运的。

（5）在特大事故中负有责任的或者在重大事故中负有全部责任、主要责任和同等责任的。

6. 拖拉机驾驶、操作人员在哪些情形下，处50元以上100元以下罚款或者警告，可以并处暂扣3个月以上6个月以下的驾驶证、操作证

（1）驾驶、操作未按规定办理注册登记的拖拉机的。

（2）驾驶、操作未按规定参加检验或检验不合格拖拉机的。

（3）驾驶、操作不符合农业机械运行安全技术条件的拖拉机的。

（4）酒后驾驶、操作拖拉机的。

（5）驾驶、操作与准驾机类不符的拖拉机的。

（6）学习驾驶员单独驾驶拖拉机的。

（7）在重大事故中负有次要责任或者在一般事故中负有全部责任、主要责任的。

7. 拖拉机驾驶、操作人员在哪些情形下，处50元以下罚款或者警告，可以并处暂扣3个月驾驶证、操作证

（1）操作拖拉机不悬挂号牌，不携带驾驶证、操作证、行驶（准用）证的。

（2）驾驶、操作人员擅自离开正在运转的机具的。

（3）拖拉机漏油、漏水、漏气严重的。

（4）拖拉机起步、转弯、掉头、超车、倒车、停车未发信号的。

（5）拖拉机和其他农机具非乘坐（站）人或者携带未成年人作业的。

（6）拖拉机在易燃物场区作业时，未安装灭火罩的。

（7）拖拉机和驾驶、操作人员未按规定办理异地登记手续的。

（8）驾驶、操作拖拉机时吸烟、饮食或有其他妨碍安全作业行为的。

（9）在一般事故中负有同等责任、次要责任或在轻微事故中负有责任的。

8. 拖拉机发生事故后，驾驶、操作人员在哪些情形下应当处以吊销驾驶证、操作证

（1）肇事逃逸。

（2）破坏、伪造现场，销毁证据。

（3）隐瞒事故真相。

（4）嫁祸于人。

（5）其他恶劣行为。

二、农机事故处理

1. 依据拖拉机事故发生地点，应分别由哪些机构进行处理

根据《中华人民共和国道路交通安全法》《农业机械安全监督管理条例》和《农业机械事故处理办法》等规定，拖拉机在道路上发生交通事故，由公安机关进行处理。拖拉机在田间、场院和乡以下道路上停放或者在作业过程中发生的农业机械事故，由农机安全监理机构处理。

2. 事故的分类标准及含义

根据《生产安全事故报告和调查处理条例》，根据生产安全事故的人员伤亡或者直接经济损失，事故划分为特别重大事故、重大事故、较大事故和一般事故4个等级。

（1）特别重大事故，是指造成30人以上死亡，或者100人以上重伤（包括急性工业中毒，下同）；或者1亿元以上直接经济损失的事故。

（2）重大事故，是指造成10人以上30人以下死亡，或者50人以上100人以下重伤，或者5 000万元以上1亿元以下直接经济损失的事故。

（3）较大事故，是指造成3人以上10人以下死亡，或者10人以上50人以下重伤，或者1 000万元以上5 000万元以下直接经济损失的事故。

（4）一般事故，是指造成3人以下死亡，或者10人以下重伤，或者1 000万元以下直接经济损失的事故。

3. 农机事故处理的程序

（1）报案与立案。

（2）现场勘查。

（3）调查取证。

（4）检验、鉴定和重新评定。

（5）责任认定及处罚。

（6）善后处理。

（7）赔偿调解和结案。

（8）农机事故档案。

4. 农机事故发生后，驾驶、操作人员应当及时采取哪些措施

农机事故发生后，驾驶操作人员应当立即停车、停机，当事人或目击者按规定有义务迅速抢救伤者和财务，保护现场，及时报告事故发生地的农机安全监理机构。

5. 现场勘查人员到达农机事故现场后应当立即进行哪些工作

（1）组织抢救伤者和财务。

（2）封闭现场，确定现场方位。

（3）组织勘查，制作勘查材料，收集物证。

（4）现场复核，清点现场遗留物品，消除障碍，恢复交通和生产。

6. 对农机事故现场的各类证物、痕迹，现场勘查人员应如何处理

现场勘查人员应先采取照相、摄像等方法予以保全后，再进行现场丈量、采证、送检。

7. 农机事故检验、鉴定包括的内容有哪些

农机事故检验、鉴定包括：农业机械技术检验，作业环境、人员伤残、死亡鉴定，农业机械和物品的损坏鉴定以下及牲畜伤

残鉴定。

8. 对农机事故调查取证人数有何规定

农机事故调查取证人员不得少于2人。

9. 对农机事故责任者吊扣驾驶、操作证合并执行不得超过几个月

对农机事故责任者吊扣驾驶、操作证合并执行不得超过12个月。

(1) 农机事故当事人。

(2) 农机事故伤亡者的近亲属或者监护人。

(3) 农业机械所有权人。

(4) 法定代理人和委托代理人。

(5) 农机安全监理机构认为有必要参加的人员。

上述人员经农机安全监理机构同意后方准参加调解，各方人数不得超过2人。

10. 农机事故损害赔偿达成协议，其调解协议书应当写明哪些事项

(1) 事故简要案情和损失情况。

(2) 责任认定。

(3) 损害赔偿的项目和数额。

(4) 赔偿费给付方和结案日期。

11.《农业机械事故处理办法》对事故损害赔偿的调解期限有何规定

农机安全监理机构应当与检验、鉴定机构约定检验、鉴定的项目和完成的期限，约定的期限不得超过20日。超过20日的，应当报上一级农机安全监理机构批准，但最长不得超过60日。事故损害赔偿的调解期限为45天，情况复杂的，不得超过60天。

第三章　农机事故案例分析、责任认定与赔偿

一、农机事故处理法律依据与现状

伴随着国家加快法律体系建设的步伐，我国农机体系立法已初见成效，与农业机械化相关的法律法规逐步健全，在农机执法实践当中，除了全国人大、国务院颁布的《中华人民共和国农业机械化促进法》《中华人民共和国道路交通安全法》《农业机械安全监督管理条例》等有关农机的法律法规外，国家农业部制定实施的《农业机械事故处理办法》和部分省（市）人大、政府制定实施的有关农机安全监督管理的条例、办法等，为农机监理执法人员对事故调查取证、事故分析、责任认定、赔偿、仲裁调节等提供了法律依据，但受农机监理执法系统人员、装备、体系等多方面条件限制，农机执法体系队伍还有待加强；农机手对农机监理执法人员处理事故的认知度和认可度有待提高，还需要加强宣传培训，但随着国家依法治国战略的实施，农机系统体系和队伍建设会越来越好，执法人员依法依规严格执法，农机手依法依规安全生产的良好局面，在全国农机人的共同努力下一定会早日实现。

二、农机事故案例分析、责任认定与赔偿

案例 1

2002 年 3 月 12 日 13 时许，闫某驾驶自家小四轮拖拉机，由黑龙江省阿城大岭乡蚂蚁沟驶往亚沟镇亚站村，车上装有 60 根杨木杆，货物上坐 4 人，当车行驶到北大沟附近转弯时，由于超载，导致车向左侧翻，将车上的杨某等 4 人甩出，杨某摔到车后轮右侧的葫芦头上，后又摔到地上，送至医院治疗，被诊断为右

肾破裂被摘除。

事故分析、责任认定与赔偿：因驾驶员违反了《黑龙江省农业机械安全操作规则》第十章第二条第八款第六项规定拖拉机不准超载行驶，第十章第二条第二项不准客货混载，在驾驶车辆转弯时操作不当，致使车辆侧倾翻，在发生事故后驾驶员有条件报案而未报案，综合以上驾驶员违章行为，依据《黑龙江省农机事故处理规定》第十八条第一款，驾驶员闫某应负这起事故的全部责任。此起事故驾驶员闫某赔偿经济损失 3 万余元。

机动车超载行驶带来的后果如下。

（1）加大了轮胎负荷量，容易发生爆胎现象，前轮爆胎会造成方向失灵、后轮爆胎会使机动车辆立刻偏向一侧。容易造成交通事故。

（2）会使机动车辆的钢板弹簧负荷量过大，容易断裂。

（3）会影响机动车辆的使用性能、造成转向非常沉重，转弯时离心力增大、操作困难，使制动降低，在正常情况下，运输载重量增加 1 吨，制动距离就增加 1 米，而超重后的影响更大。

（4）可使发动机负荷量增大，容易发生过热现象，增大耗油量，并使离合器片在这种情况下常常烧坏而不能行车。

（5）可使车架负荷量加重，特别是在山区崎岖不平的路面上行驶时，最容易发生车架变形，铆钉松动、折断，甚至有可能改变一些总成的相对位置，影响机动车辆的正常工作，而且极有可能发生事故。

案例 2

1999 年 7 月 1 9 日 14 时许，黑龙江省阿城市舍利乡太平村驾驶员王某驾驶农用四轮车在行驶城西站铁路东侧与相向行驶畜力车会车时，因其车辆拖带农具严重超宽，又不注意减速避让，致使农具与赶车人付某左腿刮擦，并造成其骨折。

事故分析、责任认定与赔偿：在事故发生后驾驶员没有保护

现场，反将现场破坏，又不报案，使责任无法认定。根据《黑龙江省农业机械事故处理规定》，驾驶员负这起事故的全部责任，经双方协议驾驶员一次性付给付某医疗费用5500元。

在发生事故后，致使农机事故责任无法认定的当事人应负的责任：

（1）当事人逃逸或者破坏、伪造现场、毁灭证据，使农机事故责任无法认定的，应负全部责任。

（2）当事人一方有条件报案而未报案或者未及时报案，又未提供充分证据，使农机事故责任无法认定的，应当负全部责任。

（3）当事人各方有条件报案而均未报案或者未及时报案，使农机事故责任无法认定的应当负同等责任。

（4）当事人驾驶拖拉机，联合收割机与其他人员发生农机事故的，拖拉机、联合收割机及其他自走式农业机械一方应当负主要责任，非机动车，其他人员一方负次要责任。

案例3

2001年4月21日18时许，黑龙江省阿城大岭乡隆兴村无证驾驶员李某，酒后驾驶自家的小四轮拖拉机驶往本村二组驶往五组的路段时，由于站在牵引架上的苏某为抓住车上要掉下来的稻草而掉到车下，被后轮胎碾压胸部致死。

事故分析、责任认定与赔偿：李某属无证、酒后驾车，负此起事故的全部责任。此起事故的经济损失为1.8万元整。李某以交通肇事罪被追究刑事责任。

案例4

2001年4月1 9日上午11时许，黑龙江省阿城杨树乡永丰村无证驾驶员刘某、酒后驾驶来本屯收粮的双城市周家镇沈某的农用三轮车，在倒车时将本屯村民付某碾压头部致死。

事故分析、责任认定与赔偿：刘某属无证、酒后驾车负此起事故的主要责任，车主沈某将车交给无证人员驾驶，负此起事故的次要责任。此起事故全部经济损失 16 060元，肇事人刘某以交通肇事罪被追究刑事责任。

案例 5

2002 年 10 月 27 日上午 9 时许，崔某驾驶自家四轮车到舍利乡繁荣村六组魏某父亲的地里拉玉米秸秆，作业时崔某把车挂上一挡，让车由东向西沿着垄沟自引行走后，崔某就到车的后大箱上捆玉米秸秆，魏某和他的父亲在地里往车上扔玉米秸秆，魏某在工作期间，不慎摔倒，被主机右侧大轮压伤，送至医院被诊断为左胸骨颈骨骨折，左胸外伤。

事故分析、责任认定与赔偿：因崔某违反了《黑龙江省农业机械安全操作规则》第三章第七条第七款农业机械运转时不准离开工作岗位和崔某在肇事后没有保护现场，使现场被破坏，使农机事故责任无法认定，根据《黑龙江省农业机械事故处理规定》第三章责任认定第十九条之规定，当事人逃逸或破坏现场使事故无法认定的应负全部责任。这起事故崔某负全部责任，赔偿经济损失 1 万元。

案例 6

2001 年 6 月 30 日 1 4 时许，黑龙江省阿城永源镇上烟村三组村民王某无证驾驶自家无牌照小四轮拖拉机，将横过马路的本屯三岁男孩刘某碾压腹部致死。

事故分析、责任认定与赔偿：王某属无证驾驶无牌车辆，且车辆安全设施不全，负此起事故的全部责任。此起事故全部经济损失为 38 500元。王某以交通肇事罪被追究刑事责任。

案例 7

2002 年 9 月 26 日上午 11 时许，驾驶员张某驾驶自家三轮车在经过黑龙江省阿城大岭乡永兴村五组西边路口时，由于刹车不灵，在超越路边扛着木头的马某时，发生事故，致使马某受伤，

经医院诊断为左胫腓骨开放性粉碎性骨折。

事故分析、责任认定与赔偿：因驾驶员张某驾驶病车上路，在肇事后没有保护现场导致现场破坏，致使本起事故责任无法认定，依据《黑龙江省农业机械事故处理规定》第三章责任认定第九条当事人逃逸或者破坏现场，使农机事故无法认定的应当负全部责任。此起事故驾驶员张某赔偿经济损失1万多元。

案例8

2001年4月30日早6时许，黑龙江省阿城红星乡复兴村马某驾驶长春40拖拉机到邵启山石场装车，装完车后，在马某驾车准备离去时车顺坡下滑，刹车失灵，在车滑行三十多米后将石场的采石工李某撞倒，造成李某腰椎体压缩性骨折，左大腿挫伤，侧血气胸，司机马某右侧肋骨骨折，右侧血气胸，拖拉机严重受损。

事故分析、责任认定与赔偿：因驾驶员驾驶病车作业，根据《黑龙江省农业机械事故处理规定》第三章责任认定第十八条之规定，马某应负全部责任。此起事故直接经济损失1.7万余元，马某赔偿李某损失6 000余元。

案例9

1998年3月9日10时，黑龙江省阿城市交界镇董家村民陈某无证驾驶农用四轮车行驶至董家村二组村屯口时，没有注意观察其他行人的动态和进出村屯口时应减速慢行的操作规章，将从村口相向出现的6名小孩之一刮倒碰伤。

事故分析、责任认定与赔偿：驾驶员因无证驾驶，对在行车中出现紧急情况采取措施不当，致使行人受伤。无证驾驶员陈某应负这起事故的全部责任。这起事故驾驶员陈某赔偿5 700多元。

怎样预防幼童伤亡事故？驾驶员驾车时，应随时注意前方路旁有无幼童，遇有幼童时，应事先做好预防措施，减速慢行，注意幼童动态，必要时应停车，切勿冒险绕行抢过，如发现路旁突然有幼童跑上道路，则应立即采取紧急制动，切不可用喇叭警告幼童，防止幼童惊恐失措。

案例 10

2002 年 6 月 27 日早 5 时许，杨树民权九组的王某雇民权五组的吴某去自家铡草，每小时付给吴某 25 元。早上吴某用手扶拖拉机把铡草机拉过来后，用手扶车做动力开始进行铡草，在铡了约有 8 分多钟，由于铡草机喂入轮被草堵住，王某就用手去拽，因为铡草机没有防护罩，并且吴某没有向王某交代应该注意的安全事项，导致王某的右手除大拇指外全部被两个压轮压掉。

事故分析、责任认定与赔偿：因驾驶员吴某在发生事故后没有保护现场，使现场被破坏，使农机事故责任无法认定，根据《黑龙江省农业机械事故处理规定》第三章责任认定第十九条当事人逃逸或者破坏、伪造现场、毁灭证据，使农机事故责任无法认定的，应当负全部责任。这起事故驾驶员吴某应当负全部责任，承担全部经济损失。

案例 11

2002 年 11 月 1 2 日 13 时左右，魏某找徐某帮自家打稻子，并付每袋 4 元钱，徐某及帮工各 2 元。徐某雇 7 人到魏家打稻子，后徐某家有事，所以张某开车将打稻机拉到地里。张某开机器打了大约十多袋子后于某继续，魏某把叉子交给了于某，魏某就去缝袋子，又打了大约一个多小时，因为打稻机出草口处堵了，于某在取草时，袖口被齿轮啮住，致使于某右手被碾压成七级伤残。

事故分析、责任认定与赔偿：因机器所有者徐某与受害人于某双方均有条件而未报案。依据《黑龙江省农业机械事故处理规定》第三章第二十条第二款规定，操作人员徐某是农业机械的所有者，应负这起事故的主要责任，承担经济损失的 70%，伤者于某负这起事故的次要责任，承担经济损失的 30%。

第四章　农机事故造成原因与防范措施分析

案例 1

事故描述：2011 年 6 月 13 日上午 11 时许，陕西省宝鸡市扶风县太白乡三官庙村驾驶人伏某，驾驶春雨联合收割机行至凤翔县汉窦公路时，由于平时疏于保养，齿轮泵皮带过松，使皮带打滑，齿轮泵不工作方向失灵，导致联合收割机失去控制后撞倒三棵松树，向右侧翻于路边玉米地里，造成驾驶人轻伤，联合收割机多处损坏的单方农机道路事故。

事故原因：驾驶人伏某违反《陕西省农业机械安全操作规程》第五条“农业机械驾驶、操作人员应加强安全生产意识，熟悉所使用机械的构造、原理及安全操作事项，并应按随机说明书对机械进行磨合、调整、保养、作业、保管和转移，保持整机外观整洁，机件、仪表、铅封、喇叭、信号等工作部件及附属设备齐全有效”和第八条“农业机械的安装连接应牢固、正确、可靠。皮带、链条、齿轮等传动、转动部件应松紧适度，运转灵活，润滑良好，工作正常。凡能引起伤害的运动部件，应安装防护设施或设置安全警示标志”的规定造成事故。

防范措施：加强农机驾驶人安全教育，定期对联合收割机进行保养，每天作业前对联合收割机的主要部件如转向、制动、离合器等进行检查，杜绝因机件失效造成事故。

案例 2

事故描述：2011 年 8 月 24 日 16 时 30 分，陕西省淮南市澄城县庄头乡杨家庄驾驶人张某，驾驶雷沃谷神联合收割机在青海省西宁市大通县长宁镇长宁村收完小麦转移途中，由于路基较软，驾驶人操作失误，致使联合收割机向左侧翻，驾驶人张某慌忙中跳车，造成其被压于机下而酿成重伤的农机事故。

事故原因：驾驶人张某违反《陕西省农业机械安全操作规程》第十三条第三款“转移作业场地时，机组应调整为运输状态。通过街道、村镇等复杂路段时，应减速缓行，必要时应当有专人护送”的规定造成事故。

防范措施：加强农机驾驶操作人员的安全，提高遵守法规、按章操作的自觉性和驾驶操作技能，在发生联合收割机倾翻事故时，严禁向倾翻方向跳车逃生，避免被机具压伤造成二次伤害事故。

案例 3

事故描述：2011 年 8 月 6 日 16 时许，陕西省渭南市临渭区官道镇秦桥寨村驾驶人李某，驾驶天拖-850 型拖拉机在渭南市蒲城县田间作业时，由于未对作业场地认真查勘，在临边作业时操作失误，导致拖拉机坠入 1 米深的土崖下，造成拖拉机损坏的单方农机事故。

事故原因：驾驶人违反《陕西省农机安全操作规程》第十三条第二项“进入田间作业前，应踏查作业田块，清除石块、木桩等障碍物，并在崖边、墓地、陷坑、井、渠等处设立标志”的的规定造成事故。

防范措施：加强农机驾驶操作人的安全教育，要求在作业之前要对作业田块进行实地查勘并在有障碍物、崖边、陷坑、井、渠等处设立明显标志并谨慎驾驶。

案例 4

事故描述：2010 年 9 月 30 日下午 3 点左右，河北省灵寿县青同镇北贾良村赵某驾驶大型拖拉机（无牌无证）在灵寿三圣院乡北纪城村进行秸秆还田作业，北纪城一妇女在玉米地睡觉，拖拉机手没发现当场把妇女绞死。

事故原因：驾驶人违反《农业机械安全监督管理条例》《拖拉机登记规定》《河北省农业机械安全监督管理办法》和《拖拉

机安全操作规程》中的有关规定。拖拉机在投入使用前应先到当地农机安全监理部门进行注册登记和办理行驶证，并申报参加当地农机培训学校的拖拉机驾驶员培训，通过当地县级农机安全监理部门的各项考试并合格后，取得合法的驾驶证，拖拉机还要到当地农机安全监理部门参加安全检验并取得安全检验合格证后方可驾驶操作拖拉机投入作业。

防范措施：拖拉机驾驶员在驾驶操作拖拉机投入作业前，要依法依规到当地农机安全监理部门对拖拉机进行注册登记并进行安全检验，在取得拖拉机牌照、行驶证和安全检验合格证后，驾驶员自身要参加农机培训并考取拖拉机驾驶证后方可投入作业。对于农机安全监理部门和农机培训学校要加强对农机驾驶操作人员的安全教育，要求在作业之前要对作业田块进行实地查勘并在有障碍物、崖边、陷坑、井、渠等处设立明显标志并谨慎驾驶。《拖拉机安全操作规程》中规定作业拖拉机应按规定在农机安全监理机构办理注册登记，领取拖拉机号牌、行驶证，并按规定悬挂号牌，随机携带行驶证。领有号牌、行驶证的拖拉机应按规定参加定期检验并合格。

案例 5

事故描述：2010 年 9 月 30 日，河北省邯郸市馆陶县魏僧寨镇滩上村村民何某，无证驾驶无牌照君峰牌玉米联合收割机在本村田间为本村村民徐某（60 岁）收获玉米，粮仓收满后，何某升起粮仓往三马车上卸玉米，粮仓下方平台有散落玉米，徐某俯身粮仓下去拾，何某及在场其他人未看到在粮仓下拾玉米的徐某，其他人对何某喊玉米已经卸完，何某操作落下粮仓，挤压到徐成全的头部，造成徐成全当场死亡。

事故原因：驾驶人违反《农业机械安全监督管理条例》《联合收割机及驾驶人安全监理规定》《河北省农业机械安全监督管理办法》和《谷物联合收割机安全操作规程》中的有关规定。

联合收割机在投入使用前应先到当地农机安全监理部门进行注册登记和办理行驶证，并申报参加当地农机培训学校的联合收割机驾驶员培训，通过当地县级农机安全监理部门的各项考试并合格后，取得合法的驾驶证，联合收割机还要到当地农机安全监理部门参加安全检验并取得安全检验合格证后方可驾驶操作联合收割机投入作业。

防范措施：《谷物联合收割机安全操作规程》中规定：具备下列条件方可进行收货作业：联合收割机作业人员，应经过由生产、销售或有关主管部门组织的技能培训和安全教育。联合收割机驾驶员，应取得农机安全监理机构核发的有效的相应机型联合收割机驾驶证。方向盘自走式、操纵杆自走式联合收割机应按规定在农机安全监理机构办理注册登记，领取联合收割机号牌、行驶证，并按规定悬挂号牌，随机携带行驶证。领有号牌、行驶证的联合收割机应按规定参加定期检验并合格。参加跨区作业的联合收割机，应按规定到农机化主管部门领取《跨区作业证》。本案例中何某严重违反《道路交通安全法》《农业机械安全监督管理条例》《联合收割机及驾驶人安全监理规定》《河北省农业机械安全监督管理办法》和《谷物联合收割机安全操作规程》中的有关规定。无牌行驶、无证驾驶、没有参加安全技术检验就投入作业等。

案例 6

事故描述：2010 年 10 月 5 日下午，河北省衡水市武强县孙庄乡古坛村村民董树波（33 岁）驾驶东方红 LX950 型拖拉机在本村秸秆还田作业（10 年 9 月购车，无牌无证），本村一女村民（55 岁）在田间捡玉米穗，拖拉机将其碾压致伤，先送到武强县医院抢救，后转院到衡水市医院抢救，不幸身亡。

事故原因：驾驶人违反《农业机械安全监督管理条例》《拖拉机登记规定》《河北省农业机械安全监督管理办法》和《拖拉

机安全操作规程》中的有关规定。拖拉机在投入使用前应先到当地农机安全监理部门进行注册登记和办理行驶证，并申报参加当地农机培训学校的拖拉机驾驶员培训，通过当地县级农机安全监理部门的各项考试并合格后，取得合法的驾驶证，拖拉机还要到当地农机安全监理部门参加安全检验并取得安全检验合格证后方可驾驶操作拖拉机投入作业。

防范措施：拖拉机驾驶员在驾驶操作拖拉机投入作业前，要依法依规到当地农机安全监理部门对拖拉机进行注册登记并进行安全检验，在取得拖拉机牌照、行驶证和安全检验合格证后，驾驶员自身要参加农机培训并考取拖拉机驾驶证后方可投入作业。对于农机安全监理部门和农机培训学校要加强对农机驾驶操作人员的安全教育，要求在作业之前应勘察道路和作业场地、清除障碍，必要时应在障碍、危险处设置明显标志并谨慎驾驶。《拖拉机安全操作规程》中规定作业拖拉机应按规定在农机安全监理机构办理注册登记，领取拖拉机号牌、行驶证，并按规定悬挂号牌，随机携带行驶证。领有号牌、行驶证的拖拉机应按规定参加定期检验并合格。

案例 7

事故描述：2011 年 6 月 14 日下午 4:30 左右，河北省衡水市桃城区彭杜乡新立村村民王某驾驶福田新疆—2 联合收割机（车为本村村民李某所有，无牌。王某为李承发所雇，有驾驶证）在进行地块转移时，行至村西由于操作不当在下坡时发生侧翻，机手王某被车后轮轧住，当场死亡。

事故原因：驾驶人违反《谷物联合收割机安全操作规程》中规定的道路行驶或由道路进入田间时，应事先确认道路、堤坝、便桥、涵洞等是否适宜通行，上、下坡和通过桥梁、繁华地段时应有人护行。道路行驶中应遵守道路交通安全规定。进入田块、跨越沟渠、田埂以及通过松软地带，必要时应使用具有适当宽度、长度和承载强度的跳板。驾驶室内乘坐人员不应超过核准的人数，不应放置有碍安全驾驶操作的物品。在道路行驶或长距离转移时，应脱开动力档或分离工作离合器，将左、右制动踏板连锁，卸掉分禾器；应卸完粮仓内的谷物，收起接粮踏板或卸粮搅龙；收割台应提升到最高位置，并予以锁定。

防范措施：驾驶人在作业转移途中应严格遵守《联合收割机及驾驶人安全监理规定》《谷物联合收割机安全操作规程》中的有关规定，联合收割机及其驾驶员依法依规应该车辆牌照、行驶证、安全检验合格证和驾驶证齐全，并熟悉路途路况，提高安全防范意识。

案例 8

事故描述：2012 年 10 月 6 日下午 5:10，河北省饶阳县饶阳镇歧河村村民田某驾驶小四轮拖拉机从村北自家承包田拉玉米秸秆，行驶出地头时，由于下雨路滑，操作失误，拖拉机侧翻，导致驾驶员田某被压身亡。

事故原因：驾驶员违反《拖拉机安全操作规程》中规定的拖拉机行驶中应：道路行驶中应遵守道路交通安全法规规定；拖拉机行驶中，不准将脚踏在离合器踏板上，不准用离合器控制车速，不准分离离合器停车且不摘挡而与别人谈话或者做其他事；严禁双手脱把或者用脚操纵手扶拖拉机；挂车装载应均衡，不能偏向一侧，也不能过于偏前和偏后；轮式拖拉机左右制动踏板必须连锁牢固，防止单边制动；严禁用改变发动机的额定转速和拖拉机的传动速比等方法提高行驶速度；严禁高速急转弯；运输作业，一辆拖拉机只准牵引一辆挂车，严禁从事客运和人货混装。运输棉花、秸秆等易燃品时，严禁烟火，并有防火措施；运输大件物品、机具，须有防滑移措施。夜间要有灯光信号设备。牵引时采用硬联结方式。同一类型的拖拉机可以互相牵引、小型拖拉机不得牵引大、中型拖拉机，轮式拖拉机不得牵引履带式拖拉

机。上、下坡行驶时不准曲线行驶、急转弯和横坡掉头，上陡坡不准换挡，下坡不准熄火或空挡滑行；坡路上必须停车时须卡住制动踏板或采取可靠防滑措施；通过河流、洼塘时检查河床的坚实性和水的深度，确认安全后，方可通行。采用中、低挡行驶，不准中途变速或停车；冰雪道路行驶时不准高速行驶、急转弯、急刹车，不准在上下坡时换挡，与同方向行驶车辆保持安全距离。

防范措施：驾驶人挂车装载应均衡，不能偏向一侧，也不能过于偏前和偏后；轮式拖拉机左右制动踏板必须连锁牢固，防止单边制动；严禁用改变发动机的额定转速和拖拉机的传动速比等方法提高行驶速度；严禁高速急转弯；上、下坡行驶时不准曲线行驶、急转弯和横坡掉头，上陡坡不准换挡，下坡不准熄火或空挡滑行；坡路上必须停车时须卡住制动踏板或采取可靠防滑措施；通过河流、洼塘时检查河床的坚实性和水的深度，确认安全后，方可通行。采用中、低挡行驶，不准中途变速或停车。

第五章　一般农机事故案例简述

案例 1

2014 年 4 月 5 日上午，河北省张家口市尚义县大青沟镇陈所良村机手于某驾驶一辆时风 280 型拖拉机拉着沙子从大营盘乡三号村由北向南行驶，行驶快到 344 省道一处上坡路段时，由于换挡操作失误致使车辆后退侧翻将机手于某当场砸死。

案例 2

2014 年 10 月 6 日 18 时许，河北省邯郸市魏县车往镇魏东村申某无证驾驶无号牌巨明 4YZP-3 玉米联合收割机（自带秸秆粉碎还田机），在魏县台头乡杜甘固村西北杨某承包的玉米地进行收割作业时，违反安全操作规程，在倒车时违章操作将在联合收割机旁边行走的杨某妻子张某撞倒后绞入秸秆粉碎还田机下，导致其颅脑粉碎当场死亡。

案例3

2014年10月7日下午4时许，河北省邢台市临城县临城镇支角村村民张某驾驶玉米收割机（行车证主为宋某）在本村玉米机收作业，在作业到地边时，因操作不慎收割机发生侧翻，将张某头部压住，张某当场死亡，收割机轻微损坏。

案例4

2014年10月1日下午5时左右，河北省邢台市隆尧县固城镇王某，王某驾驶东方红900拖拉机（无牌无证）在本村西南作业时（粉碎玉米秸秆），撞断高压拉线，王某用手掀拉线时，碰到高压线触电身亡。

案例5

2014年10月5日上午9时30分左右，河北省衡水市阜城县码头镇赵官村机手刘某在本村村南田间驾驶东方红85型农用拖拉机进行秸秆还田作业时，由于当时雾大，秸秆密集，没有看清作业周边情况，致使正在田间捡拾玉米的本村老妇李某被碾压成重伤，经全力抢救无效死亡。

案例6

2014年3月23日14时30分，河北省石家庄市平山县回舍镇西回舍村霍某驾驶二轮摩托车驼带王某，沿301省道自西向东行驶，遇到意外情况车辆倒地，王某摔倒后被自西向南转弯的张某驾驶的拖拉机碾轧，造成王某死亡，霍某受伤的农机事故。

案例7

2014年4月19日上午11时，河北省张家口市蔚县南杨庄乡高店村章某在蔚县代王城镇两块地落差有5米的地头作业，机车滚入低地，将驾驶人员压住，经抢救无效死亡。

案例 8

2014 年 1 月 14 日，河北省廊坊市大城县无驾驶证人员赵某驾驶拖拉机行驶至大北路至东杜公路与一辆大货车相撞，赵某当场死亡。

案例 9

2014 年 8 月 9 日上午 12 时，河北省衡水市景县李某，驾驶小型轮式拖拉机，在作业完——回家路途中，与一辆三轮摩托车相撞，李某送医院抢救无效死亡，三轮摩托车上张某轻伤，另有 2 人轻伤。这次事故造成 1 死 3 伤，直接财产损失 1 000元。

案例 10

2014 年 5 月 13 日下午 3 时许，河北省衡水市故城县青罕镇村民杨某驾驶无牌无证小型拖拉机在回家途中横过邢德公路青罕路段时，与由西向东行驶的小货车相撞，造成杨某及小拖拉机乘坐人韩某受伤，车上另一人李某送医院抢救无效死亡，两车同时不同程度损坏。直接经济损失 1 000元。

案例 11

2014 年 5 月 6 日下午 3 时，河北省衡水市枣强县恩察村村民武某驾驶小型轮式拖拉机在回家途中在村南路上发生侧翻，武某被送医院抢救无效死亡。

案例 12

2014 年 9 月 29 日晚 7 时，河北省衡水市饶阳县同岳乡村民张某驾驶自家小拖拉机拉玉米穗途中行至肃清线和正港线两条省级公路交汇处附近时，与一刚下省道的小轿车相撞，致两车不同程度损坏，小拖拉机驾驶员张某死亡。

案例 13

2014 年 10 月 9 日上午 11 时，河北省深州市于科镇赵村村民赵某，驾驶小型轮式拖拉机（无驾驶证）在帮别人拉玉米途中因操作不当，机头掉入地头一米多的深坑中，自己被砸，抢救无效死亡，直接财产损失 5000 元。

案例 14

2014 年 9 月 20 日，河北省三河市某秸秆青储收获机（有牌照）机主雇佣一机手（无驾驶证）为其驾驶操作青储收获机，在北京市通州区进行玉米秸秆青储作业，一妇女在玉米地捡拾玉米，由于玉米秸秆高，视线不好，收获机将捡拾玉米妇女当场致死。由于雇佣机手属于无证驾驶，对于该事故负全责。经机主与死者家属协商，机主赔偿死者家属 60 万元。

案例 15

2014 年 8 月 21 日，河北省廊坊市大城县程东一路口发生拖拉机与轿车相撞事件，造成轿车内副驾驶人员当场死亡，拖拉机无牌照，无驾驶证。

案例 16

2014 年 10 月 30 日，河北省邯郸市磁县讲武城镇东高录村张某，驾驶无牌无证的拖拉机在磁县讲武城镇大冢营附近播种小麦时，因车陷进地面，于是让另一辆路过的拖拉机用绳子拖，在拖的过程中，因绳子断裂致拖拉机侧翻，将张某压死。

案例 17

2014 年 10 月 3 日 3 时 30 分许，河北省邯郸市肥乡县李某无驾驶证驾驶雷沃谷神牌玉米联合收割机并载李某和许某，沿 309 国道南线由西向东行驶至肥乡与广平交界西侧时，未安全驾驶，致使收割机翻入道路南侧边沟内，造成李某当场死亡，乘坐人李某和许某受伤。

案例 18

2014 年 7 月 23 日下午 3 时，河北省邯郸市馆陶县武某操作常发 101 型手扶拖拉机在柴堡镇市庄西村苗木地中旋耕作业，在转移过程中遇一上坡路，手扶拖拉机倒退，从武某身上压过，操作人员武某当场死亡。

案例 19

2007 年 6 月 15 时 30 分左右，江苏省虞山镇蜂蚁村周某，无证在田间作业时，因拖拉机下陷在田沟边，故叫同村缪某前来拖移，因系绳不当和驾驶操作不慎，致使拖拉机纵向翻车，方向盘压住缪某，经医院抢救无效死亡。

案例 20

2007 年 11 月 11 日上午 7 时左右，江苏省常熟市支塘镇何市何东村陈某泾 9 组村民王某无证。独自操作联合收割机倒车出库，为防止收割机与车库门框相碰，将头伸出收割机外查看，造成头夹在收割机与门框之间。后同村顾某经过时发现，将收割机移开，救出王某。送医院抢救无效死亡。

案例 21

2008 年 6 月 11 日 19 时 25 分，江苏省古里镇吴庄村驾驶人朱某在自家屋边检修机车。因违章带挡启动，造成拖拉机右侧轮胎碾压其身体右侧，致使多根肋骨断裂，送经抢救无效死亡。

案例 22

2009 年 11 月 5 日下午 4 时 45 分，江苏省碧溪镇新闸村驾驶人马某驾驶碧溪镇横塘农机专业合作社的洋马 AG600 收割机在碧溪镇新闸村 12 组张某家田块收割倒车时，田块内有两个妇女争抢稻穗时致使老妇俞某跌倒在地，被收割机碾压在右腿上部，后经医院抢救无效死亡。

案例 23

2007 年 5 月 28 日 15 时 20 分左右，江苏省常熟市支塘镇项桥村俞桥 4 组田间收割小麦，驾驶人太仓市沙溪镇直塘虹桥村 45 组 3 号村民丁某驾驶洋马收割机倒车时，因疏忽判断失误及操作不当，导致联合收割机向右侧翻，滚入河岸斜坡，收割机压着驾驶人丁某，送医院因抢救无效死亡。

案例 24

2006 年 11 月 16 日 20 时 30 分，黑龙江省富锦市头林镇双丰村农场稻田地东北角 1 500米处，砚山镇东瑞村村民程某无证驾驶上海-50 型拖拉机拽带水稻脱粒机，给王某家水稻脱粒时，将随车干活儿的何某搅入动力输出轴与万向节连接处，造成何某当场死亡。

案例 25

2007 年 5 月 18 日 17 时许，黑龙江省密山市人于某无证驾驶上海纽荷兰 554 型拖拉机（无牌照）给虎林市珍宝岛乡立新村村民王某牵引陷在稻田里的清江-D504 拖拉机。由于牵引点过高、牵引负荷超大，造成于某驾驶的拖拉机向后大扣，于某被扣压车下死亡。

案例 26

2006 年 5 月 21 日早 6 时 45 分，黑龙江省望奎县恭六乡王某，驾驶自家的赛豹 20 拖拉机，受雇于本村关某，为其种甜菜拉水。当时拖车上载有一罐（3 吨）水、6 个人，主车两侧翼板上各坐一人，车行至恭六乡西北 1.5 千米处三道沟沟叉，东西走向沟南 90 米，南北走向沟西侧路段，因拖车右轮将临近沟侧部分路面压塌，拖车滑进右侧 2.2 米深的沟内，拖拉机也被拖入沟内翻车，当场砸死 1 人，砸伤 4 人。

案例 27

2006 年 11 月 11 日 15 时许，黑龙江省桦南县大八浪乡铁山村荣某无证驾驶未办理注册登记的佳联-3A6 联合收割机，为同村王某进行大豆收获作业时，联合收割机车轮将王某碾压导致闭合性颅脑损伤死亡。

案例 28

2006 年 4 月 26 日 15 时许，黑龙江省阿城市亚沟镇南平村驾驶员孙某驾驶自家大中型拖拉机去南平 6 组李某家北侧地块翻

地，由于所翻地块有斜坡，旋耕机翻地的质量不好，李某在征求驾驶员孙某意见后，就站在了旋耕机防护板上，孙某未加制止。当车在耕作过程中，由于旋耕机颠簸，李某不慎掉到旋耕机下，绞在旋耕机里，当场死亡。

案例 29

2007 年 10 月 25 日 14 时 51 分，黑龙江省鸡西市管内密东线 14 千米 49 米处的东胜无人看守的铁路道口，负责看护道口的护路队员吴某站在道口外侧对通过该道口的 6223 次旅客列车进行安全防护。一辆龙江 24 型拖拉机（未经年检，司机宋某）突然冲向道口，吴某听到身后有机动车开来，转身示意其停车，但拖拉机没有减速，将吴某撞到旅客列车中部 3 节、4 节客车车厢连接处，被 4 节客车轧死。拖拉机撞在第 4 节客车上报废。

案例 30

2012 年 5 月 18 时 13 点 20 分，黑龙江省富锦市头林镇复兴村村民张某，无证驾驶其妹夫家四轮拖拉机带折叠式镇压器到田间镇压，车行至离复兴村西，南北乡路 365 米处发生事故。事故原因：由于在乡路中有一道破损，使四轮剧烈颠簸导致镇压器连接断裂，张某回头张望，使四轮转向偏离乡路，成 30 度角冲向右侧濠沟内，离乡路破损 15 米处翻入沟内（180 度角），张某当场死亡。

第六章　农机事故现场处理

一、农机事故现场

（一）是指农机事故的地点及其有关的空间范围。农机事故现场是由农机事故发生的地点、各种痕迹物证、散落物、作业场地条件，与农机事故有关的场地、车辆、物体、人、畜、天气条件以及自然因素等构成。（农机事故现场实质上是指农机事故当事人的肇事行为与特定的时间、空间，以及人、物所形成的各种关系的总称。它应该是农机事故调查的最基本也是最主要的目标、场所和范围。）

（二）分类与构成要素

事故现场分类：原始现场、变动现场 、破坏现场、再现现场（恢复现场和布置现场）

构成要素：时间、地点、当事人的行为、机械、物

（三）农机事故现场特点

从外部特征来看具有易变性、暴露性、阶段性和共同性等特点；

从内在关系来看具有客观性、隐蔽性、整体性和特殊性等特点。

1. 易变性：体现在现场的人、机械、作业环境易发生变化。

2. 暴露性：体现农业机械露天作业环境。

3. 阶段性：事故的演变过程一般可分为三个阶段，即事故发生前各方当事人的心态和动态；事故发生中事故元素的变化；事故发生后的状况。

4. 共同性：事故是千差万别的，但事故现场的特征具有许多相同的现象，如肇事车辆、现场痕迹等，且这些痕迹又是农机事故各种事态形成的特有的特征。

（四）农机事故处理必备条件

《办法》第六条：农机安全监理机构应当按照农机事故处理规范化建设要求，配备必需的人员和事故勘查车辆、现场勘查设备、警示标志、取像设备、现场标划用具等装备。县级以上地方人民政府农业机械化主管部门应当将农机事故处理装备建设和工作经费纳入本部门财政预算。农业部《农机安全监理机构建设规范》第十六条规定：农机安全监理机构应配备安全检查、事故处

理、应急救援、移动检测等专用车辆并统一行业标识，安全检查、应急救援车辆应装备扩音、通信等设备，事故处理车辆应装备事故勘查仪器。

人员-农机事故处理人员及其他职责人员的分配和指挥系统

策略-怎样进行现场勘查

设备-专业的证据收集工具

勘验用具：物证发现工具 、物证提取工具 、物证保管工具。

1. 物证发现工具（现场勘查工具）

勘验用具 ：事故处理箱（最基本的）

记录、绘图用具

拍摄用具：拍摄用具主要是通过摄像机、照相机拍摄农机事故现场的动态和静态图像。现场勘验照相应配备彩色胶片照相机、彩色胶片或数码照相机、记忆卡，其中数码照相机的技术要求，照片分辨率应达到 500 万像素；现场勘验摄像应配备摄像机。

现场调查用具：询问、讯问笔录纸、印泥、录音机、录音笔其他必需的用具。

2. 物证提取工具：小镊子、银粉等。

3. 物证保存工具：塑料袋等。

二、事故现场勘查

（一）含义：事故现场勘查，是指农机监理机构依照法律、法规的规定，用科学的方法和技术手段对农机事故有关的时间、地点、道路、人身、车辆、物品等进行的勘验、检查，以及当场对当事人和有关人员进行的调查访问，并将所得结果客观、完整、准确记录下来，将有关证据提取、固定下来的工作过程。

（二）现场勘查的作用

1. 农机事故现场勘查是判定事故过程和确定事故成因的依

据，是事故处理工作的关键环节。

2. 事故现场勘查是获取证据的重要手段。

3. 为侦破逃逸事故提供客观依据。

（三）现场勘查的目的

1. 查明事件或案件的性质（判定是否是农机事故;）

2. 查清事故发生的全过程及主要原因；

3. 收集并提取事故证据；

4. 查明事故的损害后果

（四）现场勘查的原则（基本要求）

迅速、及时；深入、细致；全面、客观；科学、合法。

1. 及时迅速；所谓及时迅速就是突出一个〝快〞字。首先信息传递要快；其次是到达现场要快；第三是现场勘查布置要快；第四是整个勘查过程要快。

2. 深入细致：现场勘查要深入细致是现场勘查任务的要求。深入是指观察与分析方面，是宏观上的、观念上的认识问题，细致是指勘验、检查方面，是微观上的、具体操作上的问题。细致的具体要求是：①观察要细致；②操作要细致；③勘查记录要细致

3. 客观全面；客观是指勘查的内容要真实、要准确；全面是

指勘验、检查的项目要齐全、要完整。

4. 科学合法；在提取痕迹、物证、检验尸体、询问当事人、

询问证人等都必须以科学的态度，严格按照法律、法规规定的程序进行。

（五）现场勘查的基本方法

1. 对事故农业机械比较集中、范围不大的现场，可以事故农业机械或接触点为中心，由内向外进行勘查。

2. 对事故农业机械和痕迹比较分散、范围大的现场，为防

止远处痕迹被破坏，可以从周围向中心，即由外向内进行勘查。

3. 对比较分散的重大伤亡事故现场，可以从事故发生的起点向终点分段勘查或从容易破坏的地段开始进行勘查。

现场勘查的方法，应该依据现场实际而定，有时也可将几种方法相互结合起来使用。

（六）现场勘查基本步骤

1. 静态勘查：是对农机事故现场的初步勘验，仅勘查事故发生后未经变动的现场状态。通过现场照像、摄像、测量、记录和制图等手段，如实予以记载。

2. 动态勘查：在不破坏痕迹、物品原有形态的前提下，进行翻转和移动位置

3. 现场实验

4. 现场复核

5. 现场的后继收尾工作：在现场图和记录材料上签字；现场无保留必要时迅速撤除现场，恢复作业；办理伤、亡人员财物交接手续；处理尸体；对需扣留的物品、农业机械进行妥善保管。

（七）现场勘查的内容

农机事故当事人的基本情况；肇事农业机械的基本情况；农机事故的基本事实；农机事故当事人的违法、违章行为，导致农机事故发生的主观过错行为，意外情况等；与事故发生有关的农机作业环境情况；与事故有关的其它事实。

现场调查的事项：

1. 到达现场后首先应确认当事人的交通方式和固定驾、乘人员关系；

2. 及时询问当事人了解案发经过，注意单独进行；具体执行中要注意两点：一是关于现场询问的内容，二是事故现场需要确

认的问题。

A. 现场询问的问题应当是对确认事故事实及认定当事人责任具有重要影响的问题，比如事故发生的主要经过，事故发生时肇事车辆的驾驶人是谁等等；

B. 为提高事故现场勘查效率，缩短现场勘查时间，在事故现场对当事人进行询问的时候应当尽量针对必须在现场予以询问的问题，凡是现场勘查结束后仍然可以进行询问，并且不影响询问效果的问题，原则上不要在现场进行询问，避免时间过长，影响现场撤离速度。

C. 迅速了解事故中伤亡情况及特征：造成人员死亡的，应当经急救、医疗人员确认，并由医疗机构出具死亡证明；涉及多人死亡，应当逐一编号固定。

D. 核查驾乘人员生理状况，对涉嫌酒后驾驶的驾驶员应当进行酒精检验

农机事故处理员在接触、询问当事人过程中，发现当事人有酒精气味或精神恍惚的，其他当事人提出该当事人有饮酒或者服用国家管制的精神药品、麻醉药品嫌疑的，应当按照《办法》的规定，将该当事人带至医疗机构抽血或者提取尿样。

车辆驾驶人当场死亡的，应当及时抽血检验。

E. 核查驾驶人员的驾驶资格以及与车辆所有人的关系；

F. 根据案情需要监护好当事人，并及时寻找目击证人。

三、现场清理

农机事故现场勘查结束后，应根据事故现场的具体情况，有针对性地采取措施，尽快恢复正常的生产秩序，并做好肇事的农业机械、散落物品、死亡人员尸体的善后处理，以及对毁坏的农业设施及有关物体进行处置。对于重特大或复杂的农机事故现场，经初次勘查后仍存在疑难问题需要再次组织勘查的，经农机

安全监理机构负责人审批后，可在一定时间内对部分或全部现场予以保留。

第七章　农机事故教训总结与警言警句

一、事故教训总结“十五条”

为防止农机事故的发生，必须从源头消除隐患，这就要求拖拉机和联合收割机驾驶员要认真学习有关农机安全驾驶操作的规程和技术要领以及农机安全生产的法律法规，努力提高安全驾驶技术，遵守法规，必须坚持如下的“十五条”安全操作常识。

(1) 不开带“病”车。不用带“病”拖拉机作业，是农机生产不安全因素中极重要的因素，很容易被驾驶员和广大机手忽视。

(2) 不违章驾驶拖拉机。农机事故多数是由于违章行车造成的。

(3) 无证不准驾驶拖拉机。驾驶证件是驾驶员经过训练，考核合格而取得的合法驾驶资格的证明，无证人员往往是驾驶经验不足，遇有险情时心慌意乱，往往做出错误判断，这样就会造成农机事故的发生。

(4) 下陡坡不空挡滑行。有些拖拉机驾驶员认为下坡空挡滑行可以省油，实际上这种做法十分危险。由于在坡道上空挡行驶时发动机额定转速与驱动轮新产生的约束制动力消失，拖拉机在本身重量的作用下，导致车速越来越快，从而引起事故。

(5) 拖车严禁载人和客货混载。拖拉机是农业生产工具，它和其他机动车辆不同，设计结构不适于载人，客货混载更容易发生事故，行驶中遇有紧急情况制动时货物在惯力作用下继续向前移动，极易把人挤伤甚至挤死。另外，人坐在货物上面，遇到路面有坑包时易把人颠下，而且货物有时会把人压在下面，造成过多人死亡或重伤。

(6) 牵引架上不站人，挡泥板上不坐人。拖拉机行驶时，牵引架处摇晃的最厉害，既摆动又颠簸，根本不能站稳，很容易跌落，挡泥板上不坐人也是同样道理。

(7) 严禁酒后驾驶操作。在驾驶的正常情况下，驾驶员的反应时间为0.6~0.9秒，而酒后的反应时间为1.5~2.0秒。换句话说，酒后不但会降低反应时间，而且还会丧失应变能力。

(8) 起步前查看周围情况。鸣号起步，拖拉机驾驶员必须养成起步前仔细查看周围情况，鸣号起步的良好习惯。

(9) 注意视线盲区的行驶安全。驾驶员驾车通过盲区时，要减速慢行，随时准备采取应变措施，防止事故。

(10) 通过铁路道口时要注意行车安全。火车在铁道上行驶，属于专用线路行驶，有绝对的优先权。火车行驶速度很快，拖拉机通过铁路道口时，要注意以下几种情况，防止发生事故。

①拖拉机驾驶员不要抢道行驶。

②驾驶员技术不熟练，不上路。

③拖拉机的技术状态不良不通过。

(11) 拖拉机通过村、镇街道时，要减速、鸣号，并且要精力集中，注意观望。

(12) 严格遵守装载规定。大型拖拉机拖车载物，长度前部不准超出车厢，后部不准超出车厢1米，左右宽度不准超出车厢20厘米。小型拖拉机拖车载物，长度前部不准超出车厢，后部不准超出车厢50厘米，左右宽度不准超出车厢板20厘米。高度从地面算起不准超过2米。

(13) 为保证夜间引车安全，应做到以下几点。

①遵守有关规定，夜间无灯光或灯光不全不出车。

②夜间行车驶近交叉路口时，应减速，关闭远光灯，打开近

光灯，转弯时要打开转向灯。

（14）拖拉机道路行驶的安全措施，首先不能与汽车争道，因为拖拉机是低速车辆。其次要按规定按交通标志的指示行驶。

（15）拖拉机必须具备如下安全装置。

①大灯、小灯、尾灯、后视镜、喇叭等。

②安全保护架、防护罩、油压表等。

上述的安全常识，广大农机手一定要遵守，上述的安全装置，要经常的进行调整，特别是对于有故障，有隐患的安全装置一定要及时排除、修理、从而避免农机事故的发生。希望广大有机户能够从中吸取教训，警钟长鸣，确保安全操作。

二、农机安全驾驶操作警示语

为了预防和减少农机事故，我们根据有关法律法规和以往的农机事故教训，总结了一些安全驾驶操作警示用语，希望能起到警示作用。

1. 安全驾驶操作警示语

购车要上牌，开车要有证，无牌不上路，
无证不驾车，无牌无证行，绝对要严惩，
驾车上路走，莫沾一滴酒，酒后驾车险，
拘留还罚款，针对乘车言，乘车求方便，
安全最关键，不要为省钱，拿命去当玩，
农用车载人，违法不安全，发现乘坐者，
好言来相劝，不乘农用车，永远记心间。
谨慎驾驶安全在，骄傲自满事故来。
松是祸害严是爱，事故一出害几代。
血的教训不可忘，交通法规要牢记。
逃避检查不可行，违章逃跑事故多。
有毒的果不能吃，有病的车不能开。

农机安全要保证，年检年审要认真。

十次事故九次快，麻痹大意是祸害。

2. 安全驾驶操作警句

（1）马达一响，集中思想。

（2）滴酒不沾，行驶平安。

（3）车轮一转，想到安全。

（4）超载超速，危机四伏。

（5）酒后驾车，拿命赌博。

（6）人斗气易伤身，车斗气易丧命。

（7）人有多大胆，车出多大险。

（8）手握方向盘，绷紧安全弦。

（9）宁停三分不抢一秒，安全行车从你我脚下做起。

（10）喝得烂醉，撞得粉碎。

（11）你家我家他家，安全操作护万家。

（12）十次车祸九次快，谁不相信谁受害；十分把握七分开，留着三分防意外。

（13）遵章路上走，安全伴你行。

（14）迟一分钟回家，总比永远不回家好。

（15）对酒当歌颜欢笑，出门行车泪两行。

（16）这次的侥幸，可能就是人生的终点。

（17）生命只有一次，没有下不为例。

（18）我热爱生活，我安全行车！

（19）安全是通向幸福最近的路。

（20）做安全驶者，享和谐生活！

（21）做文明驶者，当和谐卫士！

（22）抢让一念间，悲喜两重天。安全行车，从我做起！

（23）交通法规记心间，安全行车每一天。

（24）交通法规要牢记，路过街市别大意。

（25）敬告司机：您驾驶的不光是车辆，更是在驾驭您的生命。

（26）遵章守纪，行车顺利；滴酒不沾，一路平安！

（27）狭路相逢讲文明，主动避让安全行。

（28）弯道超车得到的只是瞬间的快感，失去的可能是全部人生。

（29）记住山河不迷路，记住规章防事故。

（30）时时鸣警钟，处处不放松。

（31）酒后驾车生命轻如鸿毛，安全行车责任重于泰山。

（32）事故只有一秒，伤害伴随一生，与其事后忏悔，不如当初谨慎。

（33）车辆不超载，安全自然来。

（34）争做安全“驶者”，享受“生活”乐趣。

（35）遵交规，惜生命，“保险”赔钱不赔命。

（36）醉不至死，驾上不归路！

（37）劝君牢把安全记，莫把生命当儿戏。

（38）不贪一滴酒，安全到永久。

（39）你一杯我一杯杯杯催命，伤一家赔一家家家痛心。

（40）安全行车，欢笑的是家人。酒后驾驶，狞笑的是死神。

（41）一起车祸几家愁，一人平安合家欢。

（42）侥幸违章终成不幸，醉酒驾车必成罪人！

（43）安全是家庭幸福的保证，事故是人生悲剧的根源。

（44）平安是金，爱自己；远离车祸，爱生活。

（45）有酒即无舵，早晚要闯祸。

（46）疲劳驾驶危害大，技术再高都白搭。

（47）一杯醉驾酒，多少离别愁。

（48）安全行车，你行，我也行！

（49）文明行驶千万里，安全相伴零距离。

（50）安全行车，回家的感觉真好；违章驾驶，受伤的心情很糟！

（51）辛辛苦苦挣几年，一起事故全玩完。

第三部分

拖拉机、联合收割机驾驶人理论考试试题及答案

第一章　拖拉机驾驶人理论考试模拟试题及答案

为方便农机培训学校和管理部门培训学员及拖拉机联合收割机手学习掌握拖拉机、联合收割机驾驶相关的理论知识，这里收集整理了4套模拟试题和答案，供农机管理人员、培训学校和农机手学习参考。拖拉机、联合收割机驾驶员理论考试模拟试题和答案各两套。

第一节　拖拉机驾驶人理论考试模拟试题及答案（第1套）

一、农机驾驶人理论考试模拟试题试卷（G）（第1套）

（G-010307-121225104153）

姓名________　考生号________　成绩________

1. 应当报废的机动车必须及时办理注销登记（　　）。

A. 对　　B. 错

2. 机动车可根据个人需要安装警报器或者标志灯具（　　）。

A. 对　　B. 错

3. 任何单位或者个人不得拼装机动车（　　）。

A. 对　　B. 错

4. 造成交通事故后逃逸的，由公安机关交通管理部门吊销机动车驾驶证，且终生不得重新取得机动车驾驶证（　　）。

A. 对　　　　　　B. 错

5. 机动车在有禁止左转弯标志的地点不得掉头（　　）。

A. 对　　　　　　B. 错

6. 机动车发生交通事故后当事人逃逸的，不承担事故责任（　）。

A. 对　　　　　　B. 错

7. 当事人对公安机关交管部门及其交通警察的处罚有权进行陈述和申辩（　　）。

A. 对　　　　　　B. 错

8. 在车道减少的路段、路口，机动车应当______（　）。

A. 借道超车　　B. 依次交替通行　　C. 加速通过

9. 在道路上发生交通事故，造成人身伤亡的，驾驶人应当__________，并迅速报告执勤的交通警察或者公安机关交通管理部门（　　）。

A. 立即抢救受伤人员

B. 迅速将车移到安全的地方

C. 撤离现场，自行协商处理损害赔偿事宜

10. 当事人逾期不履行行政处罚决定的，做出行政处罚决定的行政机关可以__________（　　）。

A. 申请人民法院强制执行

B. 申请人民检察院强制执行

C. 吊销其机动车驾驶证

11. 机动车驶近坡道顶端等影响安全视距的路段时，应当________，并鸣喇叭示意（　　）。

A. 快速通过　　B. 使用危险报警闪光灯　　C. 减速慢行

12. 驾驶机动车下陡坡时，________滑行（　）。

A. 不准空挡或熄火

B. 可以空挡但不准熄火

C. 可以空挡

13. 拖拉机、联合收割机投入使用前应当到农机安全监理机构办理相应的证书、牌照（　　）。

A. 对　　　　　　B. 错

14. 拖拉机、联合收割机号牌必须按指定位置安装，并保持清晰（　　）。

A. 对　　　　　　B. 错

15. 年龄在60周岁以上的驾驶人，应当________进行一次身体检查，并向农机安全监理机构提交县、团级以上医疗机构出具的相关证明（　　）。

A. 每年　　B. 两年　　C. 三年

16. 道路与铁路平面交叉道口有两个红灯交替闪烁时，禁止车辆行人通行（　　）。

A. 对　　　　　　B. 错

17. 警告标志的作用是警告________（　　）。

A. 车辆、行人注意危险地点

B. 车辆、行人不准通行

C. 驾驶人前面有弯路

18. 禁令标志的作用是________（　　）。

A. 警告车辆和行人注意危险地点

B. 传递道路方向、地点、距离信息

C. 禁止或限制车辆和行人交通行为

19. 交通信号灯红灯亮时，________车辆在不妨碍被放行的车辆、行人通行的情况下，可以通行（　　）。

A. 右转弯　　B. 左转弯　　C. T形路口的转弯

20. 绿色方向指示信号灯的箭头方向向左，准许车辆__________（　　）。

A. 左转　　B. 右转　　C. 直行

21. 行车中发现前方道路拥堵时，应________（　　）。

A. 鸣喇叭催促

B. 从车辆中间穿插通过

C. 减速停车，依次排队等候

22. 夜间会车时，对面来车的灯光会造成驾驶人炫目而看不清前方的交通情况，驾驶人应将视线右移避开对方车辆灯光，并减速慢行（　　）。

A. 对　　　　　B. 错

23. 车辆在冰雪路面紧急制动时，易产生侧滑，应降低车速，利用发动机制动进行减速（　　）。

A. 对　　　　　B. 错

24. 车辆侧滑时，车轮往哪边侧滑，就往侧滑相反的一边转动转向盘（　　）。

A. 对　　　　　B. 错

25. 驾驶人在行车中经过积水路面时，应________（　　）。

A. 特别注意减速慢行

C. 保持正常速度通过

C. 低挡加速通过

26. 下长坡时，车速会因为惯性而越来越快，控制车速最有效的方式是________（　　）。

A. 用行车制动控制车速

B. 利用发动机制动

C. 踏下离合器滑行

27. 伤员骨折处出血时，应先止血和包扎伤口（　　）。

A. 对　　　　　B. 错

28. 伤员四肢骨折有骨外露时，要及时归位并固定（　　）。

A. 对　　　　　B. 错

29. 拖拉机交通事故责任强制保险的保险期间为__________

（　　）。

A. 一年　　B. 二年　　C. 三年

30. 图中标志为会车让行标志（　　）。

A. 对　　　　B. 错

31. 图中标志为人行横道标志（　　）。

A. 对　　　　B. 错

32. 图中标志为禁止超车标志（　　）。

A. 对　　　　B. 错

33. 图中标志为停车让行标志（　　）。

A. 对　　　　B. 错

34. 图中标志为小客车道标志（　　）。

A. 对　　　　B. 错

35. 图中标志为向左向右转弯标志（　　）。

A. 对　　　　B. 错

36. 图中标线为中心圈标线，车辆可以压线行驶（　　）。

A. 对　　　　B. 错

37. 图中标志为________标志（　　）。

A. 下行　　B. 滑行　　C. 下陡坡

38. 图中标志为________标志（　　）。

A. 注意横风　　B. 注意危险　　C. 注意落石

39. 图中标志为________标志（　　）。

A. 注意儿童　　B. 人行横道　　C. 学校

40. 图中标志为__________标志（　　）。

A. 靠右侧行驶　　B. 单向行驶　　C. 向右转弯

41. 图中标志为__________标志（　　）。

A. 直行和向左转弯　　B. 直行和向右转弯　　C. 向右转弯

42. 图中标志为________标志（　　）。

A. 非机动车道　　B. 机动车行驶　　C. 小客车专用车道

43. 图中标志为________标志（　　）。

A. 鸣喇叭　　B. 解除禁止鸣喇叭　　C. 禁止鸣喇叭

44. 图中标志为________标志（　　）。

A. 路面不平　B. 驼峰桥　C. 隧道

45. 图中标志为________标志（　　）。

A. 有人看守铁道路口　　B. 人行横道　　C 无人看守铁道路口

46. 图中标志为________标志（　　）。

A. 左侧绕行　　B. 注意障碍物　　C. 右侧绕行

47. 图中标志为________标志（　　）。

A. 环岛绕行　　B. 允许调头　　C. 禁止调头

48. 图中标志为________标志（　　）。

A. 国道编号　　B. 省道编号　　C. 县道编号

49. 图中标线为________标线（　　）。

A. 停车让行　　B. 停车　C. 非机动车停车

50. 图中警察手势为直行信号（　　）。

A. 对　　　　　　B. 错

51. 曲轴箱不需要有通气孔（　　）。

A. 对　　　　　　B. 错

52. 气环具有布油和刮油作用（　　）。

A. 对　　　　　　B. 错

53. 减压机构的功用是在柴油机启动或进行检查和保养时使部分气门打开，降低气缸内压力，以减小曲轴旋转阻力，便于摇转曲轴（　　）。

A. 对　　　　　　B. 错

54. 气门间隙过小，会使气门延迟开启提前关闭，甚至不开启（　　）。

A. 对　　　　　　B. 错

55. 为了保证定时供油和配气，配气机构凸轮轴齿轮、喷油泵传动齿轮必须与曲轴正时齿轮保持一定的相对位置关系，因此，在正时齿轮上都打有装配记号（　　）。

A. 对　　　　　　B. 错

56. 拖拉机主要由________三个部分组成（　　）。

A. 发动机、后桥、电气设备

B. 发动机、底盘、电气设备

C. 发动机、传动系、行走系

57. 四行程发动机一个工作循环的工作顺序为________（　　）。

A. 进气、压缩、作功、排气

B. 进气、作功、压缩、排气

C. 进气、压缩、排气、作功

58. 拖拉机柴油发动机由曲柄连杆机构、________、润滑系统、冷却系统、启动系统等组成（　　）。

A. 配气机构、供给系统

B. 配气机构、传动系统

C. 供给系统、行走系统

59. 当气门处于关闭状态时，气门杆尾部端面与摇臂头之间的间隙是________（　　）。

A. 气门间隙　　　B. 开口间隙　C. 分离间隙

60. 气门间隙________将使气门开度减小，会使气门迟开早闭，开启时间缩短，造成进气不足，排气不净（　　）。

A. 过大　　B. 过小　　C. 减小

61. 柴油机供给系由________两大部分组成（　　）。

A. 进气管、燃油供给

B. 空气供给、输油泵

C. 空气供给、燃油供给

62. 驾驶、操作拖拉机，要注意穿着适宜的服装，禁止穿拖鞋（　　）。

A. 对　　B. 错

63. 补充燃料时必须停止发动机，燃料补充中严禁烟火（　　）。

A. 对　　B. 错

64. 启动发动机时，油门应置于最大供油位置（　　）。

A. 对　　B. 错

65. 为降低油耗，拖拉机可以用溜坡方式启动（　　）。

A. 对　　B. 错

66. 气温较低发动机启动困难时，可临时使用明火加热（　　）。

A. 对　　B. 错

67. 在行驶、作业过程中可以用猛松离合器的方法起步或冲越障碍（　　）。

A. 对　　B. 错

68. 换挡时，应把变速杆推到底，使齿轮全齿啮合（　　）。

A. 对　　B. 错

69. 轮胎磨损不均匀时，可左右轮胎调换使用（　　）。

A. 对　　B. 错

70. 拖拉机行驶中不得有跑偏、摆头现象（　　）。

A. 对　　　　　　　　B. 错

71. 拖拉机在坡道上停车时，应在轮胎处垫上楔形块（　　）。

A. 对　　　　　　　　B. 错

72. 拖拉机磨合完成后应当及时更换润滑油和液压油，并对变速箱、液压油箱和发动机润滑系等进行清洗（　　）。

A. 对　　　　　　　　B. 错

73. 油浴式空气滤清器，在油量不足时可以继续使用（　　）。

A. 对　　　　　　　　B. 错

74. 柴油滤清器下方有放油塞，用以放出积沉的杂质和水，因此，无须清洗和保养（　　）。

A. 对　　　　　　　　B. 错

75. 保养柴油滤清器之后，应正确安装滤清器、保证各处密封，无需排除低压油路中的空气（　　）。

A. 对　　　　　　　　B. 错

76. 对润滑系的保养，除应定期更换机油、清洗机油滤清器外，还应当清洗曲轴箱和各润滑表面，彻底清除残留在油底壳和部件上的杂质（　　）。

A. 对　　　　　　　　B. 错

77. 拖拉机保养时，要检查各部位是否有漏油、漏水、________、漏气等现象（　　）。

A. 漏风　　　　B. 漏电　　　　C. 漏液

78. 不属于拖拉机班次技术保养的项目是________（　　）。

A. 清除污垢和杂物，并检查空气滤清积尘情况以及各连接处紧固情况

B. 检查油位和润滑情况，以及冷却水水位

C. 清洗柴油和机油滤清器

79. 清洗泡沫滤芯的空气滤清器时，可把滤芯放入________中轻轻搓揉，洗去污物，吹干后再装回（　　）。

A. 机油　　B. 煤油或轻柴油　C. 清水

80. 测量气门间隙的工具为__________（　　）。

A. 游标卡尺　B. 螺旋测微器　C. 塞尺（厚薄规）

81. 拖拉机通过铁路道口、急弯路、窄路、窄桥时，最高行驶速度不得超过每小时30千米（　　）。

A. 对　　B. 错

82. 上道路行驶拖拉机未按规定定期进行安全技术检验，一次应记____分（　　）。

A. 1　　B. 2　　C. 3

83. 上道路行驶的拖拉机未悬挂机动车号牌的或者使用伪造、变造机动车号牌、使用其他机动车号牌的，一次应记______分（　　）。

A. 3　　B. 6　　C. 12

84. 拖拉机单边制动时，可以增大转弯半径，帮助拖拉机在田间作业时转弯（　　）。

A. 对　　B. 错

85. 节温器的作用是自动调节进入散热器的水量，以保持冷却系的水温在要求的范围内（　　）。

A. 对　　B. 错

86. 对于多缸发动机，它们的喷油提前角各不相同（　　）。

A. 对　　B. 错

87. 差速器的作用是把中央传动传来的动力传给两侧的最终传动，还能在拖拉机转向时使两驱动轮以不同速度旋转，以利于转向（　　）。

A. 对　　B. 错

88. 悬挂犁一般由犁体、犁架、刀轴及左、右支承、悬挂装置、限深轮、调节机构等组成（　　）。

A. 对　　　　　　B. 错

89. 牵引耙作业时不准急转弯，但可以倒退（　　）。

A. 对　　　　　　B. 错

90. 悬挂耙作业需急转弯或倒退时，必须将耙升起（　　）。

A. 对　　　　　　B. 错

91. 牵引和悬挂机动喷粉、喷雾机不得逆风运行作业（　　）。

A. 对　　　　　　B. 错

92. 轮式拖拉机在道路上行驶时，左、右制动踏板无须用联锁板联锁在一起（　　）。

A. 对　　　　　　B. 错

93. 启动发动机时，正确使用蓄电池方法是每次启动时间不超过________秒，再次启动时间间隔一般不少于15秒（　　）。

A. 5　　　　　　B. 15　　　　C. 25

94. 方向盘式拖拉机的转向系主要由方向盘、________、转向器、转向垂臂、球形关节、转向拉杆、转向节臂等组成（　　）。

A. 导向轮　　　　B. 转向节支架　　　　C. 转向轴

95. 拖拉机的工作装置由液压悬挂装置、________、动力输出轴和动力输出皮带轮等组成（　　）。

A. 旋耕机　　　　B. 牵引装置　　　　C. 铧犁

96. 液压悬挂系由液压系统、__________和悬挂机构等部分组成（　　）。

A. 操纵机构　　　B. 控制阀　　　　C. 油缸

97. 液压悬挂系统，按其液压机构在拖拉机上布置的位置，可分为分置式、半分置式和________三种型式（　　）。

A. 悬挂式　　　　B. 独立式　　　　C. 整体式

98. 液压悬挂系统的操纵机构可使农具提升、下降和处于________位置（　　）。

A. 往复　　B. 中立　　C. 旋转

99. 拖拉机挂接农具应与拖拉机功率相匹配，避免拖拉机超负荷工作（　　）。

A. 对　　B. 错

100. 拖拉机行驶时，如果发动机发生“飞车”，应________（　　）。

A. 挂空挡　　B. 分离离合器　　C. 采取紧急制动，迫使发动机熄火

二、拖拉机驾驶人理论考试模拟试题（第1套）正确答案

1. A　2. B　3. A　4. A　5. A　6. B　7. A　8. B　9. A　10. A
11. C　12. A　13. A　14. A　15. A　16. A　17. A　18. C　19. A
20. A　21. C　22. A　23. A　24. B　25. A　26. B　27. A　28. B
29. A　30. B　31. B　32. A　33. B　34. B　35. B　36. B　37. C
38. A　39. A　40. C　41. B　42. B　43. A　44. A　45. A　46. B
47. B　48. A　49. A　50. B　51. B　52. A　53. A　54. B　55. A
56. B　57. A　58. A　59. A　60. A　61. C　62. A　63. A　64. B
65. B　66. B　67. B　68. A　69. A　70. A　71. A　72. A　73. B
74. B　75. B　76. A　77. B　78. C　79. B　80. C　81. B　82. C
83. B　84. B　85. A　86. B　87. A　88. B　89. B　90. A　91. B
92. B　93. A　94. C　95. B　96. A　97. C　98. B　99. A　100. C

第二节 拖拉机驾驶人理论考试模拟试题及答案（第2套）

一、拖拉机驾驶人理论考试模拟试题试卷（G）（第2套）

（G-010307-121226103709）

姓名________ 考生号________ 成绩________

1. 在中华人民共和国境内与道路交通活动有关的单位和个人，都必须遵守《中华人民共和国道路交通安全法》（　　）。

A. 对　　　　B. 错

2. 机动车行经弯道时，在保证不发生事故的前提下可以迅速超车（　　）。

A. 对　　　　B. 错

3. 广场、公共停车场等用于公众通行的场所，不属于《中华人民共和国道路交通安全法》中所称的“道路”（　　）。

A. 对　　　　B. 错

4. 夜间在窄路、窄桥与非机动车会车时应当使用远光灯（　　）。

A. 对　　　　B. 错

5. 机动车在上坡途中可以掉头（　　）。

A. 对　　　　B. 错

6. 机动车行经漫水路或者漫水桥时应当停车察明水情，确认安全后，低速通过（　　）。

A. 对　　　　B. 错

7. 机动车在没有交通标志、标线的道路上，应当________（　　）。

A. 在确保安全、畅通的原则下通行

B. 加速行驶

C. 停车观察周围情况后行驶

8. 机动车停车的错误做法是__________（　）。

A. 可以停放在非机动车道上

B. 禁止在人行道上停放

C. 在道路上临时停车时，不得妨碍其他车辆和行人通行

9. 在道路上发生交通事故，未造成人身伤亡，当事人对事实及成因无争议的，应当__________（　）。

A. 将车停在原地，保护好现场，等待交通警察前来处理

B. 即行撤离现场，自行协商处理损害赔偿事宜

C. 不得撤离现场

10. 机动车遇有前方机动车停车排队等候时，应当________（　）。

A. 依次排队　　B. 从前方车辆左侧超越　　C. 从前方车辆右侧超越

11. 驾驶人连续驾驶机动车超过 4 小时，停车休息时间不得少于________（　）。

A. 5 分钟　　B. 10 分钟　　C. 20 分钟

12. 机动车距离隧道__________以内不准停车（　）。

A. 20 米　　B. 30 米　　C.50 米

13. 机动车在加油站________以内的路段，除使用加油设施的车辆外，不得停车（　）。

A. 30 米　　B. 20 米　　C. 10 米

14. 拖拉机、联合收割机号牌和行驶证可以转借，但不得涂改或伪造（　）。

A. 对　　B. 错

15. 不得将拖拉机、联合收割机交给未取得相应驾驶资格的人员操作（　）。

A. 对　　B. 错

16. 拖拉机、联合收割机驾驶证遗失的，驾驶人应当向居住地农机安全监理机构申请补发。(　　)。

A. 对　　　　B. 错

17. 拖拉机、联合收割机驾驶人应当于驾驶证有效期满前＿＿＿日内，向驾驶证核发地农机监理机构申请换证（　　）。

A. 30　　B. 60　　C. 90

18. 使用拖拉机、联合收割机违反规定载人，由农机安全监理机构责令改正，给予批评教育；拒不改正的，＿＿＿＿（　　）。

A. 扣留该拖拉机、联合收割机

B. 扣留该拖拉机、联合收割机的证书、牌照

C. 处 100 元以上 500 元以下

19. 闪光警告信号灯为持续闪烁的黄灯，提示车辆通行时注意瞭望，确认安全后通过（　　）。

A. 对　　　　B. 错

20. 凡主标志无法完整表达或指示其规定时，为维护行车安全与交通畅通的需要，应设置＿＿＿＿（　　）。

A. 指示标记　　B. 警示标记　　C. 辅助标志

21. 交通信号灯黄灯亮时，＿＿＿＿（　　）。

A. 允许车辆通行

B. 已越过停止线的车辆可以继续通行

C. 允许车辆左转弯

22. 绿色方向指示信号灯的箭头方向向上，准许车辆＿＿＿（　　）。

A. 左转　　B. 右转　　C. 直行

23. 绿色方向指示信号灯的箭头方向向右，准许车辆＿＿＿（　　）。

A. 左转　　B. 右转　　C. 直行

24. 驾驶车辆在道路上行驶时，应当按照规定车速安全行驶（　　）。

A. 对　　　　　　B. 错

25. 行车中遇有前方发生交通事故，需要帮助时，应______（　　）。

A. 尽量绕道躲避　　B. 立即报警，停车观望　　C. 协助保护现场，并立即报警

26. 车辆侧滑时，车轮往哪边侧滑，就往侧滑相反的一边转动转向盘（　　）。

A. 对　　　　　　B. 错

27. 雪天行车时，为预防车辆侧滑或与其他车辆发生碰擦，应______（　　）。

A. 减速行驶并保持安全距离

B. 紧跟前车并鸣喇叭提醒

C. 与前车保持较小的间距

28. 车辆燃油着火时，不能用于灭火的是______（　　）。

A. 路边沙土　　B. 棉衣　　C. 水

29. 伤员较大动脉出血时，可采用指压止血法，用拇指压住伤口的______动脉，阻断动脉运动，达到快速止血（　　）。

A. 近心端　　B. 远心端　　C. 血管中部

30. 图中标志为急弯路标志（　　）。

A. 对　　　　　　B. 错

31. 图中标志为洞口标志（　　）。

A. 对　　　　　　B. 错

32. 图中标志为停车让行标志（　　）。

A. 对　　　　　　B. 错

33. 图中标志为禁止向左转弯标志（　　）。

A. 对　　　　　　B. 错

34. 图中标志为交叉路口预告标志。（　　）。

A. 对　　　　　　B. 错

35. 图中标志的含义是确定主标志规定时间的范围（　　）。

7:30 - 9:30
16:00 - 18:30

A. 对　　　　　　B. 错

36. 如图所示，路口中心黄色网状线用于标示禁止以任何原因停车的区域（　　）。

A. 对　　　　　　B. 错

37. 图中所示导流线，表示车辆应按规定的路线行驶，但可以压线或越线（　　）。

A. 对　　　　　　B. 错

38. 图中标志为________标志（　　）。

A. 两侧变窄　　　B. 右侧变窄　　　C. 左侧变窄

39. 图中标志为________标志（　　）。

A. 两侧变窄　　B. 右侧变窄　　C. 左侧变窄

40. 图中标志为________标志（　　）。

A. 注意横风　　B. 注意行人　　C. 注意信号灯

41. 图中标志为________标志（　　）。

A. 注意儿童　　B. 人行横道　　C. 学校

42. 图中标志为________标志（　　）。

A. 解除禁止鸣喇叭　　B. 鸣喇叭　　C. 禁止鸣喇叭

43. 图中标志为________标志（　　）。

A. 限制车距　　　B. 限制高度　　C. 限制宽度

44. 图中标志为＿＿＿＿＿标志（　　）。

A. 向右转弯　　B. 向左转弯　　C. 向左侧道路行驶

45. 图中标志为＿＿＿＿标志（　　）。

A. 鸣喇叭　　B. 解除禁止鸣喇叭　　C. 禁止鸣喇叭

46. 图中标志为＿＿＿＿标志（　　）。

A. 禁止非机动车通行　　B. 注意非机动

C. 非机动车通行

47. 图中标志为＿＿＿＿标志（　　）。

A. 限制速度 50 千米/小时

B. 最低限速 50 千米/小时

C. 解除最低限速 50 千米/小时

48. 图中标志为＿＿＿＿标志（　　）。

A. 桥面变宽　　B. 错车道　　C. 前方变窄

49. 三角形、黄底、黑边图案的交通标志是（　　）。

A. 警告标志　B. 禁令标志　C. 指示标志

50. 图中警察手势为示意车辆靠边停车信号（　　）。

A. 对　　B. 错

51. 发动机是拖拉机上的动力装置，为拖拉机行驶和各项作业提供动力（　　）。

A. 对　　B. 错

52. 曲轴箱不需要有通气孔（　　）。

A. 对　　B. 错

53. 飞轮的作用是贮存能量，便于启动发动机，能帮助发动机克服短时间的超负荷（　　）。

A. 对　　　　　　　B. 错

54. 拖拉机主要由________三个部分组成（　　）。

A. 发动机、后桥、电气设备　B. 发动机、底盘、电气设备

C. 发动机、传动系、行走系

55. 曲柄连杆机构由______组成（　　）。

A. 缸盖机体组、气缸盖、活塞连杆组、曲轴飞轮组

B. 气缸体、活塞连杆组、曲轴飞轮组

C. 缸盖机体组、活塞连杆组、曲轴飞轮组

56. 当气门处于关闭状态时，气门杆尾部端面与摇臂头之间的间隙是________（　　）。

A. 气门间隙　　B. 开口间隙　　C. 分离间隙

57. 补充燃料时必须停止发动机，燃料补充中严禁烟火。

A. 对　　　　　　　B. 错

58. 发动机启动前应检查冷却水、润滑油和燃油是否符合规定要求（　　）。

A. 对　　　　　　　B. 错

59. 拖拉机拖带挂车下坡时，可用间歇制动控制拖拉机和挂车车速，否则容易失去控制，在挂车顶推下造成翻车事故（　　）。

A. 对　　　　　　　B. 错

60. 预热发动机机体时，应使用大油门（　　）。

A. 对　　　　　　　B. 错

61. 在行驶途中可以用半分离离合器的办法来降低拖拉机行驶速度（　　）。

A. 对　　　　　　　B. 错

62. 换挡时，应把变速杆推到底，使齿轮全齿啮合（　　）。

A. 对　　　　　　　B. 错

63. 接合差速锁前无需先彻底分离离合器（　　）。

A. 对　　　　　　B. 错

64. 拖拉机行驶中不用制动时，也要将脚放在制动踏板上，以免紧急情况时来不及（　　）。

A. 对　　　　　　B. 错

65. 拖拉机在长距离下坡时应________来控制车速（　　）。

A. 用制动　　B. 半联动离合器　　C. 换低挡

66. 下列答案中属正确使用离合器的是________（　　）。

A. 离合器彻底分离后摘挡停车或换挡

B. 离合器半分离来控制车速

C. 猛松离合器踏板冲越障碍

67. 差速锁接合后，________拖拉机转弯。

A. 禁止　　B. 允许大角度　　C. 允许小角度

68. 安装蓄电池端子时，先接______，拆下时先拆________（　　）。

A. 正极（+）负极（-）

B. 负极（-）正极（+）

C. 正极（+）正极（+）

69. 拖拉机磨合完成后应当及时更换润滑油和液压油，并对变速箱、液压油箱和发动机润滑系等进行清洗（　　）。

A. 对　　　　　　B. 错

70. 空气滤清器干式的纸质滤芯可用油洗，也可用毛刷或用气从反面吹净（　　）。

A. 对　　　　　　B. 错

71. 油浴式空气滤清器，在油量不足时可以继续使用（　　）。

A. 对　　　　　　B. 错

72. 柴油滤清器下方有放油塞，用以放出积沉的杂质和水，因此，无须清洗和保养（　　）。

A. 对　　　　　B. 错

73. 保养柴油滤清器之后，应正确安装滤清器、保证各处密封，无需排出低压油路中的空气（　　）。

A. 对　　　　　B. 错

74. 拖拉机保养时，要检查各部位是否有漏油、漏水、________、漏气等现象（　　）。

A. 漏风　　B. 漏电　　C. 漏液

75. 拖拉机磨合应当按照________、________和________的顺序进行（　　）。

A. 发动机空转磨合、空驶磨合、负荷磨合

B. 发动机空驶磨合、空转磨合、负荷磨合

C. 发动机空转磨合、负荷磨合、空驶磨合

76. 不属于拖拉机班次技术保养的项目是________（　　）。

A. 清除污垢和杂物，并检查空气滤清积尘情况以及各连接处紧固情况

B. 检查油位和润滑情况，以及冷却水水位

C. 清洗柴油和机油滤清器

77. 蓄电池电解液面高度应高出防护板 10~15 毫米，不足时应添加________

A. 蒸馏水　　B. 纯净水　　C. 自来水

78. 蓄电池加液孔盖上的通气孔应保持________（　　）。

A. 畅通　　B. 密封　　C. 半封闭

79. 调整气门间隙时，应通过转动________进行测量（　　）。

A. 飞轮　　B. 曲轴　　C. 凸轮轴

80. 拖拉机牵引故障车辆时，最高时速不得超过 15 千米。

A. 对　　　　　B. 错

81. 上道路行驶的拖拉机未按规定定期进行安全技术检验

的，一次应记________分（　　）。

A. 1　　　B. 2　　　C. 3

82. 拖拉机农田作业时，挡泥板上可以坐人；道路运输时，挡泥板上不可以坐人（　　）。

A. 对　　　　　B. 错

83. 拖拉机常见的仪表包括电流表、机油压力表和水温表等（　　）。

A. 对　　　　　B. 错

84. 多缸柴油发动机的冷却系主要由散热器、风扇、水泵、水套和节温器、水温表、空气蒸气阀、放水阀等组成（　　）。

A. 对　　　　　B. 错

85. 对于多缸发动机，它们的喷油提前角各不相同（　　）。

A. 对　　　　　B. 错

86. 差速器的作用是把中央传动传来的动力传给两侧的最终传动，还能在拖拉机转向时使两驱动轮以不同速度旋转，以利于转向（　　）。

A. 对　　　　　B. 错

87. 悬挂耙作业需急转弯或倒退时，必须将耙升起（　　）。

A. 对　　　　　B. 错

88. 燃油供给系由________、柴油粗、细滤清器、输油泵、喷油泵、调速器、高压油管、喷油器、回油管等组成（　　）。

A. 燃油箱、消声器

B. 进气管、燃油箱

C. 燃油箱、低压油管

89. 拖拉机的润滑系一般有油底壳、集滤器、________、机油粗滤器和细滤器、机油散热器等（　　）。

A. 机油泵　　　B. 喷油泵　　　C. 喷油器

90. 发动机装设预热塞的目的，是供发动机在寒冷季节预热进入气缸的________，以利发动机的启动（　　）。

A. 燃料　　B. 混合气　　C. 空气

91. 强制循环冷却系型式有________两种（　　）。

A. 蒸发式与循环式　　B. 开式和闭式　　C. 压力式和综合式

92. 方向盘自由行程左右应各不大于________度（　　）。

A. 10　　B. 15　　C. 30

93. 轮式拖拉机的后桥由中央传动、________和最终传动等部分组成（　　）。

A. 差速器　　B. 变速箱　　C. 离合器

94. 拖拉机的工作装置由液压悬挂装置、________、动力输出轴和动力输出皮带轮等组成（　　）。

A. 旋耕机　　B. 牵引装置　　C. 铧犁

95. 液压悬挂系统，按其液压机构在拖拉机上布置的位置，可分为分置式、半分置式和________三种型式（　　）。

A. 悬挂式　　B. 独立式　　C. 整体式

96. 液压悬挂系的操纵机构用来控制液压系统中的________（　　）。

A. 牵引装置　　B. 液压泵　　C. 分配器

97. 悬挂犁入土角调整不当造成犁不入土时，可适当________上拉杆的长度，________犁的入土角（　　）。

A. 缩短，减小　　B. 缩短，增大　　C. 增加，减小

98. 悬挂犁前后水平的调整是通过伸长或缩短拖拉机________长度来调节的（　　）。

A. 上拉杆　　B. 右下拉杆　　C. 左下拉杆

99. 悬挂犁左右水平的调整可通过改变其________长度来调节（　　）。

A. 上拉杆　　B. 左提升杆　　C. 左、右提升杆

100. 拖拉机挂接农具应与拖拉机功率相匹配，避免拖拉机超负荷工作（　　）。

A. 对　　B. 错

二、拖拉机驾驶人理论考试模拟试题（第2套）正确答案

1. A　2. B　3. B　4. B　5. B　6. A　7. A　8. A　9. B　10. A
11. C　12. C　13. A　14. B　15. A　16. B　17. C　18. B　19. A
20. C　21. B　22. C　23. B　24. A　25. C　26. B　27. A　28. C
29. A　30. B　31. B　32. B　33. A　34. A　35. A　36. A　37. B
38. C　39. B　40. C　41. A　42. C　43. B　44. B　45. A　46. B
47. B　48. B　49. A　50. B　51. A　52. B　53. A　54. B　55. C
56. A　57. A　58. A　59. A　60. B　61. B　62. A　63. B　64. B
65. C　66. A　67. A　68. A　69. A　70. B　71. B　72. B　73. B
74. B　75. A　76. C　77. A　78. A　79. A　80. A　81. C　82. B
83. A　84. A　85. B　86. A　87. A　88. C　89. A　90. C　91. B
92. B　93. A　94. B　95. C　96. C　97. B　98. A　99. C　100. A

第二章　联合收割机驾驶人理论考试模拟试题及答案

第一节　联合收割机驾驶人理论考试模拟试题及答案（第1套）

一、收割机驾驶人理论考试模拟试卷（R）（第1套）

（R-010307-121226132632）

姓名________　考生号________　成绩________

1. 道路划设专用车道的，在专用车道内，其他车辆可以借道超车（　　）。

A. 对　　　　B. 错

2.《中华人民共和国道路交通安全法》中所称的“交通事故是指车辆在道路上因过错或者意外造成的人身伤亡或者财产损失的事件”（　　）。

A. 对　　　　B. 错

3. 在划分快速车道和慢速车道的道路上，除摩托车外，所有机动车都应该在快速车道行驶（　　）。

A. 对　　　　B. 错

4. 夜间在窄路、窄桥与非机动车会车时应当使用远光灯（　　）。

A. 对　　　　B. 错

5. 机动车遇有交通警察现场指挥时，应当按照________通行（　　）。

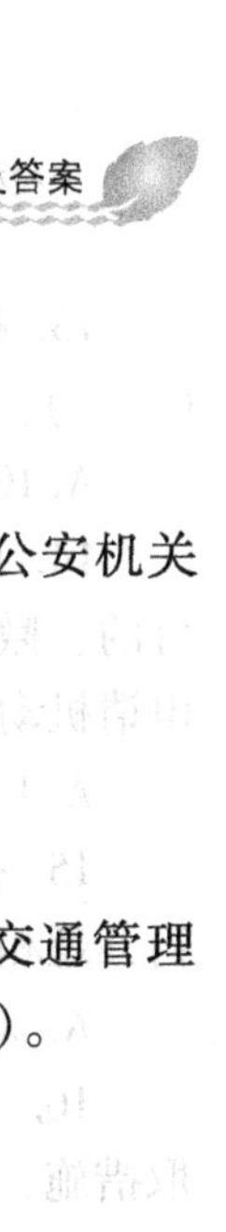

A. 道路标志、标线

B. 交通信号灯的指挥

C. 交通警察的指挥

6. 在道路上行驶的机动车，未悬挂机动车号牌，公安机关交通管理部门应当______（　）。

A. 拘留驾驶人

B. 处200元以上2 000元以下罚款

C. 扣机动车

7. 机动车驾驶证被暂扣期间驾驶机动车的，公安交通管理部门除按照规定罚款外，还可以并处______（　）。

A. 吊销驾驶证

B. 5年不准领取驾驶证

C. 15日以下拘留

8. 机动车在狭窄的山路会车有困难时，______先行（　）。

A. 不靠山体的一方　　B. 重车让空车　　C. 靠山体的一方

9. 机动车超车前，应当提前______（　）。

A. 开启危险报警闪光灯　　B. 开启左转向灯　　C. 开启右转向灯

10. 机动车掉头时，应当提前______（　）。

A. 开启左转向灯　　B. 开启危险报警闪光灯　　C. 开启右转向灯

11. 机动车驶近坡道顶端等影响安全视距的路段时，应当______，并鸣喇叭示意（　）。

A. 快速通过　　B. 使用危险报警闪光灯　　C. 减速慢行

12. 驾驶人不得连续驾驶机动车超过______未停车休息（　）。

A. 4小时　　B. 5小时　　C. 6小时

13. 机动车在急救站＿＿＿＿以内的路段，不得停车（　　）。

A. 10 米　　B. 20 米　　C. 30 米

14. 以欺骗、贿赂等不正当手段取得机动车登记或者驾驶许可的，撤销机动车登记或者驾驶许可；申请人在＿＿＿＿内不得申请机动车登记或者机动车驾驶许可（　　）。

A. 1 年　　B. 2 年　　C. 3 年

15. 拖拉机、联合收割机投入使用前应当到农机安全监理机构办理相应的证书、牌照（　　）。

A. 对　　B. 错

16. 发生农机事故时，造成人员伤亡的，驾驶人员应立即采取措施，抢救受伤人员（　　）。

A. 对　　B. 错

17. 拖拉机、联合收割机驾驶证有效期超过＿＿＿＿年以上未换证的，农机监理机构注销其驾驶证（　　）。

A. 1　　B. 2　　C. 3

18. 未按规定办理登记手续并取得相应的证书和牌照，擅自将拖拉机、联合收割机投入使用，或未按规定办理变更登记手续的，由农机安全监理机构责令补办逾期不补办的，责令停止使用；拒不停止使用的扣押拖拉机，联合收割机，并处＿＿＿＿罚款；拒不改正的，吊销驾驶证（　　）。

A. 100 元以下　　B. 200 元以下　　C. 200 元以上 2000 元以下

19. 指路标志的作用是＿＿＿＿（　　）。

A. 警告车辆和行人注意危险地点

B. 禁止或限制车辆和行人交通行为

C. 传递道路方向、地点、距离信息

20. 交通信号灯黄灯亮时，＿＿＿＿（　　）。

A. 允许车辆通行

B. 已越过停止线的车辆可以继续通行

C. 允许车辆左转弯

21. 红色箭头灯亮时，本车道________（　　）。

A. 禁止车辆通行　　B. 准许车辆左转弯　　C. 准许车辆右转弯

22. 绿色方向指示信号灯的箭头方向向上，准许车辆________（　　）。

A. 左转　　B. 右转　　C. 直行

23. 雪天行车中，在有辙的路段应循车辙行驶（　　）。

A. 对　　B. 错

24. 车辆在会车、超车或避让障碍物时，车辆之间或与其他物体容易发生剐碰现象，所以应加大车辆间的横向间距（　　）。

A. 对　　B. 错

25. 含酒精的防冻液着火时，可立即用水浇泼着火部位，以冲淡酒精防冻液的浓度（　　）。

A. 对　　B. 错

26. 夜间行车中，如果灯光照射________，有可能是车辆前方出现急转弯或大坑（　　）。

A. 由远及近　　B. 离开路面　　C. 由高变低

27. 拖拉机交通事故责任强制保险的保险期间为________（　　）。

A. 一年　　B. 二年　　C. 三年

28. 气环具有布油和刮油作用（　　）。

A. 对　　B. 错

29. 油环的作用只是布油，使机油均匀地分布在气缸壁上以保证润滑（　　）。

A. 对　　　　　　　　B. 错

30. 减压机构的功用是在柴油机启动或进行检查和保养时使部分气门打开，降低气缸内压力，以减小曲轴旋转阻力，便于摇转曲轴（　　）。

A. 对 B. 错

31. 气门间隙过小，会使气门延迟开启提前关闭，甚至不开启（　　）。

A. 对　　　　　　　　B. 错

32. 为了保证定时供油和配气，配气机构凸轮轴齿轮、喷油泵传动齿轮必须与曲轴正时齿轮保持一定的相对位置关系，因此，在正时齿轮上都打有装配记号（　　）。

A. 对　　　　　　　　B. 错

33. 四行程发动机一个工作循环的工作顺序为________（　　）。

A. 进气、压缩、作功、排气

B. 进气、作功、压缩、排气

C. 进气、压缩、排气、作功

34. 当气门处于关闭状态时，气门杆尾部端面与摇臂头之间的间隙是________（　　）。

A. 气门间隙　　　　B. 开口间隙　　　　C. 分离间隙

35. 喷油泵开始供油的时刻到活塞到达压缩上止点止，相对曲轴所转过的角度是________（　　）。

A. 供油提前角　　　　B. 迟闭角　　　　C. 早开角

36. 柴油滤清器的作用是滤除柴油中的________，以高度清洁的柴油供给喷油泵和喷油器（　　）。

A. 机油　　　　B. 杂质和水分　　　　C. 润滑油

37. 使用联合收割机前应进行认真检查，对异常部位要及时检修（　　）。

A. 对　　　　　　　　B. 错

38. 联合收割机使用前，应当仔细检查电器、电路导线的连接和绝缘是否良好，并且不得有油污（　　）。

A. 对　　　　　　　　B. 错

39. 补充燃料时必须停止发动机，燃料补充中严禁烟火（　　）。

A. 对　　　　　　　　B. 错

40. 发动机启动前应检查冷却水、润滑油和燃油是否符合规定要求（　　）。

A. 对　　　　　　　　B. 错

41. 发动机启动时，变速杆可以挂低速挡，但需先分离离合器（　　）。

A. 对　　　　　　　　B. 错

42. 启动发动机时，油门应置于最大供油位置（　　）。

A. 对　　　　　　　　B. 错

43. 预热发动机机体时，应使用大油门（　　）。

A. 对　　　　　　　　B. 错

44. 作业时，联合收割机上不准乘坐与操作无关的人员（　　）。

A. 对　　　　　　　　B. 错

45. 联合收割机发动机启动前，应将变速杆、动力转出轴操纵手柄置于低速挡位置（履带式机型应将工作离合器置于结合位置）（　　）。

A. 对　　　　　　　　B. 错

46. 联合收割机作业起步时，应当鸣号或者发出信号，提醒有关作业人员注意安全（　　）。

A. 对　　　　　　　　B. 错

47. 联合收割机作业区严禁烟火。检修和排除故障时，不得用明火照明（　　）。

A. 对　　　　　B. 错

48. 联合收割机进行收割或场院作业时，须在排气管上安装防火帽（火星收集器）（　　）。

A. 对　　　　　B. 错

49. 下列答案中属正确使用离合器的是＿＿＿＿＿（　　）。

A. 离合器彻底分离后摘挡停车或换挡

B. 离合器半分离来控制车速

C. 猛松离合器踏板冲越障碍

50. 联合收割机行驶中，如果发动机发生“飞车”，应＿＿＿＿（　　）。

A. 挂空挡

B. 分离离合器

C. 采取紧急制动，迫使发动机熄火

51. 联合收割机停车时，如果发动机发生“飞车”，不应采取的应急措施是＿＿＿＿＿（　　）。

A. 打开减压机构　　B. 堵死进气管口　　C. 挂低速挡

52. 启动发动机时，正确使用蓄电池的方法是每次启动时间不超过＿＿＿＿＿秒，再次启动时间间隔一般不少于 15 秒（　　）。

A. 5　　B. 15　　C. 25

53. 安装蓄电池端子时，先接＿＿＿，拆下时先拆＿＿＿（　　）。

A. 正极（+）负极（-）　　B. 负极（-）正极（+）

C. 正极（+）正极（+）

54. 寒冷季节需要使用预热塞启动发动机时，预热时间一般不超过＿＿＿＿秒（　　）。

A. 20　　B. 40　　C. 80

55. 联合收割机在道路上行驶或转弯时，应将收割台提升到________位置并予以锁定（　　）。

A. 离地　　B. 最高　　C. 中间

56. 联合收割机用于场上脱粒时，须将________卸下（　　）。

A. 螺旋输送器　　B. 输送槽

C. 拨禾轮和割刀传动装置

57. 联合收割机晚间作业时，应当使用________照明（　　）。

A. 作业灯　　B. 强光手电　　C. 火把等明火

58. 新的或经过大修后的联合收割机，使用前必须严格按照技术规程进行磨合试运转，未经磨合试运转的，不准投入正式使用（　　）。

A. 对　　B. 错

59. 联合收割机使用时，应当按照说明书要求选择油品，以延长机械使用寿命（　　）。

A. 对　　B. 错

60. 联合收割机班前保养的主要内容包括：检查油箱、水箱的油、水的存量，不足时给予补充；加注润滑油；对各传动带、链的张紧情况予以检查，并进行适度张紧（　　）。

A. 对　　B. 错

61. 联合收割机班中保养一般在作业________小时左右，检查重点工作部件，清除缠草和杂草，对各轴承的发热情况予以关注，重要润滑点加注润滑油（　　）。

A. 4　　B. 8　　C. 12

62. 联合收割机班后保养是在结束一天的收割作业，各工作部件连续负载________小时左右，进行一次全面的检查、保养（　　）。

A. 4　　B. 8　　C. 12

63. 清洗泡沫滤芯的空气滤清器，可把滤芯放入________中轻轻搓揉，洗去污物，吹干后再装回（　　）。

A. 机油　B. 煤油或轻柴油　C. 清水

64. 保养柴油滤清器时，如果是纸质滤芯，则应________（　　）。

A. 更换滤芯

B. 放入柴油中清洗后装回

C. 放入机油中清洗后装回

65. 柴油滤清器保养安装后，应排出________油路中的空气

A. 高压　B. 低压　C. 高压和低压

66. 检查发动机机油高度时，应将联合收割机停在平整路面，在________进行（　　）。

A. 发动机启动后　B. 发动机刚熄火时　C. 发动机启动前或冷机时

67. 蓄电池电解液面高度应高出防护板 10~15 毫米，不足时应添加________（　　）。

A. 蒸馏水　B. 纯净水　C. 自来水

68. 参加跨区作业前，应当到当地农机管理部门免费领取《联合收割机跨区收获作业证》（　　）。

A. 对　　B. 错

69. 联合收割机和运输联合收割机的车辆凭《联合收割机跨区收获作业证》可以免交车辆通行费（　　）。

A. 对　　B. 错

70. 跨区作业期间发生农机事故，应当及时向当地________部门报告，并接受调查和处理（　　）。

A. 公安管理　B. 交通管理　C. 农机管理

71. 方向盘自走式联合收割机的主离合器操纵手柄用来控制

粮箱的卸粮和停卸（　　）。

A. 对　　　　　　　B. 错

72. 方向盘自走式联合收割机的行走离合器踏板用于分离行走离合器（　　）。

A. 对　　　　　　　B. 错

73. 方向盘自由行程左右应各不大于________度（　　）。

A. 10　　　　B. 15　　　　C. 30

74. 方向盘的自由行程过大，行驶时驾驶操纵稳定性______（　　）。

A. 变好　　　　B. 不变　　　　C. 变差

75. 方向盘自走式联合收割机转向系统由方向机总成、单路稳定分流阀、全液压转向器、________等组成（　　）。

A. 操纵机构　　　B. 转向油缸　　　C. 变速箱离合器

76. 方向盘自走式联合收割机的底盘一般由________、驱动轮桥、转向轮桥等组成（　　）。

A. 传动系统　　　B. 发电机　　　C. 行走变速轮

77. 方向盘自走式联合收割机制动时，发生制动跑偏的主要原因表述不正确的是________（　　）。

A. 单边摩擦片有油或泥水或严重磨损

B. 轮胎抱死

C. 驱动轮气压不同

78. 图中标志为洞口标志。（　　）。

A. 对　　　　　　　B. 错

79. 图中标志为单行路标志（　　）。

A. 对　　　　　　　B. 错

80. 图中标志为会车先行标志（　　）。

A. 对　　　　　　　B. 错

81. 图中标志为立体交叉直行和右转弯行驶标志（　　）。

A. 对　　B. 错

82. 图中标志为前方 100 米处无人看守铁道路口标志（　　）。

83. 图中标志为慢行标志（　　）。

A. 对　　B. 错

84. 图中标志为向左向右转弯标志（　　）。

A. 对　　B. 错

85. 图中标志的含义是确定主标志规定时间的范围（　　）。

7:30 - 9:30
16:00 - 18:30

A. 对　　B. 错

86. 图中所示导流线，表示车辆应按规定的路线行驶，但可以压线或越线（　　）。

A. 对　　B. 错

87. 图中标志为________标志（　　）。

A. 向右行驶　　B. 绕行　　C. 向左急弯路

88. 图中标志为________标志（　　）。

A. 下行　　B. 滑行　　C. 下陡坡

89. 图中标志为________标志（　　）。

A. 隧道　　B. 涵洞桥　　C. 驼峰桥

90. 图中标志为________标志（　　）。

A. 注意儿童　　B. 人行横道　　C. 学校

91. 图中标志为________标志（　　）。

A. 禁止超车　　B. 禁止借道行驶　　C. 解除禁止超车

92. 图中标志为__________标志（　　）。

A. 向右转弯　　B. 靠右侧停车　　C. 靠右侧道路行驶

93. 图中标志为________标志（　　）。

A. 十字交叉路口　　B. 禁止通行　　C. 双向通行

94. 图中标志为________标志（　　）。

A. 禁止牲畜通行　　B. 注意牲畜　　C. 牲畜通行

95. 图中标志为________标志（　　）。

A. 有人看守铁道路口　　B. 禁止通行

C. 无人看守铁道路口

96. 图中标线为________标线（　　）。

A. 禁止路边临时停放车辆

B. 禁止路边长时或临时停放车辆

C. 禁止路边长时停放车辆

97. 图中标线为________标线（　　）。

A. 菱形中心圈　　B. 禁停区　　C. 禁驶区

98. 图中所示路口中心黄色标线为________（　　）。

A. 网状线　　B. 中心圈　　C. 导流线

99. 图中警察手势为右转弯信号（　　）。

A. 对　　B. 错

100. 图中警察手势为______信号（　　）。

A. 示意车辆靠边停车　　B. 减速慢行　　C. 变道

二、收割机驾驶人理论考试模拟试卷(第1套)(R) 正确答案

1. B　2. A　3. B　4. B　5. C　6. C　7. C　8. A　9. B　10. A

11. C　12. A　13. C　14. C　15. A　16. A　17. A　18. C　19. C
20. B　21. A　22. C　23. A　24. A　25. A　26. B　27. A　28. B
29. B　30. A　31. B　32. A　33. A　34. A　35. A　36. B　37. A
38. A　39. A　40. A　41. B　42. B　43. B　44. A　45. B　46. A
47. A　48. A　49. A　50. C　51. C　52. A　53. A　54. B　55. B
56. C　57. A　58. A　59. A　60. A　61. A　62. B　63. B　64. A
65. B　66. C　67. A　68. B　69. A　70. C　71. B　72. A　73. B
74. C　75. B　76. C　77. B　78. B　79. A　80. A　81. A　82. B
83. A　84. B　85. A　86. B　87. C　88. C　89. C　90. A　91. A
92. C　93. A　94. B　95. C　96. B　97. A　98. A　99. B　100. C

第二节　收割机驾驶人理论考试模拟试题及答案（第2套）

一、收割机驾驶人理论考试模拟试卷（R）（第2套）

（R-010307-121226151301）

姓名________　考生号________　成绩________

1. 任何单位或者个人不得拼装机动车（　　）。

A. 对　　　　B. 错

2. 不得在机动车驾驶室的前后窗范围内悬挂、放置妨碍驾驶人视线的物品（　　）。

A. 对　　　　B. 错

3. 机动车行经漫水路或者漫水桥时应当停车察明水情，确认安全后，低速通过（　　）。

A. 对　　　　B. 错

4. 机动车行驶中，车内人员不得将头伸出窗外，但可以将手伸出窗外（　　）。

A. 对　　　　B. 错

5. 机动车在没有交通标志、标线的道路上，应当________（　　）。

A. 在确保安全、畅通的原则下通行

B. 加速行驶

C. 停车观察周围情况后行驶

6. 机动车在夜间或者容易发生危险的路段，应当________（　　）。

A. 以最高设计车速行驶

B. 降低速度，谨慎驾驶

C. 保持现有速度行驶

7. 机动车在狭窄的坡路会车时，正确的会车方法是________先行（　　）。

A. 下坡车让上坡车

B. 下坡车已行至中途而上坡车未上坡时，让上坡车方

C. 上坡车让下坡车

8. 机动车在道路上发生故障，妨碍交通又难以移动的，应当按规定开启危险报警闪光灯，并在车后________处设置警告标志（　　）。

A. 10~20 米

B. 20~30 米

C. 50~100 米

9. 转向失效的故障机动车，应当使用________（　　）。

A. 专用清障车拖曳

B. 硬连接牵引

C. 轮式专用机械车拖曳

10. 拖拉机、联合收割机号牌和行驶证可以转借，但不得涂改或伪造（　　）。

A. 对　　　　B. 错

11. 不得将拖拉机、联合收割机交给未取得相应驾驶资格的人员操作（　　）。

A. 对　　　　　　B. 错

12. 拖拉机、联合收割机驾驶证遗失的，驾驶人应当向居住地农机安全监理机构申请补发（　　）。

A. 对 B. 错

13. 拖拉机、联合收割机未按规定检验或检验不合格的，不准继续行驶（　　）。

A. 对　　　　　　B. 错

14. 拖拉机、联合收割机驾驶证有效期超过________年以上未换证的，农机监理机构注销其驾驶证（　　）。

A. 1　　　　B. 2　　　　C. 3

15. 拖拉机、联合收割机应当从注册登记之日起________进行一次安全技术检验（　　）。

A. 不定期　　　B. 每三年　　　C. 每年

16. 指示标志是指示车辆、行人________（　　）。

A. 可以通行的方向，但可以不按指示的方向通行

B. 按标志指示的路线、方向行驶

C. 注意行驶

17. 交通信号灯红灯亮时，表示________（　　）。

A. 准许通行　　　B. 禁止通行　　　C. 停车让行

18. 交通信号灯黄灯亮表示__________（　　）。

A. 禁止通行　　　B. 准许通行　　　C. 警示

19. 红色方向指示信号灯的箭头方向向右，禁止车辆______（　　）。

A. 左转　　　B. 右转　　　C. 直行

20. 驾驶车辆在道路上行驶时，应当按照规定车速安全行驶（　　）。

A. 对　　　　　　B. 错

21. 行车中发现前方道路拥堵时，应________（　　）。

A. 鸣喇叭催促

B. 从车辆中间穿插通过

C. 减速停车，依次排队等候

22. 车辆在进入山间道路后，要特别注意“连续转弯”标志，并主动避让车辆及行人，适时减速和提前鸣喇叭（　　）。

A. 对　　　　　　B. 错

23. 驾驶人在行车中经过积水路面时，应________（　　）。

A. 特别注意减速慢行

B. 保持正常速度通过

C. 低挡加速通过

24. 在山区冰雪道路上行车，遇到前车正在爬坡时，后车应________（　　）。

A. 选择适当地点停车，等前车通过后再爬坡

B. 正常行驶

C. 紧随其后爬坡

25. 在铁道路口内，车辆出现故障无法继续行驶时，应________（　　）。

A. 在车上等待救助

B. 尽快设法使车辆离开道口

C. 想办法尽快修好车辆

26. 抢救失血伤员时，应先进行________（　　）。

A. 观察　　　　B. 包扎　　　　C. 止血

27. 拖拉机交通事故责任强制保险的保险期间为________（　　）。

A. 一年　　　　B. 二年　　　　C. 三年

28. 发动机是联合收割机上的动力装置，为联合收割机行驶

和作业提供动力（　　）。

A. 对　　　　　　B. 错

29. 曲轴箱不需要有通气孔（　　）。

A. 对 B. 错

30. 气环具有布油和刮油作用（　　）。

A. 对　　　　　　B. 错

31. 油环的作用只是布油，使机油均匀地分布在气缸壁上以保证润滑（　　）。

A. 对　　　　　　B. 错

32. 扭曲环的方向装反了，会将机油泵进燃烧室燃烧，使机油消耗增加（　　）。

A. 对　　　　　　B. 错

33. 气门间隙过小，会使气门延迟开启提前关闭，甚至不开启（　　）。

A. 对　　　　　　B. 错

34. 曲柄连杆机构由________组成（　　）。

A. 缸盖机体组、气缸盖、活塞连杆组、曲轴飞轮组

B. 气缸体、活塞连杆组、曲轴飞轮组

C. 缸盖机体组、活塞连杆组、曲轴飞轮组

35. 活塞环有________两种（　　）。

A. 气环和干环　　B. 干环和油环　　C. 气环和油环

36. 气门间隙________将使气门开度减小，会使气门迟开早闭，开启时间缩短，造成进气不足，排气不净（　　）。

A. 过大　　　　B. 过小　　　　C. 减小

37. 柴油机供给系由________两大部分组成（　　）。

A. 进气管、燃油供给　　　B. 空气供给、输油泵

C. 空气供给、燃油供给

38. 喷油泵开始供油的时刻到活塞到达压缩上止点止，相对

曲轴所转过的角度是________（　　）。

A. 供油提前角　　　　B. 迟闭角　　　　C. 早开角

39. 柴油滤清器的作用是滤除柴油中的________，以高度清洁的柴油供给喷油泵和喷油器（　　）。

A. 机油　　　　B. 杂质和水分　　　　C. 润滑油

40. 联合收割机使用前，应当仔细检查电器、电路导线的连接和绝缘是否良好，并且不得有油污（　　）。

A. 对　　　　B. 错

41. 补充燃料时必须停止发动机，燃料补充中严禁烟火（　　）。

A. 对　　　　B. 错

42. 发动机启动时，变速杆可以挂低速挡，但需先分离离合器（　　）。

A. 对　　　　B. 错

43. 启动发动机时，油门应置于最大供油位置（　　）。

A. 对　　　　B. 错

44. 发动机启动后，应高速运转，倾听有无异常声音，检查有无漏水、漏油、漏气现象（　　）。

A. 对　　　　B. 错

45. 预热发动机机体时，应使用大油门（　　）。

A. 对　　　　B. 错

46. 发动机缺水过热时，应立即添加冷却水（　　）。

A. 对　　　　B. 错

47. 发动机运转时，冷却水、机油、液压油及部分零件会变成高温，所以停机检查时应确认温度充分下降后再进行（　　）。

A. 对　　　　B. 错

48. 在不通风的车库或房间内不得启动发动机，防止废气中毒（　　）。

A. 对　　　　　　B. 错

49. 联合收割机进行收割或场院作业时，须在排气管上安装防火帽（火星收集器）（　　）。

A. 对　　　　　　B. 错

50. 下列答案中属正确使用离合器的是__________（　　）。

A. 离合器彻底分离后摘挡停车或换挡

B. 离合器半分离来控制车速

C. 猛松离合器踏板冲越障碍

51. 寒冷季节需要使用预热塞启动发动机时，预热时间一般不超过________秒（　　）。

A. 20　　B. 40　　C. 80

52. 联合收割机在道路上行驶或转弯时，应将收割台提升到__________位置并予以锁定（　　）。

A. 离地　　B. 最高　　C. 中间

53. 联合收割机在过田埂时，应以________越过（　　）。

A. 高速垂直　　B. 低速斜角　　C. 低速垂直

54. 联合收割机要严格按照使用说明书要求做好保养，以确保收割机处于良好的技术状态（　　）。

A. 对　　　　　　B. 错

55. 新的或经过大修后的联合收割机，使用前必须严格按照技术规程进行磨合试运转，未经磨合试运转的，不准投入正式使用（　　）。

A. 对　　　　　　B. 错

56. 联合收割机磨合时，可以直接进行满负荷磨合（　　）。

A. 对　　　　　　B. 错

57. 联合收割机使用时，应当按照说明书要求选择油品，以延长机械使用寿命（　　）。

A. 对　　　　　　B. 错

58. 联合收割机保养主要是季节性保养，班次保养可有可无（　　）。

A. 对　　　　　　B. 错

59. 联合收割机班次技术保养又分为班前、班中和班后保养（　　）。

A. 对　　　　　　B. 错

60. 联合收割机班前保养的主要内容包括：检查油箱、水箱的油、水的存量，不足时给予补充；加注润滑油；对各传动带、链的张紧情况予以检查，并进行适度张紧（　　）。

A. 对　　　　　　B. 错

61. 联合收割机班中保养一般在作业________小时左右，检查重点工作部件，清除缠草和杂草，对各轴承的发热情况予以关注，重要润滑点加注润滑油（　　）。

A. 4　　　　B. 8　　　　C. 12

62. 联合收割机班后保养是在结束一天的收割作业，各工作部件连续负载________小时左右，进行一次全面的检查、保养（　　）。

A. 4　　　　B. 8　　　　C. 12

63. 保养柴油滤清器时，如果是纸质滤芯，则应________（　　）。

A. 更换滤芯

B. 放入柴油中清洗后装回

C. 放入机油中清洗后装回

64. 柴油滤清器保养安装后，应排出________油路中的空气（　　）。

A. 高压　　　　B. 低压　　　　C. 高压和低压

65. 检查发动机机油高度时，应将联合收割机停在平整路面，在________进行（　　）。

A. 发动机启动后

B. 发动机刚熄火时

C. 发动机启动前或冷机时

66. 蓄电池电解液面高度应高出防护板10~15毫米，不足时应添加________（　　）。

A. 蒸馏水　　B. 纯净水　　C. 自来水

67. 更换发动机、喷油泵、调速器的润滑油，应在________时进行（　　）。

A. 冷车　　B. 热车　　C. 发动机运转

68. 参加跨区作业前，应到当地农机管理部门免费领取《联合收割机跨区收获作业证》（　　）。

A. 对　　B. 错

69. 联合收割机和运输联合收割机的车辆凭《联合收割机跨区收获作业证》可以免交车辆通行费（　　）。

A. 对　　B. 错

70. 跨区作业期间发生农机事故，应当及时向当地________部门报告，并接受调查和处理（　　）。

A. 公安管理　　B. 交通管理　　C. 农机管理

71. 跨区作业的供需双方应当签订跨区作业合同，并分别报当地________部门备案（　　）。

A. 公安管理　　B. 交通管理　　C. 农机管理

72. 方向盘自走式联合收割机的方向机可以在停车状态下操纵转向盘（　　）。

A. 对　　B. 错

73. 方向盘自走式联合收割机的行走离合器踏板用于分离行走离合器（　　）。

A. 对　　B. 错

74. 方向盘自走式联合收割机是通过方向盘控制前轮实现转向的（　）。

A. 对　　　　　B. 错

75. 方向盘自由行程左右应各不大于________度（　　）。

A. 10　　　B. 15　　　C. 30

76. 方向盘自走式联合收割机转向系统由方向机总成、单路稳定分流阀、全液压转向器、________等组成（　　）。

A. 操纵机构　　　B. 转向油缸　　　C. 变速箱离合器

77. 方向盘自走式联合收割机的底盘一般由________、驱动轮桥、转向轮桥等组成（　　）。

A. 传动系统　　　B. 发电机　　　C. 行走变速轮

78. 图中标志为急转弯路标志（　　）。

A. 对　　　B. 错

79. 图中标志为无人看守铁路道口标志（　　）。

A. 对　　　B. 错

80. 图中标志为村庄标志（　　）。

A. 对　　　B. 错

81. 图中标志为禁止超车标志（　　）。

A. 对　　　B. 错

82. 图中标志为支路先行标志（　　）。

A. 对　　　B. 错

83. 图中标志为注意行人标志（　　）。

A. 对　　　B. 错

84. 图中标志为向左转弯标志（　　）。

A. 对　　　B. 错

85. 图中标志为向右转弯标志（　　）。

A. 对　　B. 错

86. 如图所示，路口中心黄色网状线用于标示禁止以任何原因停车的区域（　　）。

A. 对　B. 错

87. 图中所示导流线，表示车辆应按规定的路线行驶，但可以压线或越线（　　）。

A. 对　B. 错

88. 图中标志为________标志（　　）。

A. 注意横风　B. 注意危险　C. 注意落石

89. 图中标志为________标志（　　）。

A. 驼峰桥　B. 房屋　C. 隧道

90. 图中标志为________标志（　　）。

A. 禁止某两种车辆驶入　B. 禁止非机动车驶入

C. 禁止拖车

91. 图中标志为________标志（　　）。

A. 解除禁止鸣喇叭　B. 鸣喇叭　C. 禁止鸣喇叭

92. 图中标志为________标志（　　）。

A. 路宽　B. 限制高度　C. 限制宽度

93. 图中标志为________标志（　　）。

A. 限制质量　B. 道路标号　C. 限制速度

94. 图中标志为________标志（　　）。

A. 有人看守铁道路口　B. 禁止通行

C. 无人看守铁道路口

95. 图中标志为________标志（　　）。

A. 左侧绕行　B. 注意障碍物　C. 右侧绕行

96. 图中标志为________标志（　　）。

A. 禁止停车　　B. 环岛　　C. 停车场

97. 图中标线为________标线（　　）。

A. 停车让行　B. 非机动车减速让行　C. 减速让行

98. 图中标线为________标线（　　）。

A. 菱形中心圈　　B. 禁停区　　C. 禁驶区

99. 图中交通警察的手势为____信号（　　）。

A. 直行　　B. 转弯　　C. 停止

100. 图中交通警察的手势为____信号（　　）。

A. 示意车辆靠边停车　B. 左转弯待转　C. 左转弯

二、收割机驾驶人理论考试模拟试卷(第2套)正确答案

1. A　2. A　3. A　4. B　5. A　6. B　7. A　8. C　9. A　10. B

11. A　12. B　13. A　14. A　15. C　16. B　17. B　18. C　19. B

20. A　21. C　22. A　23. A　24. A　25. B　26. C　27. A　28. A

29. B　30. B　31. B　32. A　33. B　34. C　35. C　36. A　37. C

38. A　39. B　40. A　41. A　42. B　43. B　44. B　45. B　46. B

47. A　48. A　49. A　50. A　51. B　52. B　53. C　54. A　55. A

56. B　57. A　58. B　59. A　60. A　61. A　62. B　63. A　64. B

65. C　66. A　67. B　68. B　69. A　70. C　71. C　72. B　73. A

74. B　75. B　76. B　77. C　78. B　79. A　80. A　81. A　82. B

83. B　84. B　85. B　86. A　87. B　88. A　89. C　90. A　91. C

92. C　93. C　94. C　95. B　96. C　97. C　98. A　99. A　100. C

参考文献

［1］晏国生，毕文平．农作物高产农机农艺综合实用配套技术．北京：中国计量出版社，1995.

［2］晏国生，毕文平．计算机在农机化管理中的应用．北京：清华大学出版社，1998.

［3］孙彦玲，等．拖拉机实用技术．北京：中国农业机械出版社，2000.

［4］中国农机安全监理信息网．

［5］中国农机化信息网．

［6］河北省农机安全监理信息网．

［7］江苏省农机安全监理信息网．

［8］山东省农机安全监理信息网．

［9］黑龙江农机安全监理网．

［10］陕西省农机安全监理信息网．